经济数学基础

线性代数（第4版）

陈卫星 崔书英 编著

清华大学出版社
北 京

内 容 简 介

本书是山东省高等学校面向21世纪教学内容和课程体系改革计划中的立项教材，是根据教育部高等学校财经类专业线性代数教学大纲的要求编写而成的. 全书分为六章，各章内容分别是：行列式，线性方程组，矩阵，向量空间，矩阵的特征值和特征向量，二次型. 在内容的讲解上，注重从直观背景出发来进行阐述，并将数学知识与经济问题相联系. 在每节都安排习题的基础上，还为每章配备了补充题，供学生练习和复习之用.

本书可作为高等学校经济、管理类学科各专业的教材或教学参考书.

图书在版编目(CIP)数据

线性代数/陈卫星，崔书英编著. —4版. —北京：清华大学出版社，2014(2022.1重印)

(经济数学基础)

ISBN 978-7-302-37304-9

Ⅰ. ①线… Ⅱ. ①陈… ②崔… Ⅲ. ①线性代数－高等学校－教材 Ⅳ. ①O151.2

中国版本图书馆 CIP 数据核字(2014)第159921号

责任编辑：刘　颖

封面设计：常雪影

责任校对：赵丽敏

责任印制：杨　艳

出版发行：清华大学出版社

网　　址：http://www.tup.com.cn，http://www.wqbook.com

地　　址：北京清华大学学研大厦A座　　邮　　编：100084

社 总 机：010-62770175　　邮　　购：010-62786544

投稿与读者服务：010-62776969，c-service@tup.tsinghua.edu.cn

质量反馈：010-62772015，zhiliang@tup.tsinghua.edu.cn

印 装 者：三河市国英印务有限公司

经　　销：全国新华书店

开　　本：185mm×230mm　　印　　张：13.5　　字　　数：278千字

版　　次：2000年7月第1版　2014年8月第4版　　印　　次：2022年1月第18次印刷

定　　价：39.00元

产品编号：058631-04

编委会

主　编　韩玉良

编　委（按姓氏笔画为序）

于永胜　曲子芳　李宏艳　陈卫星

郭　林　崔书英　隋亚莉

序

“经济数学基础”是高等学校经济类和管理类专业的核心课程之一.该课程不仅为后继课程提供必备的数学工具,而且是培养经济管理类大学生数学素养和理性思维能力的最重要途径.作为山东省高等学校面向21世纪教学内容和课程体系改革计划的项目,中国煤炭经济学院和烟台大学的部分老师组成课题组,详细研究了国内外一些有关的资料,根据经济管理专业的特点和教学大纲的要求,并结合自己的教学经验,编写了这套“经济数学基础”教材,包括《微积分》、《线性代数》、《概率统计》和《数学实验》.经过了一年多的试用,在充分听取校内外专家意见的基础上,课题组对教材进行了全面的修改和完善,使之达到了较高的水平.这套教材有以下特点:

第一,在加强基础知识的同时,注意把数学知识与解决经济问题结合起来.在教材各部分都安排了经济应用的内容,同时在例题、习题中增加了相当数量的经济应用问题,这有助于培养学生应用数学知识解决实际问题,特别是经济问题的能力.

第二,增加了数学实验的内容.其中一部分是与教学内容相关的演示与实验,借助于这些演示和实验,可以帮助学生更直观地理解和掌握所学的知识;另一部分是提供一些研究型问题(其中有相当一部分是经济方面的),让学生参与运用所学的数学知识建立模型,再通过上机实验来解决实际问题.应该说,这是对传统教学方法和教学过程较大的改革.

第三,为了解决低年级大学生普遍感到高等数学课抽象难学、不易掌握的问题,对一些重要的概念和定理尽可能从实际问题出发,从几何、物理或经济的直观背景出发,提出问题,然后再进行分析和论证,最后得到结论.对一些比较难的定理,则注重运用从特殊到一般的归纳推理方式.这样由浅入深使学生易于接受和掌握,同时在学习中领略了数学概念、数学理论的发现和发展过程,这对培养学生创造性思维能力是有帮助的.

相信这套教材的出版,对经济和管理类专业大学生的学习及综合素质的提高,定会起到积极的作用.

郭大钧

于山东大学南院

2000 年 6 月 16 日

第4版前言

随着以计算机为代表的现代技术的发展及市场经济对多元化人才的需求，我国人才培养的策略和规模都发生了巨大的变化，相应的教学理念和教学模式也都在不断的调整之中.作为传统教育科目的大学数学受到了很大的冲击，改革与探索势在必行. 在此背景下，1998 年我们承担了山东省高等学校面向 21 世纪教学内容和课程体系改革计划的一个项目，编写了一套适合财经类专业使用的“经济数学基础”系列教材. 这套系列教材包括《微积分》、《微积分学习指导》、《线性代数》、《线性代数学习指导》、《概率统计》、《概率统计学习指导》、《数学实验》7 本书，于 2000 年 8 月出版. 这套系列教材 2001 年获得山东省优秀教学成果奖.结合教学实际，2004 年、2007 年教材分别出版了第 2 版和第 3 版.

随着我国高等教育改革的深入进行，大多数普通本科院校将培养适应社会需要的应用型人才作为主要的人才培养模式，因此基础课的课时被大量压缩. 这对经济管理类专业大学数学基础课的教学提出了新的更高的要求：在大幅度减少课时的同时，一方面要满足为后继课程提供数学基础知识与基本技能的需要，另一方面还要兼顾研究生入学考试大纲中对于数学知识与技能的要求，同时还要保证课程的教学质量. 正是在这一背景下我们对《经济数学基础》系列教材进行了新的修订.

本次修订基于以下原则：一是覆盖研究生入学考试大纲中数学 3 的全部内容；二是保证知识的系统性、连贯性. 在上述原则的基础上，主要在以下几个方面作了调整和修改：

(1) 在总体思路上主要是采用归纳推理方法，以减轻课程的抽象程度.对几个教学上的难点做了创新的处理.例如行列式按行列展开定理的证明，矩阵的属于不同特征值的特征向量线性无关等定理的证明都采用了自己的新证法. 这些证法简化了传统教科书中的证明，使学生理解起来比较容易.

(2) 对一些不是必要的内容进行了适当的精简，使得重点突出并且内容前后衔接更连贯. 例如，对第4章内容作了比较大的改动. 对一些比较重要但可以精简的内容加了*号，供教师在教学中根据课时及学生学习情况进行适当的取舍.

(3) 习题的配置分两大类，基本题目及补充题目. 它们均为复习巩固教材内容而配备. 若想在此基础上追求更高的层次，可参考我们编写的线性代数教学指导书中的习题.

高等教育的发展使得教学环境和教学对象都发生了非常大的变化，为了适应学生个性化发展的需求，很多学校都实行了分层次教学. 本套教材通过辅助图书——学习指导的配合，可以灵活地实现这一教学实践的实施.

在本书的修订过程中，许多使用本教材的老师提出了宝贵的建议，我们在此致谢. 同时我们诚恳希望广大师生在今后的使用过程中能继续提出宝贵意见，以便将来作进一步修改. 最后感谢清华大学出版社对本系列教材的再版给予的大力支持.

编　者

2014年5月

目录

第 1 章

行　列　式

行列式的理论是人们从解线性方程组的需要中建立和发展起来的，它在线性代数以及其他数学分支中都有着广泛的应用.本章我们主要讨论下面几个问题：

(1) 行列式的定义；

(2) 行列式的基本性质及计算方法；

(3) 利用行列式求解线性方程组(克莱姆法则).

1.1　二阶与三阶行列式

行列式的概念起源于解线性方程组，它是从二元与三元线性方程组的求解公式引出来的.因此我们首先讨论解线性方程组的问题.

设有二元线性方程组

$$\begin{cases} a_{11}x_1 + a_{12}x_2 = b_1, \\ a_{21}x_1 + a_{22}x_2 = b_2. \end{cases} \tag{1.1}$$

用加减消元法容易求出未知量 x_1, x_2 的值，当 $a_{11}a_{22} - a_{12}a_{21} \neq 0$ 时，有

$$\begin{cases} x_1 = \dfrac{b_1 a_{22} - a_{12} b_2}{a_{11}a_{22} - a_{12}a_{21}}, \\ x_2 = \dfrac{a_{11} b_2 - b_1 a_{21}}{a_{11}a_{22} - a_{12}a_{21}}. \end{cases} \tag{1.2}$$

这就是一般二元线性方程组的公式解.但这个公式很不好记忆，应用时不方便，因此，我们引进新的符号来表示(1.2)式这个结果，这就是行列式的起源.我们称 4 个数组成的符号

$$\begin{vmatrix} a_{11} & a_{12} \\ a_{21} & a_{22} \end{vmatrix} = a_{11}a_{22} - a_{12}a_{21}$$

为二阶行列式.它含有两行两列，横的叫做行，纵的叫做列.行列式中的数叫做行列式的元素.从上式知，二阶行列式是这样两项的代数和：一项是从左上角到右下角的对角线(又叫做行列式的主对角线)上两个元素的乘积，取正号；另一项是从右上角到左下角的对角线(又叫做次对角线)上两个元素的乘积，取负号.

根据定义,容易得知,(1.2)式中的两个分子可分别写成

$$b_1a_{22}-a_{12}b_2=\begin{vmatrix}b_1 & a_{12}\\ b_2 & a_{22}\end{vmatrix},\quad a_{11}b_2-b_1a_{21}=\begin{vmatrix}a_{11} & b_1\\ a_{21} & b_2\end{vmatrix}.$$

如果记

$$D=\begin{vmatrix}a_{11} & a_{12}\\ a_{21} & a_{22}\end{vmatrix},\quad D_1=\begin{vmatrix}b_1 & a_{12}\\ b_2 & a_{22}\end{vmatrix},\quad D_2=\begin{vmatrix}a_{11} & b_1\\ a_{21} & b_2\end{vmatrix},$$

则当 $D\neq 0$ 时,线性方程组(1.1)的解(1.2)式可以表示成

$$x_1=\frac{D_1}{D}=\frac{\begin{vmatrix}b_1 & a_{12}\\ b_2 & a_{22}\end{vmatrix}}{\begin{vmatrix}a_{11} & a_{12}\\ a_{21} & a_{22}\end{vmatrix}},\quad x_2=\frac{D_2}{D}=\frac{\begin{vmatrix}a_{11} & b_1\\ a_{21} & b_2\end{vmatrix}}{\begin{vmatrix}a_{11} & a_{12}\\ a_{21} & a_{22}\end{vmatrix}}. \tag{1.3}$$

像这样用行列式来表示的解,形式简便整齐,便于记忆.

首先,(1.3)式中分母的行列式是从线性方程组(1.1)中的系数按其原有的相对位置而排成的,称为系数行列式.分子中的行列式,x_1,x_2 的分子是分别把系数行列式中的第1列、第2列换成线性方程组(1.1)的常数项得到的.

例 1.1 用二阶行列式解线性方程组

$$\begin{cases}2x_1+4x_2=1,\\ x_1+3x_2=2.\end{cases}$$

解 这时

$$D=\begin{vmatrix}2 & 4\\ 1 & 3\end{vmatrix}=2\times 3-4\times 1=2\neq 0,$$

$$D_1=\begin{vmatrix}1 & 4\\ 2 & 3\end{vmatrix}=1\times 3-4\times 2=-5,\quad D_2=\begin{vmatrix}2 & 1\\ 1 & 2\end{vmatrix}=2\times 2-1\times 1=3,$$

因此,线性方程组的解是

$$x_1=\frac{D_1}{D}=-\frac{5}{2},\quad x_2=\frac{D_2}{D}=\frac{3}{2}.$$

对于三元线性方程组

$$\begin{cases}a_{11}x_1+a_{12}x_2+a_{13}x_3=b_1,\\ a_{21}x_1+a_{22}x_2+a_{23}x_3=b_2,\\ a_{31}x_1+a_{32}x_2+a_{33}x_3=b_3\end{cases} \tag{1.4}$$

作类似的讨论,我们引入三阶行列式的概念,称符号

$$\begin{vmatrix}a_{11} & a_{12} & a_{13}\\ a_{21} & a_{22} & a_{23}\\ a_{31} & a_{32} & a_{33}\end{vmatrix}=a_{11}a_{22}a_{33}+a_{12}a_{23}a_{31}+a_{13}a_{21}a_{32}\\ -a_{11}a_{23}a_{32}-a_{12}a_{21}a_{33}-a_{13}a_{22}a_{31} \tag{1.5}$$

为三阶行列式，它有3行3列，是6项的代数和. 这6项的和也可用对角线法则来记忆：从左上角到右下角3个元素的乘积取正号，从右上角到左下角3个元素的乘积取负号，等等. 如图1.1所示.

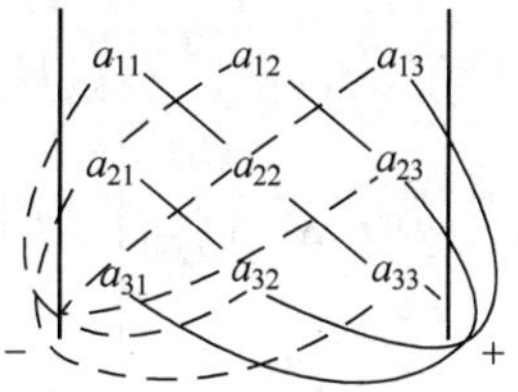

图 1.1

例 1.2 计算 $\begin{vmatrix} 2 & 1 & 2 \\ -4 & 3 & 1 \\ 2 & 3 & 5 \end{vmatrix}$.

解
$$\begin{vmatrix} 2 & 1 & 2 \\ -4 & 3 & 1 \\ 2 & 3 & 5 \end{vmatrix} = 2\times3\times5+1\times1\times2+(-4)\times3\times2-2\times3\times2-1\times(-4)\times5-2\times3\times1$$
$$=30+2-24-12+20-6=10.$$

令

$$D=\begin{vmatrix} a_{11} & a_{12} & a_{13} \\ a_{21} & a_{22} & a_{23} \\ a_{31} & a_{32} & a_{33} \end{vmatrix},$$

$$D_1=\begin{vmatrix} b_1 & a_{12} & a_{13} \\ b_2 & a_{22} & a_{23} \\ b_3 & a_{32} & a_{33} \end{vmatrix},\quad D_2=\begin{vmatrix} a_{11} & b_1 & a_{13} \\ a_{21} & b_2 & a_{23} \\ a_{31} & b_3 & a_{33} \end{vmatrix},\quad D_3=\begin{vmatrix} a_{11} & a_{12} & b_1 \\ a_{21} & a_{22} & b_2 \\ a_{31} & a_{32} & b_3 \end{vmatrix}.$$

当 $D\neq0$ 时，(1.4)式的解可简单地表示成

$$x_1=\frac{D_1}{D},\quad x_2=\frac{D_2}{D},\quad x_3=\frac{D_3}{D}. \tag{1.6}$$

它的结构与前面二元一次方程组的解类似.

例 1.3 解线性方程组

$$\begin{cases} 2x_1-x_2+x_3=0, \\ 3x_1+2x_2-5x_3=1, \\ x_1+3x_2-2x_3=4. \end{cases}$$

解
$$D=\begin{vmatrix} 2 & -1 & 1 \\ 3 & 2 & -5 \\ 1 & 3 & -2 \end{vmatrix}=28,\quad D_1=\begin{vmatrix} 0 & -1 & 1 \\ 1 & 2 & -5 \\ 4 & 3 & -2 \end{vmatrix}=13,$$

$$D_2=\begin{vmatrix} 2 & 0 & 1 \\ 3 & 1 & -5 \\ 1 & 4 & -2 \end{vmatrix}=47,\quad D_3=\begin{vmatrix} 2 & -1 & 0 \\ 3 & 2 & 1 \\ 1 & 3 & 4 \end{vmatrix}=21,$$

所以

$$x_1=\frac{D_1}{D}=\frac{13}{28},\quad x_2=\frac{D_2}{D}=\frac{47}{28},\quad x_3=\frac{D_3}{D}=\frac{21}{28}=\frac{3}{4}.$$

例 1.4 已知 $\begin{vmatrix} a & b & 0 \\ -b & a & 0 \\ 1 & 0 & 1 \end{vmatrix}=0$，问 a,b 应满足什么条件（其中 a,b 均为实数）？

解 $\begin{vmatrix} a & b & 0 \\ -b & a & 0 \\ 1 & 0 & 1 \end{vmatrix}=a^2+b^2$. 若要 $a^2+b^2=0$，则 a 与 b 须同时等于零. 因此，当 $a=0$ 且 $b=0$ 时，给定行列式等于零.

为了得到更为一般的线性方程组的求解公式，我们需要引入 n 阶行列式的概念，为此，下节先介绍排列的有关知识.

习题 1.1

1. 计算下列二阶、三阶行列式：

(1) $\begin{vmatrix} \sqrt{a} & -1 \\ 1 & \sqrt{a} \end{vmatrix}$；　(2) $\begin{vmatrix} \cos\alpha & -\sin\alpha \\ \sin\alpha & \cos\alpha \end{vmatrix}$；　(3) $\begin{vmatrix} a & b \\ c+a & d+b \end{vmatrix}$；

(4) $\begin{vmatrix} x & 1 & x \\ -1 & x & 1 \\ x & -1 & x \end{vmatrix}$；　(5) $\begin{vmatrix} x & a & a \\ a & x & a \\ a & a & x \end{vmatrix}$；　(6) $\begin{vmatrix} 0 & a & b \\ a & 0 & c \\ b & c & 0 \end{vmatrix}$；

(7) $\begin{vmatrix} a+b+2c & a & b \\ c & b+c+2a & b \\ c & a & c+a+2b \end{vmatrix}$.

2. 当 a,b 为何值时，行列式

$$D=\begin{vmatrix} a & b \\ a^2 & b^2 \end{vmatrix}=0.$$

3. 解下列线性方程组：

(1) $\begin{cases} 5x_1-3x_2=1, \\ x_1+11x_2=6; \end{cases}$　(2) $\begin{cases} 2x_1+x_2=7, \\ x_1-3x_2=-2; \end{cases}$

(3) $\begin{cases} 2x_1-x_2-x_3=4, \\ 3x_1-4x_2-2x_3=11, \\ 3x_1-2x_2+4x_3=11; \end{cases}$　(4) $\begin{cases} -5x_1+x_2+x_3=0, \\ x_1-6x_2+x_3=1, \\ x_1+x_2-7x_3=0. \end{cases}$

1.2 排列

在 n 阶行列式的定义中，要用到排列的某些知识，为此先介绍排列的一些基本知识.

定义 1.1 由数码 1,2,…,n 组成的一个有序数组称为一个 n 级排列.

例如，1234 是一个 4 级排列，3412 也是一个 4 级排列，而 52341 是一个 5 级排列. 由数码 1,2,3 组成的所有 3 级排列为 123,132,213,231,312,321，共有 $3!=6$ 个，而所有的 n 级排列共有 $n!$ 个.

数字由小到大的 n 级排列 $1234\cdots n$ 称为自然序排列.

定义 1.2 在一个 n 级排列 $i_1i_2\cdots i_n$ 中，如果有较大的数 i_t 排在较小的数 i_s 的前面($i_s<i_t$)，则称 i_t 与 i_s 构成一个逆序. 一个 n 级排列中逆序的总数，称为这个排列的逆序数，记作 $N(i_1i_2\cdots i_n)$.

例如，在 4 级排列 3412 中，31,32,41,42 各构成一个逆序数，所以，排列 3412 的逆序数为 $N(3412)=4$. 同样可计算排列 52341 的逆序数为 $N(52341)=7$.

容易看出，自然序排列的逆序数为 0.

定义 1.3 如果排列 $i_1i_2\cdots i_n$ 的逆序数 $N(i_1i_2\cdots i_n)$ 是奇数，则称此排列为奇排列；逆序数是偶数的排列则称为偶排列.

例如，排列 3412 是偶排列，排列 52341 是奇排列. 自然序排列 $123\cdots n$ 是偶排列.

定义 1.4 在一个 n 级排列 $i_1\cdots i_s\cdots i_t\cdots i_n$ 中，如果其中某两个数 i_s 与 i_t 对调位置，其余各数位置不变，就得到另一个新的 n 级排列 $i_1\cdots i_t\cdots i_s\cdots i_n$，这样的变换称为一个对换，记作 (i_s,i_t).

如在排列 3412 中，将 4 与 2 对换，得到新的排列 3214. 并且我们看到：偶排列 3412 经过 4 与 2 的对换后，变成了奇排列 3214. 反之，也可以说奇排列 3214 经过 2 与 4 的对换后，变成了偶排列 3412.

一般地，有以下定理.

定理 1.1 任一排列经过一次对换后，其奇偶性改变.

证明 首先讨论对换相邻两个数的情况，该排列为

$$a_1a_2\cdots a_l\, ijb_1b_2\cdots b_mc_1c_2\cdots c_n.$$

将相邻两个数 i 与 j 作一次对换，则排列变为

$$a_1a_2\cdots a_l jib_1b_2\cdots b_mc_1c_2\cdots c_n.$$

显然对于数 $a_1,a_2,\cdots,a_l,b_1,b_2,\cdots,b_m$ 和 $c_1,c_2,\cdots,c_n$ 来说，并不改变它们的逆序数. 但当 $i<j$ 时，经过 i 与 j 的对换后，排列的逆序数增加 1 个；当 $i>j$ 时，经过 i 与 j 的对换后，排列的逆序数减少 1 个. 所以对换相邻两数后，排列改变了奇偶性.

再讨论一般情况，设排列为

$$a_1a_2\cdots a_l i b_1 b_2\cdots b_m j c_1 c_2\cdots c_n.$$

将 i 与 j 作一次对换，则排列变为

$$a_1a_2\cdots a_l j b_1 b_2\cdots b_m i c_1 c_2\cdots c_n,$$

这就是对换不相邻的两个数的情况.但它可以看成是先将 i 与 b_1 对换，再与 b_2 对换，……，最后与 b_m 的对换，即 i 与它后面的数作 m 次相邻两数的对换变成排列

$$a_1a_2\cdots a_l b_1 b_2\cdots b_m i j c_1\cdots c_n,$$

然后将数 j 与它前面的数 $i,b_m,\cdots,b_1$ 作 $m+1$ 次相邻两数的对换而成.因此对换不相邻的数 i 与 j（中间有 m 个数），相当于作 $2m+1$ 次相邻两数的对换.由前面的证明知，排列的奇偶性改变了 $2m+1$ 次，而 $2m+1$ 为奇数，因此，不相邻的两数 i,j 经过对换后的排列与原排列的奇偶性不同.

定理 1.2 在所有的 n 级排列中($n\geqslant 2$)，奇排列与偶排列的个数相等，各为$\frac{n!}{2}$个.

证明 设在 $n!$ 个 n 级排列中，奇排列共有 p 个，偶排列共有 q 个.对这 p 个奇排列施以同一个对换，如都对换(1,2)，则由定理 1.1 知，p 个奇排列全部变为偶排列，由于偶排列一共只有 q 个，所以 $p\leqslant q$；同理将全部的偶排列施以同一对换(1,2)，则 q 个偶排列全部变为奇排列，于是又有 $q\leqslant p$，所以 $q=p$，即奇排列与偶排列的个数相等.又由于 n 级排列共有 $n!$ 个，所以 $q+p=n!$，$q=p=\frac{n!}{2}$.

定理 1.3 任一 n 级排列 $i_1i_2\cdots i_n$ 都可通过一系列对换与 n 级自然序排列 $12\cdots n$ 互变，且所作对换的次数与这个 n 级排列有相同的奇偶性.

证明 对排列的级数用数学归纳法证之.

对于1级排列，结论显然成立.

假设对 $n-1$ 级排列，结论成立.现在证明对于 n 级排列，结论也成立.

若 $i_n=n$，则根据归纳假设 $i_1i_2\cdots i_{n-1}$ 是 $n-1$ 级排列，可经过一系列对换变成 $12\cdots(n-1)$，于是这一系列对换就把 $i_1i_2\cdots i_n$ 变成 $12\cdots n$.若 $i_n\neq n$，则先施行 i_n 与 n 的对换，使之变成 $i_1'i_2'\cdots i_{n-1}'n$，这就归结成上面的情形.相仿地，$12\cdots n$ 也可经过一系列对换变成 $i_1i_2\cdots i_n$，因此结论成立.

因为 $12\cdots n$ 是偶排列，由定理 1.1 可知，当 $i_1i_2\cdots i_n$ 是奇(偶)排列时，必须施行奇(偶)数次对换方能变成偶排列，所以，所施行对换的次数与排列 $i_1i_2\cdots i_n$ 具有相同的奇偶性.

习题 1.2

1. 计算下列各排列的逆序数：

(1) $N(3742561)$； (2) $N(n(n-1)\cdots 21)$；

(3) $N(653241)$；　　　　(4) $N(1357\cdots(2n-1)2468\cdots(2n))$.

2. 决定 i,j 的值，使(1)$1245i6j97$ 为奇排列；(2)$3972i15j4$ 为偶排列.

3. 排列 $n(n-1)(n-2)\cdots321$ 经过多少次相邻两数对换变成自然顺序排列？

1.3 n阶行列式

本节我们从观察二阶、三阶行列式的特征入手. 引出 n 阶行列式的定义.

已知二阶与三阶行列式分别为

$$\begin{vmatrix} a_{11} & a_{12} \\ a_{21} & a_{22} \end{vmatrix} = a_{11}a_{22} - a_{12}a_{21},$$

$$\begin{vmatrix} a_{11} & a_{12} & a_{13} \\ a_{21} & a_{22} & a_{23} \\ a_{31} & a_{32} & a_{33} \end{vmatrix} = a_{11}a_{22}a_{33} + a_{12}a_{23}a_{31} + a_{13}a_{21}a_{32} - a_{11}a_{23}a_{32} - a_{12}a_{21}a_{33} - a_{13}a_{22}a_{31},$$

其中元素 a_{ij} 的第一个下标 i 表示这个元素位于第 i 行，称为行标；第二个下标 j 表示此元素位于第 j 列，称为列标.

我们可以从中发现以下规律：

(1) 二阶行列式是 $2!$ 项的代数和，三阶行列式是 $3!$ 项的代数和；

(2) 二阶行列式中每一项是两个元素的乘积，它们分别取自不同的行和不同的列，三阶行列式中的每一项是三个元素的乘积，它们也是取自不同的行和不同的列；

(3) 每一项的符号是：当这一项中元素的行标是按自然序排列时，如果元素的列标为偶排列，则取正号；如果元素的列标为奇排列，则取负号.

作为二、三阶行列式的推广，我们给出 n 阶行列式的定义.

定义 1.5　由排成 n 行 n 列的 n^2 个数 a_{ij}（也称为元素）$(i,j=1,2,\cdots,n)$组成的符号

$$\begin{vmatrix} a_{11} & a_{12} & \cdots & a_{1n} \\ a_{21} & a_{22} & \cdots & a_{2n} \\ \vdots & \vdots & & \vdots \\ a_{n1} & a_{n2} & \cdots & a_{nn} \end{vmatrix}$$

称为 n 阶行列式. 它是 $n!$ 项的代数和，每一项是取自不同行和不同列的 n 个元素的乘积，各项的符号是：每一项中各元素的行标按自然序排列，如果列标的排列为偶排列时，则取正号；如果列标的排列为奇排列，则取负号. 于是得

$$\begin{vmatrix} a_{11} & a_{12} & \cdots & a_{1n} \\ a_{21} & a_{22} & \cdots & a_{2n} \\ \vdots & \vdots & & \vdots \\ a_{n1} & a_{n2} & \cdots & a_{nn} \end{vmatrix} = \sum_{j_1j_2\cdots j_n} (-1)^{N(j_1j_2\cdots j_n)} a_{1j_1}a_{2j_2}\cdots a_{nj_n}, \tag{1.7}$$

其中 $\sum\limits_{j_1 j_2 \cdots j_n}$ 表示对所有的 n 级排列 $j_1 j_2 \cdots j_n$ 求和.

(1.7)式称为 n 阶行列式按行标自然顺序排列的展开式. $(-1)^{N(j_1 j_2 \cdots j_n)} a_{1j_1} a_{2j_2} \cdots a_{nj_n}$ 称为行列式的一般项.

当 $n=2,3$ 时,这样定义的二阶、三阶行列式与 1.1 节中用对角线法则定义的行列式结果是一致的. 当 $n=1$ 时,一阶行列式为 $|a_{11}| = a_{11}$.

当 $n=4$ 时,4 阶行列式

$$\begin{vmatrix} a_{11} & a_{12} & a_{13} & a_{14} \\ a_{21} & a_{22} & a_{23} & a_{24} \\ a_{31} & a_{32} & a_{33} & a_{34} \\ a_{41} & a_{42} & a_{43} & a_{44} \end{vmatrix}$$

表示 $4!=24$ 项的代数和,因为取自不同行、不同列的 4 个元素的乘积恰为 $4!$ 项. 根据 n 阶行列式的定义,4 阶行列式为

$$\begin{vmatrix} a_{11} & a_{12} & a_{13} & a_{14} \\ a_{21} & a_{22} & a_{23} & a_{24} \\ a_{31} & a_{32} & a_{33} & a_{34} \\ a_{41} & a_{42} & a_{43} & a_{44} \end{vmatrix} = \sum_{j_1 j_2 j_3 j_4} (-1)^{N(j_1 j_2 j_3 j_4)} a_{1j_1} a_{2j_2} a_{3j_3} a_{4j_4}.$$

例如 $a_{14}a_{23}a_{31}a_{42}$ 行标排列为 1234,元素取自不同的行; 列标排列为 4312,元素取自不同的列,因为 $N(4312)=5$,所以该项取负号,即 $-a_{14}a_{23}a_{31}a_{42}$ 是上述行列式中的一项.

为了熟悉 n 阶行列式的定义,我们来看下面几个问题.

例 1.5 在 5 阶行列式中,$a_{12}a_{23}a_{35}a_{41}a_{54}$ 这一项应取什么符号?

解 这一项各元素的行标是按自然顺序排列的,而列标的排列为 23514. 因 $N(23514)=4$,故这一项应取正号.

例 1.6 写出 4 阶行列式中带负号且包含因子 $a_{11}a_{23}$ 的项.

解 包含因子 $a_{11}a_{23}$ 的项的一般形式为

$$(-1)^{N(13j_3j_4)} a_{11}a_{23}a_{3j_3}a_{4j_4}.$$

按定义,j_3 可取 2 或 4,j_4 可取 4 或 2,因此包含因子 $a_{11}a_{23}$ 的项只能是

$$a_{11}a_{23}a_{32}a_{44} \quad 或 \quad a_{11}a_{23}a_{34}a_{42}.$$

但因 $N(1324)=1$ 为奇数,$N(1342)=2$ 为偶数,所以此项只能是 $-a_{11}a_{23}a_{32}a_{44}$.

例 1.7 计算行列式

$$\begin{vmatrix} a & b & 0 & 0 \\ c & d & 0 & 0 \\ x & y & e & f \\ u & v & g & h \end{vmatrix}.$$

解 这是一个 4 阶行列式，按行列式的定义，它应有 $4!=24$ 项. 但只有以下 4 项

$$adeh,\quad adfg,\quad bceh,\quad bcfg$$

不为零. 与这 4 项相对应的列标的 4 级排列分别为 1234,1243,2134 和 2143，而 $N(1234)=0$，$N(1243)=1$，$N(2134)=1$ 和 $N(2143)=2$，所以第一项和第四项应取正号，第二项和第三项应取负号，即

$$\begin{vmatrix} a & b & 0 & 0 \\ c & d & 0 & 0 \\ x & y & e & f \\ u & v & g & h \end{vmatrix}=adeh-adfg-bceh+bcfg.$$

例 1.8 计算行列式

$$D=\begin{vmatrix} a_{11} & a_{12} & \cdots & a_{1n} \\ 0 & a_{22} & \cdots & a_{2n} \\ \vdots & \vdots & \ddots & \vdots \\ 0 & 0 & \cdots & a_{nn} \end{vmatrix},$$

其中 $a_{ii}\neq 0(i=1,2,\cdots,n)$.

解 由 n 阶行列式的定义，应有 $n!$ 项，其一般项为

$$a_{1j_1}a_{2j_2}\cdots a_{nj_n},$$

但由于 D 中有许多元素为零，只需求出上述一切项中不为零的项即可. 在 D 中，第 n 行元素除 a_{nn} 外，其余均为 0，所以 $j_n=n$；在第 $n-1$ 行中，除 $a_{n-1,n-1}$ 和 $a_{n-1,n}$ 外，其余元素都是零，因而 j_{n-1} 只有取 $n-1,n$ 这两个可能，又由于 $a_{nn},a_{n-1,n}$ 位于同一列，而 $j_n=n$，所以只有 $j_{n-1}=n-1$. 这样逐步往上推，不难看出，在展开式中只有 $a_{11}a_{22}\cdots a_{nn}$ 一项不等于零，而这项的列标所组成的排列的逆序数是 $N(12\cdots n)=0$，故取正号. 因此，由行列式的定义，有

$$D=\begin{vmatrix} a_{11} & a_{12} & \cdots & a_{1n} \\ 0 & a_{22} & \cdots & a_{2n} \\ \vdots & \vdots & \ddots & \vdots \\ 0 & 0 & \cdots & a_{nn} \end{vmatrix}=a_{11}a_{22}\cdots a_{nn}.$$

例 1.8 出现的行列式中，其主对角线以下三角部分的元素都等于零，我们称具有这种形式的行列式为上三角行列式. 同样可以定义下三角行列式. 将上(下)三角行列式统称为三角行列式. 进一步称主对角线上下三角形部分的元素均为零的行列式为对角行列式. 例 1.8 的结果说明，上三角行列式的值等于主对角线上各元素的乘积.

同理可求得下三角行列式

$$\begin{vmatrix} a_{11} & 0 & \cdots & 0 \\ a_{21} & a_{22} & \cdots & 0 \\ \vdots & \vdots & \ddots & \vdots \\ a_{n1} & a_{n2} & \cdots & a_{nn} \end{vmatrix} = a_{11}a_{22}\cdots a_{nn}.$$

特别地,对角行列式

$$\begin{vmatrix} a_{11} & 0 & \cdots & 0 \\ 0 & a_{22} & \cdots & 0 \\ \vdots & \vdots & \ddots & \vdots \\ 0 & 0 & \cdots & a_{nn} \end{vmatrix} = a_{11}a_{22}\cdots a_{nn}.$$

即三角行列式及对角行列式的值,均等于主对角线上元素的乘积.

例 1.9 计算行列式

$$\begin{vmatrix} 0 & \cdots & 0 & a_{1n} \\ 0 & \cdots & a_{2,n-1} & 0 \\ \vdots & \iddots & \vdots & \vdots \\ a_{n1} & \cdots & 0 & 0 \end{vmatrix}.$$

解 这个行列式除了 $a_{1n}a_{2,n-1}\cdots a_{n1}$ 这一项外,其余项均为零,现在来看这一项的符号,列标的 n 级排列为 $n(n-1)\cdots 21$,

$$N(n(n-1)\cdots 21) = (n-1)+(n-2)+\cdots+2+1 = \frac{n(n-1)}{2},$$

所以

$$\begin{vmatrix} 0 & \cdots & 0 & a_{1n} \\ 0 & \cdots & a_{2,n-1} & 0 \\ \vdots & \iddots & \vdots & \vdots \\ a_{n1} & \cdots & 0 & 0 \end{vmatrix} = (-1)^{\frac{n(n-1)}{2}} a_{1n}a_{2,n-1}\cdots a_{n1}.$$

同理可计算出

$$\begin{vmatrix} a_{11} & \cdots & a_{1,n-1} & a_{1n} \\ a_{21} & \cdots & a_{2,n-1} & 0 \\ \vdots & \iddots & \vdots & \vdots \\ a_{n1} & \cdots & 0 & 0 \end{vmatrix} = \begin{vmatrix} 0 & 0 & 0 & a_{1n} \\ 0 & 0 & a_{2,n-1} & a_{2n} \\ \vdots & \iddots & \vdots & \vdots \\ a_{n1} & \cdots & \cdots & a_{nn} \end{vmatrix} = (-1)^{\frac{n(n-1)}{2}} a_{1n}a_{2,n-1}\cdots a_{n1}.$$

由行列式的定义,行列式中的每一项都是取自不同行不同列的 n 个元素的乘积,所以可得出:如果行列式有一行(列)的元素全为 0,则该行列式等于 0.

在 n 阶行列式中,为了决定每一项的正负号,我们把 n 个元素的行标按自然序排列,

即 $a_{1j_1}a_{2j_2}\cdots a_{nj_n}$. 事实上,数的乘法是满足交换律的,因而这 n 个元素的次序是可以任意写的. 一般地, n 阶行列式的项可以写成

$$a_{i_1j_1}a_{i_2j_2}\cdots a_{i_nj_n}, \tag{1.8}$$

其中 $i_1i_2\cdots i_n$, $j_1j_2\cdots j_n$ 是两个 n 级排列,此项的符号由下面的定理来决定.

定理 1.4 n 阶行列式的一般项可以写成

$$(-1)^{N(i_1i_2\cdots i_n)+N(j_1j_2\cdots j_n)}a_{i_1j_1}a_{i_2j_2}\cdots a_{i_nj_n}, \tag{1.9}$$

其中 $i_1i_2\cdots i_n$, $j_1j_2\cdots j_n$ 都是 n 级排列.

证明 若根据 n 阶行列式的定义来决定(1.8)式的符号,就要把这 n 个元素重新排一下,使得它们的行标成自然顺序,也就是排成

$$a_{1j_1'}a_{2j_2'}\cdots a_{nj_n'},$$

于是它的符号是

$$(-1)^{N(j_1'j_2'\cdots j_n')}. \tag{1.10}$$

现在来证明(1.10)式与(1.9)式的符号是一致的. 我们知道从(1.8)式变到(1.10)式可经过一系列元素的对换来实现. 每作一次对换,元素的行标与列标所组成的排列 $i_1i_2\cdots i_n$, $j_1j_2\cdots j_n$ 就同时作一次对换,也就是 $N(i_1i_2\cdots i_n)$ 与 $N(j_1j_2\cdots j_n)$ 同时改变奇偶性,因而它的和

$$N(i_1i_2\cdots i_n)+N(j_1j_2\cdots j_n)$$

的奇偶性不改变. 这就是说,对(1.8)式作一次元素的对换不改变(1.9)式的值,因此在一系列对换之后,有

$$(-1)^{N(i_1i_2\cdots i_n)+N(j_1j_2\cdots j_n)}=(-1)^{N(12\cdots n)+N(j_1'j_2'\cdots j_n')}=(-1)^{N(j_1'j_2'\cdots j_n')},$$

这就证明了(1.10)式与(1.9)式是一致的.

例如, $a_{21}a_{32}a_{14}a_{43}$ 是 4 阶行列式中一项,它和符号应为 $(-1)^{N(2314)+N(1243)}=(-1)^{2+1}=-1$. 如按行标排成自然顺序,就是 $a_{14}a_{21}a_{32}a_{43}$,因而它的符号是 $(-1)^{N(4123)}=(-1)^3=-1$. 同样,由数的乘法的交换律,我们也可以把行列式的一般项 $a_{1j_1}a_{2j_2}\cdots a_{nj_n}$ 中元素的列标排成自然顺序 $123\cdots n$,而此时相应的行标的 n 级排列为 $i_1i_2\cdots i_n$,则行列式定义又可叙述为

$$\begin{vmatrix} a_{11} & a_{12} & \cdots & a_{1n} \\ a_{21} & a_{22} & \cdots & a_{2n} \\ \vdots & \vdots & & \vdots \\ a_{n1} & a_{n2} & \cdots & a_{nn} \end{vmatrix} = \sum_{i_1i_2\cdots i_n}(-1)^{N(i_1i_2\cdots i_n)}a_{i_11}a_{i_22}\cdots a_{i_nn}.$$

习题 1.3

1. 决定以下各项在相应阶行列式中所带的符号:

(1) $a_{12}a_{24}a_{45}a_{53}a_{31}$; (2) $a_{21}a_{53}a_{16}a_{42}a_{65}a_{34}$; (3) $a_{25}a_{34}a_{51}a_{72}a_{66}a_{17}a_{43}$.

2. 写出 4 阶行列式展开式中所有带负号且含 a_{32} 的项.

3. 如果 n 阶行列式所有元素变号,问行列式的值如何变化?

4. 用行列式定义计算下列行列式:

(1) $\begin{vmatrix} 0 & 0 & \cdots & 0 & a_1 \\ 0 & 0 & \cdots & a_2 & 0 \\ \vdots & \vdots & \iddots & \vdots & \vdots \\ 0 & a_{n-1} & \cdots & 0 & 0 \\ a_n & 0 & \cdots & 0 & 0 \end{vmatrix}$;　　(2) $\begin{vmatrix} 0 & 1 & 0 & \cdots & 0 \\ 0 & 0 & 2 & \cdots & 0 \\ \vdots & \vdots & \vdots & \ddots & \vdots \\ 0 & 0 & 0 & \cdots & n-1 \\ n & 0 & 0 & \cdots & 0 \end{vmatrix}$;

(3) $\begin{vmatrix} 0 & \cdots & 0 & a_1 & 0 \\ 0 & \cdots & a_2 & 0 & 0 \\ \vdots & \iddots & \vdots & \vdots & \vdots \\ a_{n-1} & \cdots & 0 & 0 & 0 \\ 0 & \cdots & 0 & 0 & a_n \end{vmatrix}$;　　(4) $\begin{vmatrix} a_{11} & a_{12} & a_{13} & a_{14} & a_{15} \\ a_{21} & a_{22} & a_{23} & a_{24} & a_{25} \\ a_{31} & a_{32} & 0 & 0 & 0 \\ a_{41} & a_{42} & 0 & 0 & 0 \\ a_{51} & a_{52} & 0 & 0 & 0 \end{vmatrix}$.

5. 由行列式的定义计算

$$f(x)=\begin{vmatrix} 2x & x & 1 & 2 \\ 1 & x & 1 & -1 \\ 3 & 2 & x & 1 \\ 1 & 1 & 1 & x \end{vmatrix}$$

中 x^4 与 x^3 的系数,并说明理由.

1.4 行列式的性质

当行列式的阶数较高时,直接根据定义来计算 n 阶行列式是困难的,本节将介绍行列式的性质,以便用这些性质把复杂的行列式转化为较简单的行列式(如三角行列式等)来计算.

将行列式 D 的行列互换后得到的行列式称为行列式 D 的转置行列式,记作 D^{T},即若

$$D=\begin{vmatrix} a_{11} & a_{12} & \cdots & a_{1n} \\ a_{21} & a_{22} & \cdots & a_{2n} \\ \vdots & \vdots & & \vdots \\ a_{n1} & a_{n2} & \cdots & a_{nn} \end{vmatrix},\quad 则\quad D^{\mathrm{T}}=\begin{vmatrix} a_{11} & a_{21} & \cdots & a_{n1} \\ a_{12} & a_{22} & \cdots & a_{n2} \\ \vdots & \vdots & & \vdots \\ a_{1n} & a_{2n} & \cdots & a_{nn} \end{vmatrix}.$$

反之,行列式 D 也是行列式 D^{T} 的转置行列式,即行列式 D 与行列式 D^{T} 互为转置行列式.

性质 1.1 行列式 D 与它的转置行列式 D^{T} 的值相等.

证明 行列式 D 中的元素 $a_{ij}(i,j=1,2,\cdots,n)$在 D^{T} 中位于第 j 行第 i 列上,也就是说它的行标是 j,列标是 i,因此,将行列式 D^{T} 按列自然序排列展开,得

$$D^{\mathrm{T}}=\sum_{j_1j_2\cdots j_n}(-1)^{N(j_1j_2\cdots j_n)}a_{1j_1}a_{2j_2}\cdots a_{nj_n}.$$

这正是行列式 D 按行自然序排列的展开式,所以 $D=D^{\mathrm{T}}$.

这一性质表明,行列式中的行、列的地位是对称的,即对于"行"成立的性质,对"列"也同样成立,反之亦然.

性质 1.2 交换行列式的两行(列),行列式变号.

证明 设行列式

$$D=\begin{vmatrix} a_{11} & a_{12} & \cdots & a_{1n} \\ \vdots & \vdots & & \vdots \\ a_{i1} & a_{i2} & \cdots & a_{in} \\ \vdots & \vdots & & \vdots \\ a_{s1} & a_{s2} & \cdots & a_{sn} \\ \vdots & \vdots & & \vdots \\ a_{n1} & a_{n2} & \cdots & a_{nn} \end{vmatrix}\begin{matrix} \\ \\ (i\text{ 行}) \\ \\ (s\text{ 行}) \\ \\ \\ \end{matrix}.$$

将第 i 行与第 s 行($1\leqslant i<s\leqslant n$)互换后,得到行列式

$$D_1=\begin{vmatrix} a_{11} & a_{12} & \cdots & a_{1n} \\ \vdots & \vdots & & \vdots \\ a_{s1} & a_{s2} & \cdots & a_{sn} \\ \vdots & \vdots & & \vdots \\ a_{i1} & a_{i2} & \cdots & a_{in} \\ \vdots & \vdots & & \vdots \\ a_{n1} & a_{n2} & \cdots & a_{nn} \end{vmatrix}\begin{matrix} \\ \\ (i\text{ 行}) \\ \\ (s\text{ 行}) \\ \\ \\ \end{matrix}.$$

显然,乘积 $a_{1j_1}\cdots a_{ij_i}\cdots a_{sj_s}\cdots a_{nj_n}$ 在行列式 D 和 D_1 中,都是取自不同行、不同列的 n 个元素的乘积,根据定理 1.4,对于行列式 D,这一项的符号由

$$(-1)^{N(1\cdots i\cdots s\cdots n)+N(j_1\cdots j_i\cdots j_s\cdots j_n)}$$

决定;而对行列式 D_1,这一项的符号由

$$(-1)^{N(1\cdots s\cdots i\cdots n)+N(j_1\cdots j_i\cdots j_s\cdots j_n)}$$

决定.而排列 $1\cdots i\cdots s\cdots n$ 与排列 $1\cdots s\cdots i\cdots n$ 的奇偶性相反,所以

$$(-1)^{N(1\cdots i\cdots s\cdots n)+N(j_1\cdots j_i\cdots j_s\cdots j_n)}=-(-1)^{N(1\cdots s\cdots i\cdots n)+N(j_1\cdots j_i\cdots j_s\cdots j_n)},$$

即 D_1 中的每一项都是 D 中的对应项的相反数,所以 $D=-D_1$.

例 1.10 计算行列式

$$D=\begin{vmatrix}4&2&9&-3&0\\6&3&-5&7&1\\5&0&0&0&0\\8&0&0&4&0\\7&0&3&5&0\end{vmatrix}.$$

解 将第1,2行互换,第3,5行互换,得

$$D=(-1)^2\begin{vmatrix}6&3&-5&7&1\\4&2&9&-3&0\\7&0&3&5&0\\8&0&0&4&0\\5&0&0&0&0\end{vmatrix}.$$

再将第1,5列互换,得

$$D=(-1)^3\begin{vmatrix}1&3&-5&7&6\\0&2&9&-3&4\\0&0&3&5&7\\0&0&0&4&8\\0&0&0&0&5\end{vmatrix}=-1\times2\times3\times4\times5=-5!=-120.$$

推论 若行列式有两行(列)的对应元素相同,则此行列式的值等于零.

证明 将行列式 D 中对应元素相同的两行互换,结果仍是 D,但由性质 1.2,有 $D=-D$,所以 $D=0$.

性质 1.3 行列式某一行(列)所有元素的公因子可以提到行列式符号的外面,即

$$\begin{vmatrix}a_{11}&a_{12}&\cdots&a_{1n}\\\vdots&\vdots&&\vdots\\ka_{i1}&ka_{i2}&\cdots&ka_{in}\\\vdots&\vdots&&\vdots\\a_{n1}&a_{n2}&\cdots&a_{nn}\end{vmatrix}=k\begin{vmatrix}a_{11}&a_{12}&\cdots&a_{1n}\\\vdots&\vdots&&\vdots\\a_{i1}&a_{i2}&\cdots&a_{in}\\\vdots&\vdots&&\vdots\\a_{n1}&a_{n2}&\cdots&a_{nn}\end{vmatrix}.$$

证明 由行列式的定义有

$$\begin{aligned}\text{左端}&=\sum_{j_1j_2\cdots j_n}(-1)^{N(j_1j_2\cdots j_n)}a_{1j_1}\cdots(ka_{ij_i})\cdots a_{nj_n}\\&=k\sum_{j_1j_2\cdots j_n}(-1)^{N(j_1j_2\cdots j_n)}a_{1j_1}\cdots a_{ij_i}\cdots a_{nj_n}\\&=\text{右端}.\end{aligned}$$

此性质也可表述为:用数 k 乘行列式的某一行(列)的所有元素,等于用数 k 乘此行列式.

推论 如果行列式中有两行(列)的对应元素成比例,则此行列式的值等于零.

证明 由性质1.3和性质1.2的推论即可得到.

性质1.4 如果行列式的某一行(列)的各元素都是两个数的和,则此行列式等于两个相应的行列式的和,即

$$\begin{vmatrix} a_{11} & a_{12} & \cdots & a_{1n} \\ \vdots & \vdots & & \vdots \\ b_{i1}+c_{i1} & b_{i2}+c_{i2} & \cdots & b_{in}+c_{in} \\ \vdots & \vdots & & \vdots \\ a_{n1} & a_{n2} & \cdots & a_{nn} \end{vmatrix} = \begin{vmatrix} a_{11} & a_{12} & \cdots & a_{1n} \\ \vdots & \vdots & & \vdots \\ b_{i1} & b_{i2} & \cdots & b_{in} \\ \vdots & \vdots & & \vdots \\ a_{n1} & a_{n2} & \cdots & a_{nn} \end{vmatrix} + \begin{vmatrix} a_{11} & a_{12} & \cdots & a_{1n} \\ \vdots & \vdots & & \vdots \\ c_{i1} & c_{i2} & \cdots & c_{in} \\ \vdots & \vdots & & \vdots \\ a_{n1} & a_{n2} & \cdots & a_{nn} \end{vmatrix}.$$

证明

$$\begin{aligned} 左端 &= \sum_{j_1j_2\cdots j_n}(-1)^{N(j_1j_2\cdots j_n)}a_{1j_1}a_{2j_2}\cdots(b_{ij_i}+c_{ij_i})\cdots a_{nj_n} \\ &= \sum_{j_1j_2\cdots j_n}(-1)^{N(j_1j_2\cdots j_n)}a_{1j_1}a_{2j_2}\cdots b_{ij_i}\cdots a_{nj_n} \\ &\quad + \sum_{j_1j_2\cdots j_n}(-1)^{N(j_1j_2\cdots j_n)}a_{1j_1}a_{2j_2}\cdots c_{ij_i}\cdots a_{nj_n} \\ &= 右端. \end{aligned}$$

注 此性质可以推广到某一行(列)的各元素都是多个数的和的情形.

性质1.5 把行列式的某一行(列)的所有元素乘以数 k 加到另一行(列)的相应元素上,行列式的值不变.即

$$D = \begin{vmatrix} a_{11} & a_{12} & \cdots & a_{1n} \\ \vdots & \vdots & & \vdots \\ a_{i1} & a_{i2} & \cdots & a_{in} \\ \vdots & \vdots & & \vdots \\ a_{s1} & a_{s2} & \cdots & a_{sn} \\ \vdots & \vdots & & \vdots \\ a_{n1} & a_{n2} & \cdots & a_{nn} \end{vmatrix} \xlongequal[\text{到第 } s \text{ 行}]{i\text{ 行}\times k\text{ 加}} \begin{vmatrix} a_{11} & a_{12} & \cdots & a_{1n} \\ \vdots & \vdots & & \vdots \\ a_{i1} & a_{i2} & \cdots & a_{in} \\ \vdots & \vdots & & \vdots \\ ka_{i1}+a_{s1} & ka_{i2}+a_{s2} & \cdots & ka_{in}+a_{sn} \\ \vdots & \vdots & & \vdots \\ a_{n1} & a_{n2} & \cdots & a_{nn} \end{vmatrix}.$$

证明 由性质1.4,有

$$右端 = \begin{vmatrix} a_{11} & a_{12} & \cdots & a_{1n} \\ \vdots & \vdots & & \vdots \\ a_{i1} & a_{i2} & \cdots & a_{in} \\ \vdots & \vdots & & \vdots \\ ka_{i1} & ka_{i2} & \cdots & ka_{in} \\ \vdots & \vdots & & \vdots \\ a_{n1} & a_{n2} & \cdots & a_{nn} \end{vmatrix} + \begin{vmatrix} a_{11} & a_{12} & \cdots & a_{1n} \\ \vdots & \vdots & & \vdots \\ a_{i1} & a_{i2} & \cdots & a_{in} \\ \vdots & \vdots & & \vdots \\ a_{s1} & a_{s2} & \cdots & a_{sn} \\ \vdots & \vdots & & \vdots \\ a_{n1} & a_{n2} & \cdots & a_{nn} \end{vmatrix}$$

$$=k\cdot 0+\begin{vmatrix} a_{11} & a_{12} & \cdots & a_{1n} \\ \vdots & \vdots & & \vdots \\ a_{i1} & a_{i2} & \cdots & a_{in} \\ \vdots & \vdots & & \vdots \\ a_{s1} & a_{s2} & \cdots & a_{sn} \\ \vdots & \vdots & & \vdots \\ a_{n1} & a_{n2} & \cdots & a_{nn} \end{vmatrix}=\text{左端}.$$

作为行列式性质的应用，我们来看下面几个例子.

例 1.11 计算行列式

$$D=\begin{vmatrix} 3 & 1 & 1 & 1 \\ 1 & 3 & 1 & 1 \\ 1 & 1 & 3 & 1 \\ 1 & 1 & 1 & 3 \end{vmatrix}.$$

解 这个行列式的特点是各行 4 个数的和都是 6，我们把第 2,3,4 各列同时加到第 1 列，把公因子提出，然后把第 1 行×(−1)加到第 2,3,4 行上，就成为三角行列式. 具体计算如下：

$$D=\begin{vmatrix} 6 & 1 & 1 & 1 \\ 6 & 3 & 1 & 1 \\ 6 & 1 & 3 & 1 \\ 6 & 1 & 1 & 3 \end{vmatrix}=6\begin{vmatrix} 1 & 1 & 1 & 1 \\ 1 & 3 & 1 & 1 \\ 1 & 1 & 3 & 1 \\ 1 & 1 & 1 & 3 \end{vmatrix}=6\begin{vmatrix} 1 & 1 & 1 & 1 \\ 0 & 2 & 0 & 0 \\ 0 & 0 & 2 & 0 \\ 0 & 0 & 0 & 2 \end{vmatrix}=6\times 2^3=48.$$

例 1.12 计算行列式

$$D=\begin{vmatrix} 0 & -1 & -1 & 2 \\ 1 & -1 & 0 & 2 \\ -1 & 2 & -1 & 0 \\ 2 & 1 & 1 & 0 \end{vmatrix}.$$

解

$$D=\begin{vmatrix} 0 & -1 & -1 & 2 \\ 1 & -1 & 0 & 2 \\ -1 & 2 & -1 & 0 \\ 2 & 1 & 1 & 0 \end{vmatrix}=-\begin{vmatrix} 1 & -1 & 0 & 2 \\ 0 & -1 & -1 & 2 \\ -1 & 2 & -1 & 0 \\ 2 & 1 & 1 & 0 \end{vmatrix}\begin{matrix} \times 1 \quad \times(-2) \\ \\ \\ \\ \end{matrix}$$

$$=-\begin{vmatrix} 1 & -1 & 0 & 2 \\ 0 & -1 & -1 & 2 \\ 0 & 1 & -1 & 2 \\ 0 & 3 & 1 & -4 \end{vmatrix}\begin{matrix} \\ \times 1 \quad \times 3 \\ \\ \\ \end{matrix}=-\begin{vmatrix} 1 & -1 & 0 & 2 \\ 0 & -1 & -1 & 2 \\ 0 & 0 & -2 & 4 \\ 0 & 0 & -2 & 2 \end{vmatrix}\begin{matrix} \\ \\ \times(-1) \\ \\ \end{matrix}$$

$$=-\begin{vmatrix}1 & -1 & 0 & 2\\0 & -1 & -1 & 2\\0 & 0 & -2 & 4\\0 & 0 & 0 & -2\end{vmatrix}=-1\times(-1)\times(-2)\times(-2)=4.$$

例 1.13 试证明：

$$D=\begin{vmatrix}1 & a & b & c+d\\1 & b & c & a+d\\1 & c & d & a+b\\1 & d & a & b+c\end{vmatrix}=0.$$

证明 把第 2,3 列同时加到第 4 列上去,则得

$$D=\begin{vmatrix}1 & a & b & a+b+c+d\\1 & b & c & a+b+c+d\\1 & c & d & a+b+c+b\\1 & d & a & a+b+c+d\end{vmatrix}=(a+b+c+d)\begin{vmatrix}1 & a & b & 1\\1 & b & c & 1\\1 & c & d & 1\\1 & d & a & 1\end{vmatrix}=0.$$

例 1.14 计算 $n+1$ 阶行列式

$$D=\begin{vmatrix}x & a_1 & a_2 & \cdots & a_n\\a_1 & x & a_2 & \cdots & a_n\\a_1 & a_2 & x & \cdots & a_n\\\vdots & \vdots & \vdots & \ddots & \vdots\\a_1 & a_2 & a_3 & \cdots & x\end{vmatrix}.$$

解 将 D 的第 $2,3,\cdots,n+1$ 列全加到第 1 列上,然后从第 1 列提取公因子 $x+\sum\limits_{i=1}^{n}a_i$，得

$$D=\left(x+\sum_{i=1}^{n}a_i\right)\begin{vmatrix}1 & a_1 & a_2 & \cdots & a_n\\1 & x & a_2 & \cdots & a_n\\1 & a_2 & x & \cdots & a_n\\\vdots & \vdots & \vdots & \ddots & \vdots\\1 & a_2 & a_3 & \cdots & x\end{vmatrix}$$

$\times(-a_1)$ →（加到第 2 列）

$\times(-a_2)$ →（加到第 3 列）

$\vdots$

$\times(-a_n)$ →（加到第 $n+1$ 列）

$$
=\left(x+\sum_{i=1}^{n} a_i\right)\begin{vmatrix} 1 & 0 & 0 & \cdots & 0 \\ 1 & x-a_1 & 0 & \cdots & 0 \\ 1 & a_2-a_1 & x-a_2 & \cdots & 0 \\ \vdots & \vdots & \vdots & \ddots & \vdots \\ 1 & a_2-a_1 & a_3-a_2 & \cdots & x-a_n \end{vmatrix}
$$

$$
=\left(x+\sum_{i=1}^{n} a_i\right)(x-a_1)(x-a_2)\cdots(x-a_n).
$$

例 1.15 解方程

$$
\begin{vmatrix} 1 & 1 & 1 & \cdots & 1 & 1 \\ 1 & 1-x & 1 & \cdots & 1 & 1 \\ 1 & 1 & 2-x & \cdots & 1 & 1 \\ \vdots & \vdots & \vdots & & \vdots & \vdots \\ 1 & 1 & 1 & \cdots & (n-2)-x & 1 \\ 1 & 1 & 1 & \cdots & 1 & (n-1)-x \end{vmatrix} = 0.
$$

解法 1

$$
\begin{vmatrix} 1 & 1 & 1 & \cdots & 1 & 1 \\ 1 & 1-x & 1 & \cdots & 1 & 1 \\ 1 & 1 & 2-x & \cdots & 1 & 1 \\ \vdots & \vdots & \vdots & & \vdots & \vdots \\ 1 & 1 & 1 & \cdots & (n-2)-x & 1 \\ 1 & 1 & 1 & \cdots & 1 & (n-1)-x \end{vmatrix} \times(-1)
$$

$$
=\begin{vmatrix} 1 & 1 & 1 & \cdots & 1 & 1 \\ 0 & 0-x & 0 & \cdots & 0 & 0 \\ 0 & 0 & 1-x & \cdots & 0 & 0 \\ \vdots & \vdots & \vdots & & \vdots & \vdots \\ 0 & 0 & 0 & \cdots & (n-3)-x & 0 \\ 0 & 0 & 0 & \cdots & 0 & (n-2)-x \end{vmatrix}
$$

$$
=(-x)(1-x)\cdots[(n-3)-x][(n-2)-x],
$$

所以方程的解为

$$
x_1=0,\quad x_2=1,\quad \cdots,\quad x_{n-2}=n-3,\quad x_{n-1}=n-2.
$$

解法 2 根据性质 1.2 的推论，若行列式有两行的元素相同，行列式等于零. 而所给行列式的第 1 行的元素全是 1，第 2 行，第 3 行，…，第 n 行的元素只有对角线上的元素不是 1，其余均为 1. 因此令对角线上的某个元素为 1，则行列式必等于零. 于是得到

$$
\begin{aligned}
&1-x=1,\\
&2-x=1,\\
&\vdots\\
&(n-2)-x=1,\\
&(n-1)-x=1
\end{aligned}
$$

有一个成立时原行列式的值为零.所以方程的解为

$$x_1=0,\quad x_2=1,\quad \cdots,\quad x_{n-2}=n-3,\quad x_{n-1}=n-2.$$

例 1.16　计算 n 阶行列式

$$D=\begin{vmatrix} x & a_2 & a_3 & \cdots & a_n \\ a_1 & x & a_3 & \cdots & a_n \\ a_1 & a_2 & x & \cdots & a_n \\ \vdots & \vdots & \vdots & \ddots & \vdots \\ a_1 & a_2 & a_3 & \cdots & x \end{vmatrix},\quad x\neq a_i\quad (i=1,2,\cdots,n).$$

解　将第 1 行乘以(−1)分别加到第 2,3,…,n 行上,得

$$D=\begin{vmatrix} x & a_2 & a_3 & \cdots & a_n \\ a_1-x & x-a_2 & 0 & \cdots & 0 \\ a_1-x & 0 & x-a_3 & \cdots & 0 \\ \vdots & \vdots & \vdots & & \vdots \\ a_1-x & 0 & 0 & \cdots & x-a_n \end{vmatrix}.$$

从第 1 列提出 $x-a_1$,从第 2 列提出 $x-a_2$,……,从第 n 列提出 $x-a_n$,便得到

$$D=(x-a_1)(x-a_2)\cdots(x-a_n)\begin{vmatrix} \dfrac{x}{x-a_1} & \dfrac{a_2}{x-a_2} & \dfrac{a_3}{x-a_3} & \cdots & \dfrac{a_n}{x-a_n} \\ -1 & 1 & 0 & \cdots & 0 \\ -1 & 0 & 1 & \cdots & 0 \\ \vdots & \vdots & \vdots & \ddots & \vdots \\ -1 & 0 & 0 & \cdots & 1 \end{vmatrix}.$$

由$\dfrac{x}{x-a_1}=1+\dfrac{a_1}{x-a_1}$,并把第 2,3,…,$n$ 列都加于第 1 列,有

$$D=(x-a_1)(x-a_2)\cdots(x-a_n)\begin{vmatrix} 1+\sum\limits_{i=1}^{n}\dfrac{a_i}{x-a_i} & \dfrac{a_2}{x-a_2} & \dfrac{a_3}{x-a_3} & \cdots & \dfrac{a_n}{x-a_n} \\ 0 & 1 & 0 & \cdots & 0 \\ 0 & 0 & 1 & \cdots & 0 \\ \vdots & \vdots & \vdots & \ddots & \vdots \\ 0 & 0 & 0 & \cdots & 1 \end{vmatrix}$$

$$= (x-a_1)(x-a_2)\cdots(x-a_n)\left(1+\sum_{i=1}^{n}\frac{a_i}{x-a_i}\right).$$

例 1.17 试证明奇数阶反对称行列式

$$D = \begin{vmatrix} 0 & a_{12} & \cdots & a_{1n} \\ -a_{12} & 0 & \cdots & a_{2n} \\ \vdots & \vdots & & \vdots \\ -a_{1n} & -a_{2n} & \cdots & 0 \end{vmatrix} = 0.$$

证明 D 的转置行列式为

$$D^{\mathrm{T}} = \begin{vmatrix} 0 & -a_{12} & \cdots & -a_{1n} \\ a_{12} & 0 & \cdots & -a_{2n} \\ \vdots & \vdots & & \vdots \\ a_{1n} & a_{2n} & \cdots & 0 \end{vmatrix}.$$

从 D^{T} 中每一行提出一个公因子(-1),于是有

$$D^{\mathrm{T}} = (-1)^n \begin{vmatrix} 0 & a_{12} & \cdots & a_{1n} \\ -a_{12} & 0 & \cdots & a_{2n} \\ \vdots & \vdots & & \vdots \\ -a_{1n} & -a_{2n} & \cdots & 0 \end{vmatrix} = (-1)^n D.$$

由性质 1.1 知,$D^{\mathrm{T}}=D$,所以 $D=(-1)^n D$. 又由 n 为奇数,所以有 $D=-D$,即 $2D=0$,因此 $D=0$.

习题 1.4

1. 利用行列式的性质计算下列行列式:

(1) $\begin{vmatrix} 1 & 2 & 3 \\ 0 & 2 & 1 \\ 1 & 1 & 1 \end{vmatrix}$; (2) $\begin{vmatrix} 1 & 1 & 1 & 1 \\ 1 & 2 & 3 & 4 \\ 1 & 3 & 6 & 10 \\ 1 & 4 & 10 & 20 \end{vmatrix}$;

(3) $\begin{vmatrix} 1 & a & a^2-bc \\ 1 & b & b^2-ca \\ 1 & c & c^2-ab \end{vmatrix}$; (4) $\begin{vmatrix} 1 & 1 & 1 & 1 \\ -1 & 1 & 1 & 1 \\ -1 & -1 & 1 & 1 \\ -1 & -1 & -1 & 1 \end{vmatrix}$;

(5) $\begin{vmatrix} -ab & ac & ae \\ bd & -cd & de \\ bf & cf & -ef \end{vmatrix}$; (6) $\begin{vmatrix} a^2 & (a+1)^2 & (a+2)^2 & (a+3)^2 \\ b^2 & (b+1)^2 & (b+2)^2 & (b+3)^2 \\ c^2 & (c+1)^2 & (c+2)^2 & (c+3)^2 \\ d^2 & (d+1)^2 & (d+2)^2 & (d+3)^2 \end{vmatrix}$.

2. 证明下列各题：

(1) $\begin{vmatrix} a_1 & b_1 & a_1x+b_1y+c_1 \\ a_2 & b_2 & a_2x+b_2y+c_2 \\ a_3 & b_3 & a_3x+b_3y+c_3 \end{vmatrix}=\begin{vmatrix} a_1 & b_1 & c_1 \\ a_2 & b_2 & c_2 \\ a_3 & b_3 & c_3 \end{vmatrix}$；

(2) $\begin{vmatrix} a_1+b_1x & a_1x+b_1 & c_1 \\ a_2+b_2x & a_2x+b_2 & c_2 \\ a_3+b_3x & a_3x+b_3 & c_3 \end{vmatrix}=(1-x^2)\begin{vmatrix} a_1 & b_1 & c_1 \\ a_2 & b_2 & c_2 \\ a_3 & b_3 & c_3 \end{vmatrix}$；

(3) $\begin{vmatrix} 1 & a & a^3 \\ 1 & b & b^3 \\ 1 & c & c^3 \end{vmatrix}=(a+b+c)\begin{vmatrix} 1 & a & a^2 \\ 1 & b & b^2 \\ 1 & c & c^2 \end{vmatrix}$.

3. 计算下列 n 阶行列式：

(1) $\begin{vmatrix} -a_1 & a_1 & 0 & \cdots & 0 & 0 \\ 0 & -a_2 & a_2 & \cdots & 0 & 0 \\ \vdots & \vdots & \vdots & & \vdots & \vdots \\ 0 & 0 & 0 & \cdots & a_{n-1} & 0 \\ 0 & 0 & 0 & \cdots & -a_n & a_n \\ 1 & 1 & 1 & \cdots & 1 & 1 \end{vmatrix}$；

(2) $\begin{vmatrix} a & 1 & \cdots & 1 \\ 1 & a & \cdots & 1 \\ \vdots & \vdots & \ddots & \vdots \\ 1 & 1 & \cdots & a \end{vmatrix}$；　(3) $\begin{vmatrix} a_1-b & a_2 & \cdots & a_n \\ a_1 & a_2-b & \cdots & a_n \\ \vdots & \vdots & \ddots & \vdots \\ a_1 & a_2 & \cdots & a_n-b \end{vmatrix}$.

1.5 行列式按一行(列)展开

本节我们要研究如何把较高阶的行列式转化为较低阶行列式，从而得到计算行列式的另一种基本方法，即降阶法. 为此，先介绍代数余子式的概念.

定义 1.6 在 n 阶行列式中，划去元素 a_{ij} 所在的第 i 行和第 j 列后，余下的元素按原来的位置构成一个 $n-1$ 阶行列式，称为元素 a_{ij} 的余子式，记作 M_{ij}. 元素 a_{ij} 的余子式 M_{ij} 前面添上符号 $(-1)^{i+j}$ 称为元素 a_{ij} 的代数余子式，记作 A_{ij}，即 $A_{ij}=(-1)^{i+j}M_{ij}$.

例如：在 4 阶行列式

$$D=\begin{vmatrix} a_{11} & a_{12} & a_{13} & a_{14} \\ a_{21} & a_{22} & a_{23} & a_{24} \\ a_{31} & a_{32} & a_{33} & a_{34} \\ a_{41} & a_{42} & a_{43} & a_{44} \end{vmatrix}$$

中，a_{23}的余子式是

$$M_{23}=\begin{vmatrix}a_{11}&a_{12}&a_{14}\\a_{31}&a_{32}&a_{34}\\a_{41}&a_{42}&a_{44}\end{vmatrix},\quad 而 A_{23}=(-1)^{2+3}M_{23}=-\begin{vmatrix}a_{11}&a_{12}&a_{14}\\a_{31}&a_{32}&a_{34}\\a_{41}&a_{42}&a_{44}\end{vmatrix}$$

是 a_{23} 的代数余子式.

定理 1.5 n 阶行列式 D 等于它的任意一行(列)的元素与其对应的代数余子式的乘积之和，即

$$D=a_{i1}A_{i1}+a_{i2}A_{i2}+\cdots+a_{in}A_{in}\quad(i=1,2,\cdots,n)$$

或

$$D=a_{1j}A_{1j}+a_{2j}A_{2j}+\cdots+a_{nj}A_{nj}\quad(j=1,2,\cdots,n).$$

证明 只需证明按行展开的情形，按列展开的情形同理可证.

(1) 先证按第 1 行展开的情形. 根据性质 1.4 有

$$D=\begin{vmatrix}a_{11}&a_{12}&\cdots&a_{1n}\\a_{21}&a_{22}&\cdots&a_{2n}\\\vdots&\vdots&&\vdots\\a_{n1}&a_{n2}&\cdots&a_{nn}\end{vmatrix}=\begin{vmatrix}a_{11}+0+\cdots+0&0+a_{12}+0+\cdots+0&\cdots&0+\cdots+0+a_{1n}\\a_{21}&a_{22}&\cdots&a_{2n}\\\vdots&\vdots&&\vdots\\a_{n1}&a_{n2}&\cdots&a_{nn}\end{vmatrix}$$

$$=\begin{vmatrix}a_{11}&0&\cdots&0\\a_{21}&a_{22}&\cdots&a_{2n}\\\vdots&\vdots&&\vdots\\a_{n1}&a_{n2}&\cdots&a_{nn}\end{vmatrix}+\begin{vmatrix}0&a_{12}&\cdots&0\\a_{21}&a_{22}&\cdots&a_{2n}\\\vdots&\vdots&&\vdots\\a_{n1}&a_{n2}&\cdots&a_{nn}\end{vmatrix}+\cdots+\begin{vmatrix}0&0&\cdots&a_{1n}\\a_{21}&a_{22}&\cdots&a_{2n}\\\vdots&\vdots&&\vdots\\a_{n1}&a_{n2}&\cdots&a_{nn}\end{vmatrix}.$$

按行列式的定义，有

$$\begin{vmatrix}a_{11}&0&\cdots&0\\a_{21}&a_{22}&\cdots&a_{2n}\\\vdots&\vdots&&\vdots\\a_{n1}&a_{n2}&\cdots&a_{nn}\end{vmatrix}=\sum_{j_1j_2\cdots j_n}(-1)^{N(j_1j_2\cdots j_n)}a_{1j_1}a_{2j_2}\cdots a_{nj_n}$$

$$=a_{11}\sum_{j_1j_2\cdots j_n}(-1)^{N(j_1j_2\cdots j_n)}a_{2j_2}\cdots a_{nj_n}=a_{11}M_{11}=a_{11}A_{11}.$$

同理

$$\begin{vmatrix}0&a_{12}&\cdots&0\\a_{21}&a_{22}&\cdots&a_{2n}\\\vdots&\vdots&&\vdots\\a_{n1}&a_{n2}&\cdots&a_{nn}\end{vmatrix}=(-1)\begin{vmatrix}a_{12}&0&\cdots&0\\a_{22}&a_{21}&\cdots&a_{2n}\\\vdots&\vdots&&\vdots\\a_{n2}&a_{n1}&\cdots&a_{nn}\end{vmatrix}=(-1)a_{12}M_{12}=a_{12}A_{12},$$

$$\vdots$$

$$\begin{vmatrix}0&0&\cdots&a_{1n}\\a_{21}&a_{22}&\cdots&a_{2n}\\\vdots&\vdots&&\vdots\\a_{n1}&a_{n2}&\cdots&a_{nn}\end{vmatrix}=(-1)^{n-1}\begin{vmatrix}a_{1n}&0&\cdots&0\\a_{2n}&a_{21}&\cdots&a_{2n-1}\\\vdots&\vdots&&\vdots\\a_{nn}&a_{n1}&\cdots&a_{nn-1}\end{vmatrix}=(-1)^{n-1}a_{1n}M_{1n}=a_{1n}A_{1n},$$

所以

$$D = a_{11}A_{11} + a_{12}A_{12} + \cdots + a_{1n}A_{1n}.$$

(2) 再证按第 i 行展开的情形

将第 i 行分别与第 $i-1, i-2, \cdots, 1$ 行进行交换，把第 i 行换到第 1 行，然后再按(1)的情形，即有

$$D = (-1)^{i-1}\begin{vmatrix} a_{i1} & a_{i2} & \cdots & a_{in} \\ a_{11} & a_{12} & \cdots & a_{1n} \\ \vdots & \vdots & & \vdots \\ a_{n1} & a_{n2} & \cdots & a_{nn} \end{vmatrix}$$

$$= (-1)^{i-1}a_{i1}(-1)^{1+1}M_{i1} + (-1)^{i-1}a_{i2}(-1)^{1+2}M_{i2} + \cdots + (-1)^{i-1}a_{in}(-1)^{1+n}M_{in}$$

$$= a_{i1}A_{i1} + a_{i2}A_{i2} + \cdots + a_{in}A_{in}.$$

定理 1.6 n 阶行列式 D 中某一行(列)的各元素与另一行(列)对应元素的代数余子式的乘积之和等于零，即

$$a_{i1}A_{s1} + a_{i2}A_{s2} + \cdots + a_{in}A_{sn} = 0 \quad (i \neq s)$$

或

$$a_{1j}A_{1t} + a_{2j}A_{2t} + \cdots + a_{nj}A_{nt} = 0 \quad (j \neq t).$$

证明 只证行的情形，列的情形同理可证. 考虑辅助行列式

$$D_1 = \begin{vmatrix} a_{11} & a_{12} & \cdots & a_{1n} \\ \vdots & \vdots & & \vdots \\ a_{i1} & a_{i2} & \cdots & a_{in} \\ \vdots & \vdots & & \vdots \\ a_{i1} & a_{i2} & \cdots & a_{in} \\ \vdots & \vdots & & \vdots \\ a_{n1} & a_{n2} & \cdots & a_{nn} \end{vmatrix} \begin{matrix} \\ \\ (i\text{行}) \\ \\ (s\text{行}) \\ \\ \\ \end{matrix}.$$

这个行列式的第 i 行与第 s 行的对应元素相同，它的值应等于零，由定理 1.5 将 D_1 按第 s 行展开，有

$$D_1 = a_{i1}A_{s1} + a_{i2}A_{s2} + \cdots + a_{in}A_{sn} = 0 \quad (i \neq s).$$

定理 1.5 和定理 1.6 可以合并写成

$$a_{i1}A_{s1} + a_{i2}A_{s2} + \cdots + a_{in}A_{sn} = \begin{cases} D, & i = s, \\ 0, & i \neq s, \end{cases}$$

或

$$a_{1j}A_{1t} + a_{2j}A_{2t} + \cdots + a_{nj}A_{nt} = \begin{cases} D, & j = t, \\ 0, & j \neq t. \end{cases}$$

定理 1.5 表明，n 阶行列式可以用 $n-1$ 阶行列式来表示，因此该定理又称行列式的降阶展开定理. 利用它并结合行列式的性质，可以大大简化行列式的计算. 计算行列式时，一般利用性质将某一行(列)化简为仅有一个非零元素，再按定理 1.5 展开，变为低一阶的行列式，如此继续下去，直到将行列式化为三阶或二阶. 这在行列式的计算中是一种常用的方法.

例 1.18 计算行列式

$$D=\begin{vmatrix} 2 & 1 & -3 & -1 \\ 3 & 1 & 0 & 7 \\ -1 & 2 & 4 & -2 \\ 1 & 0 & -1 & 5 \end{vmatrix}.$$

解 D 的第 4 行已有一个元素是零，利用性质 1.5，有

$$D=\begin{vmatrix} 2 & 1 & -3 & -1 \\ 3 & 1 & 0 & 7 \\ -1 & 2 & 4 & -2 \\ 1 & 0 & -1 & 5 \end{vmatrix}\begin{matrix} \times 1 \to c_3 \\ \times(-5) \to c_4 \end{matrix}=\begin{vmatrix} 2 & 1 & -1 & -11 \\ 3 & 1 & 3 & -8 \\ -1 & 2 & 3 & 3 \\ 1 & 0 & 0 & 0 \end{vmatrix}=(-1)^{4+1}\begin{vmatrix} 1 & -1 & -11 \\ 1 & 3 & -8 \\ 2 & 3 & 3 \end{vmatrix}\begin{matrix} \times(-1) \to r_2,\ \times(-2) \to r_3 \end{matrix}$$

$$=-\begin{vmatrix} 1 & -1 & -11 \\ 0 & 4 & 3 \\ 0 & 5 & 25 \end{vmatrix}=-(-1)^{1+1}\begin{vmatrix} 4 & 3 \\ 5 & 25 \end{vmatrix}=-85.$$

例 1.19 计算 n 阶行列式

$$D=\begin{vmatrix} a & b & 0 & \cdots & 0 & 0 \\ 0 & a & b & \cdots & 0 & 0 \\ 0 & 0 & a & \cdots & 0 & 0 \\ \vdots & \vdots & \vdots & & \vdots & \vdots \\ 0 & 0 & 0 & \cdots & a & b \\ b & 0 & 0 & \cdots & 0 & a \end{vmatrix}.$$

解 按第 1 列展开得

$$D=(-1)^{1+1}a\begin{vmatrix} a & b & \cdots & 0 & 0 \\ 0 & a & \cdots & 0 & 0 \\ \vdots & \vdots & & \vdots & \vdots \\ 0 & 0 & \cdots & a & b \\ 0 & 0 & \cdots & 0 & a \end{vmatrix}+(-1)^{n+1}b\begin{vmatrix} b & 0 & \cdots & 0 & 0 \\ a & b & \cdots & 0 & 0 \\ \vdots & \vdots & & \vdots & \vdots \\ 0 & 0 & \cdots & b & 0 \\ 0 & 0 & \cdots & a & b \end{vmatrix}$$

$$=aa^{n-1}+(-1)^{n+1}bb^{n-1}=a^n+(-1)^{n+1}b^n.$$

例 1.20 计算 $D=\begin{vmatrix}1+x & 1 & 1 & 1\\ 1 & 1-x & 1 & 1\\ 1 & 1 & 1+y & 1\\ 1 & 1 & 1 & 1-y\end{vmatrix}$，其中 $xy\neq 0$.

解 根据定理 1.5，把行列式适当地加一行一列，然后利用性质 1.5，有

$$D=\begin{vmatrix}1 & 1 & 1 & 1 & 1\\ 0 & 1+x & 1 & 1 & 1\\ 0 & 1 & 1-x & 1 & 1\\ 0 & 1 & 1 & 1+y & 1\\ 0 & 1 & 1 & 1 & 1-y\end{vmatrix}\begin{matrix}\times(-1)\\ \leftarrow\\ \leftarrow\\ \leftarrow\\ \leftarrow\end{matrix}=\begin{vmatrix}1 & 1 & 1 & 1 & 1\\ -1 & x & 0 & 0 & 0\\ -1 & 0 & -x & 0 & 0\\ -1 & 0 & 0 & y & 0\\ -1 & 0 & 0 & 0 & -y\end{vmatrix}.$$

第 2 列提出因子 x，第 3 列提出 $-x$，第 4 列提出 y，第 5 列提出 $-y$，得

$$D=x(-x)y(-y)\begin{vmatrix}1 & \frac{1}{x} & -\frac{1}{x} & \frac{1}{y} & -\frac{1}{y}\\ -1 & 1 & 0 & 0 & 0\\ -1 & 0 & 1 & 0 & 0\\ -1 & 0 & 0 & 1 & 0\\ -1 & 0 & 0 & 0 & 1\end{vmatrix}$$

$$\begin{matrix}\quad & \times 1 & \times 1 & \times 1 & \times 1\end{matrix}$$

$$=x^2y^2\begin{vmatrix}1 & \frac{1}{x} & -\frac{1}{x} & \frac{1}{y} & -\frac{1}{y}\\ 0 & 1 & 0 & 0 & 0\\ 0 & 0 & 1 & 0 & 0\\ 0 & 0 & 0 & 1 & 0\\ 0 & 0 & 0 & 0 & 1\end{vmatrix}=x^2y^2.$$

例 1.21 试证

$$\begin{vmatrix}1 & 1 & 1 & \cdots & 1\\ a_1 & a_2 & a_3 & \cdots & a_n\\ a_1^2 & a_2^2 & a_3^2 & \cdots & a_n^2\\ \vdots & \vdots & \vdots & & \vdots\\ a_1^{n-1} & a_2^{n-1} & a_3^{n-1} & \cdots & a_n^{n-1}\end{vmatrix}=\prod_{1\leqslant j<i\leqslant n}(a_i-a_j). \tag{1.11}$$

(1.11)式的左端叫做范德蒙德行列式.结论说明,n 阶范德蒙德行列式之值等于 a_1,a_2,…,a_n 这 n 个数的所有可能的差 $a_i-a_j(1\leqslant j<i\leqslant n)$ 的乘积.

证明 用数学归纳法.

(1) 当 $n=2$ 时,计算二阶范德蒙德行列式得

$$\begin{vmatrix} 1 & 1 \\ a_1 & a_2 \end{vmatrix} = a_2-a_1,$$

可见 $n=2$ 时,结论成立.

(2) 假设对于 $n-1$ 阶范德蒙德行列式结论成立,来看 n 阶范德蒙德行列式:把第 $n-1$ 行的 $(-a_1)$ 倍加到第 n 行,再把第 $n-2$ 行的 $(-a_1)$ 倍加到第 $n-1$ 行,如此继续做,最后把第1行的 $(-a_1)$ 倍加到第2行,得到

$$\begin{vmatrix} 1 & 1 & 1 & \cdots & 1 \\ a_1 & a_2 & a_3 & \cdots & a_n \\ a_1^2 & a_2^2 & a_3^2 & \cdots & a_n^2 \\ \vdots & \vdots & \vdots & & \vdots \\ a_1^{n-2} & a_2^{n-2} & a_3^{n-2} & \cdots & a_n^{n-2} \\ a_1^{n-1} & a_2^{n-1} & a_3^{n-1} & \cdots & a_n^{n-1} \end{vmatrix} = \begin{vmatrix} 1 & 1 & 1 & \cdots & 1 \\ 0 & a_2-a_1 & a_3-a_1 & \cdots & a_n-a_1 \\ 0 & a_2^2-a_1a_2 & a_3^2-a_1a_3 & \cdots & a_n^2-a_1a_n \\ \vdots & \vdots & \vdots & & \vdots \\ 0 & a_2^{n-1}-a_1a_2^{n-2} & a_3^{n-1}-a_1a_3^{n-2} & \cdots & a_n^{n-1}-a_1a_n^{n-2} \end{vmatrix}$$

$$= \begin{vmatrix} a_2-a_1 & a_3-a_1 & \cdots & a_n-a_1 \\ a_2(a_2-a_1) & a_3(a_3-a_1) & \cdots & a_n(a_n-a_1) \\ \vdots & \vdots & & \vdots \\ a_2^{n-2}(a_2-a_1) & a_3^{n-2}(a_3-a_1) & \cdots & a_n^{n-2}(a_n-a_1) \end{vmatrix}$$

$$= (a_2-a_1)(a_3-a_1)\cdots(a_n-a_1)\begin{vmatrix} 1 & 1 & \cdots & 1 \\ a_2 & a_3 & \cdots & a_n \\ \vdots & \vdots & & \vdots \\ a_2^{n-2} & a_3^{n-2} & \cdots & a_n^{n-2} \end{vmatrix}.$$

后面这个行列式是 $n-1$ 阶范德蒙德行列式,由归纳假设得

$$\begin{vmatrix} 1 & 1 & \cdots & 1 \\ a_2 & a_3 & \cdots & a_n \\ \vdots & \vdots & & \vdots \\ a_2^{n-2} & a_3^{n-2} & \cdots & a_n^{n-2} \end{vmatrix} = \prod_{2\leqslant j<i\leqslant n}(a_i-a_j).$$

于是上述 n 阶范德蒙德行列式等于

$$(a_2-a_1)(a_3-a_1)\cdots(a_n-a_1)\prod_{2\leqslant j<i\leqslant n}(a_i-a_j)=\prod_{1\leqslant j<i\leqslant n}(a_i-a_j).$$

根据数学归纳法原理,对一切 $n\geqslant 2$,(1.11)式成立.

例 1.22 计算 n 阶行列式

$$D_n=\begin{vmatrix} a_1 & -1 & 0 & \cdots & 0 & 0\\ a_2 & x & -1 & \cdots & 0 & 0\\ a_3 & 0 & x & \cdots & 0 & 0\\ \vdots & \vdots & \vdots & & \vdots & \vdots\\ a_{n-1} & 0 & 0 & \cdots & x & -1\\ a_n & 0 & 0 & \cdots & 0 & x \end{vmatrix}.$$

解 把第 1 行乘以 x 加到第 2 行,然后把所得到的第 2 行乘以 x 加到第 3 行,这样继续进行下去,直到第 n 行,便得到

$$D_n=\begin{vmatrix} a_1 & -1 & 0 & 0 & \cdots & 0\\ a_1x+a_2 & 0 & -1 & 0 & \cdots & 0\\ a_1x^2+a_2x+a_3 & 0 & 0 & -1 & \cdots & 0\\ \vdots & \vdots & \vdots & \vdots & & \vdots\\ \sum_{i=1}^{n}a_ix^{n-i-1} & 0 & 0 & 0 & \cdots & -1\\ \sum_{i=1}^{n}a_ix^{n-i} & 0 & 0 & 0 & \cdots & 0 \end{vmatrix}$$

$$=(-1)^{n+1}\sum_{i=1}^{n}a_ix^{n-i}\begin{vmatrix} -1 & 0 & \cdots & 0\\ 0 & -1 & \cdots & 0\\ \vdots & \vdots & & \vdots\\ 0 & 0 & \cdots & -1 \end{vmatrix}$$

$$=(-1)^{n+1}\sum_{i=1}^{n}a_ix^{n-1}(-1)^{n-1}=(-1)^{2n}\sum_{i=1}^{n}a_ix^{n-i}$$

$$=a_1x^{n-1}+a_2x^{n-2}+a_{n-1}x+a_n.$$

例 1.23 证明:

$$\begin{vmatrix} a_{11} & a_{12} & 0 & 0\\ a_{21} & a_{22} & 0 & 0\\ c_{11} & c_{12} & b_{11} & b_{12}\\ c_{21} & c_{22} & b_{21} & b_{22} \end{vmatrix}=\begin{vmatrix} a_{11} & a_{12}\\ a_{21} & a_{22} \end{vmatrix}\begin{vmatrix} b_{11} & b_{12}\\ b_{21} & b_{22} \end{vmatrix}.$$

证明 将上面等式左端的行列式按第 1 行展开,得

$$\begin{vmatrix} a_{11} & a_{12} & 0 & 0 \\ a_{21} & a_{22} & 0 & 0 \\ c_{11} & c_{12} & b_{11} & b_{12} \\ c_{21} & c_{22} & b_{21} & b_{22} \end{vmatrix} = a_{11}\begin{vmatrix} a_{22} & 0 & 0 \\ c_{12} & b_{11} & b_{12} \\ c_{22} & b_{21} & b_{22} \end{vmatrix} - a_{12}\begin{vmatrix} a_{21} & 0 & 0 \\ c_{11} & b_{11} & b_{12} \\ c_{21} & b_{21} & b_{22} \end{vmatrix}$$

$$= a_{11}a_{22}\begin{vmatrix} b_{11} & b_{12} \\ b_{21} & b_{22} \end{vmatrix} - a_{12}a_{21}\begin{vmatrix} b_{11} & b_{12} \\ b_{21} & b_{22} \end{vmatrix}$$

$$= (a_{11}a_{22} - a_{12}a_{21})\begin{vmatrix} b_{11} & b_{12} \\ b_{21} & b_{22} \end{vmatrix}$$

$$= \begin{vmatrix} a_{11} & a_{12} \\ a_{21} & a_{22} \end{vmatrix}\begin{vmatrix} b_{11} & b_{12} \\ b_{21} & b_{22} \end{vmatrix}.$$

本例题的结论对一般情况也是成立的,即

$$\begin{vmatrix} a_{11} & a_{12} & \cdots & a_{1k} & 0 & 0 & \cdots & 0 \\ \vdots & \vdots & & \vdots & \vdots & \vdots & & \vdots \\ a_{k1} & a_{k2} & \cdots & a_{kk} & 0 & 0 & \cdots & 0 \\ c_{11} & c_{12} & \cdots & c_{1k} & b_{11} & b_{12} & \cdots & b_{1m} \\ \vdots & \vdots & & \vdots & \vdots & \vdots & & \vdots \\ c_{m1} & c_{m2} & \cdots & c_{mk} & b_{m1} & b_{m2} & \cdots & b_{mm} \end{vmatrix}$$

$$= \begin{vmatrix} a_{11} & a_{12} & \cdots & a_{1k} \\ \vdots & \vdots & & \vdots \\ a_{k1} & a_{k2} & \cdots & a_{kk} \end{vmatrix}\begin{vmatrix} b_{11} & b_{12} & \cdots & b_{1m} \\ \vdots & \vdots & & \vdots \\ b_{m1} & b_{m2} & \cdots & b_{mm} \end{vmatrix}.$$

习题 1.5

1. 写出行列式

$$D = \begin{vmatrix} 3 & 1 & -1 & 2 \\ -5 & 1 & 3 & -4 \\ 2 & 0 & 1 & -1 \\ 1 & -5 & 3 & -3 \end{vmatrix}$$

中第 2 列各元素的代数余子式.

2. 已知

$$D = \begin{vmatrix} 2 & 0 & 0 & 4 \\ 0 & 1 & -1 & 2 \\ 0 & -4 & 0 & 0 \\ 5 & 2 & -3 & 8 \end{vmatrix},$$

试计算 A_{11}, A_{32}, D.

3. 用行列式按一行(列)展开的方法计算下列行列式：

(1) $\begin{vmatrix} 1 & -2 & 0 & 4 \\ 2 & -5 & 1 & -3 \\ 4 & 1 & -2 & 6 \\ -3 & 2 & 7 & 1 \end{vmatrix}$；(2) $\begin{vmatrix} 2 & -4 & -3 & 5 \\ -3 & 1 & 4 & -2 \\ 7 & 2 & 5 & 3 \\ 4 & -3 & -2 & 6 \end{vmatrix}$；(3) $\begin{vmatrix} 1 & 0 & 2 & a \\ 2 & 0 & b & 0 \\ 3 & c & 4 & 5 \\ d & 0 & 0 & 0 \end{vmatrix}$.

4. 计算下列行列式：

(1) $\begin{vmatrix} x & a & a & \cdots & a \\ a & x & a & \cdots & a \\ a & a & x & \cdots & a \\ \vdots & \vdots & \vdots & \ddots & \vdots \\ a & a & a & \cdots & x \end{vmatrix}$ (n 阶)； (2) $\begin{vmatrix} 1 & 2 & 2 & \cdots & 2 \\ 2 & 2 & 2 & \cdots & 2 \\ 2 & 2 & 3 & \cdots & 2 \\ \vdots & \vdots & \vdots & \ddots & \vdots \\ 2 & 2 & 2 & \cdots & n \end{vmatrix}$；

(3) $\begin{vmatrix} 1 & a_1 & a_2 & \cdots & a_n \\ 1 & a_1+b_1 & a_2 & \cdots & a_n \\ 1 & a_1 & a_2+b_2 & \cdots & a_n \\ \vdots & \vdots & \vdots & \ddots & \vdots \\ 1 & a_1 & a_2 & \cdots & a_n+b_n \end{vmatrix}$； (4) $\begin{vmatrix} 1 & 1 & \cdots & 1 \\ 2 & 2^2 & \cdots & 2^n \\ 3 & 3^2 & \cdots & 3^n \\ \vdots & \vdots & & \vdots \\ n & n^2 & \cdots & n^n \end{vmatrix}$；

(5) $\begin{vmatrix} 0 & 1 & 2 & 3 & \cdots & n-1 \\ 1 & 0 & 1 & 2 & \cdots & n-2 \\ 2 & 1 & 0 & 1 & \cdots & n-3 \\ \vdots & \vdots & \vdots & \vdots & & \vdots \\ n-2 & n-3 & n-4 & n-5 & \cdots & 1 \\ n-1 & n-2 & n-3 & n-4 & \cdots & 0 \end{vmatrix}$.

5. 证明下列等式：

(1) $\begin{vmatrix} a_0 & 1 & 1 & \cdots & 1 \\ 1 & a_1 & 0 & \cdots & 0 \\ 1 & 0 & a_2 & \cdots & 0 \\ \vdots & \vdots & \vdots & \ddots & \vdots \\ 1 & 0 & 0 & \cdots & a_n \end{vmatrix} = a_1a_2\cdots a_n\left(a_0-\sum_{i=1}^{n}\frac{1}{a_i}\right)\ (a_i\neq 0)$；

(2) $\begin{vmatrix} a_1 & -a_2 & 0 & \cdots & 0 & 0 \\ 0 & a_2 & -a_3 & \cdots & 0 & 0 \\ 0 & 0 & a_3 & \cdots & 0 & 0 \\ \vdots & \vdots & \vdots & & \vdots & \vdots \\ 0 & 0 & 0 & \cdots & a_{n-1} & -a_n \\ 1 & 1 & 1 & \cdots & 1 & 1+a_n \end{vmatrix} = a_1a_2\cdots a_n\left(1+\sum_{i=1}^{n}\frac{1}{a_i}\right)\ (a_i\neq 0)$.

1.6 克莱姆法则

前面我们已经介绍了 n 阶行列式的定义和计算方法，作为行列式的应用，本节介绍用行列式解 n 元线性方程组的方法，即克莱姆法则. 它是 1.1 节中二、三元线性方程组求解公式的推广.

设含有 n 个未知量 n 个方程的线性方程组为

$$\begin{cases} a_{11}x_1 + a_{12}x_2 + \cdots + a_{1n}x_n = b_1, \\ a_{21}x_1 + a_{22}x_2 + \cdots + a_{2n}x_n = b_2, \\ \qquad\vdots \\ a_{n1}x_1 + a_{n2}x_2 + \cdots + a_{nn}x_n = b_n. \end{cases} \tag{1.12}$$

它的系数 a_{ij} 构成的行列式

$$D = \begin{vmatrix} a_{11} & a_{12} & \cdots & a_{1n} \\ a_{21} & a_{22} & \cdots & a_{2n} \\ \vdots & \vdots & & \vdots \\ a_{n1} & a_{n2} & \cdots & a_{nn} \end{vmatrix}$$

称为线性方程组(1.12)的系数行列式.

定理 1.7(克莱姆法则) 如果线性方程组(1.12)的系数行列式 $D\neq 0$，则线性方程组(1.12)有唯一解

$$x_1 = \frac{D_1}{D}, \quad x_2 = \frac{D_2}{D}, \quad \cdots, \quad x_n = \frac{D_n}{D}, \tag{1.13}$$

其中 $D_j(j=1,2,\cdots,n)$ 是 D 中第 j 列换成常数项 $b_1,b_2,\cdots,b_n$，其余各列不变而得到的行列式.

这个法则包含着两个结论：线性方程组(1.12)有解，解唯一. 下面分两步来证明.

第一步：在 $D\neq 0$ 的条件下，线性方程组(1.12)有解，我们将验证由(1.13)式给出的数组 $\frac{D_1}{D},\frac{D_2}{D},\cdots,\frac{D_n}{D}$ 确实是线性方程组(1.12)的解.

第二步：若线性方程组有解，必由(1.13)式给出，从而解是唯一的.

证明 如果 $D\neq 0$，首先将 $x_1=\frac{D_1}{D},x_2=\frac{D_2}{D},\cdots,x_n=\frac{D_n}{D}$ 代入线性方程组(1.12)的第 i 个方程，有

$$\text{左端} = a_{i1}\frac{D_1}{D} + a_{i2}\frac{D_2}{D} + \cdots + a_{in}\frac{D_n}{D} = \frac{1}{D}(a_{i1}D_1 + a_{i2}D_1 + \cdots + a_{in}D_n). \tag{1.14}$$

把 D_1 按第 1 列展开，D_2 按第 2 列展开，……，D_n 按第 n 列展开，然后代入(1.14)式有

$$\begin{aligned}
\text{左端} &= \frac{1}{D}[a_{i1}(b_1A_{11}+b_2A_{21}+\cdots+b_iA_{i1}+\cdots+b_nA_{n1}) \\
&\quad +a_{i2}(b_1A_{12}+b_2A_{22}+\cdots+b_iA_{i2}+\cdots+b_nA_{n2}) \\
&\quad +\cdots+a_{in}(b_1A_{1n}+b_2A_{2n}+\cdots+b_iA_{in}+\cdots+b_nA_{nn})] \\
&= \frac{1}{D}[b_1(a_{i1}A_{11}+a_{i2}A_{12}+\cdots+a_{in}A_{1n}) \\
&\quad +b_2(a_{i1}A_{21}+a_{i2}A_{22}+\cdots+a_{in}A_{2n}) \\
&\quad +\cdots+b_i(a_{i1}A_{i1}+a_{i2}A_{i2}+\cdots+a_{in}A_{in}) \\
&\quad +\cdots+b_n(a_{i1}A_{n1}+a_{i2}A_{n2}+\cdots+a_{in}A_{nn})] \\
&= \frac{1}{D}[b_1\cdot 0+b_2\cdot 0+\cdots+b_i\cdot D+\cdots+b_n\cdot 0] \\
&= \frac{1}{D}\cdot b_iD = b_i = \text{右端}.
\end{aligned}$$

这样证明了$\frac{D_1}{D},\frac{D_2}{D},\cdots,\frac{D_n}{D}$是线性方程组(1.12)的解.

其次,证明线性方程组若有解,其解必由(1.13)式给出,即解是唯一的.即,假设 $x_1=k_1,x_2=k_2,\cdots,x_n=k_n$ 是线性方程组(1.12)的一个解,证明必有

$$k_1=\frac{D_1}{D},\quad k_2=\frac{D_2}{D},\quad \cdots,\quad k_n=\frac{D_n}{D}.$$

因 $x_1=k_1,x_2=k_2,\cdots,x_n=k_n$ 是线性方程组(1.12)的解,把它代入线性方程组(1.12)有

$$\begin{cases}
a_{11}k_1+a_{12}k_2+\cdots+a_{1n}k_n=b_1, \\
a_{21}k_1+a_{22}k_2+\cdots+a_{2n}k_n=b_2, \\
\qquad\vdots \\
a_{n1}k_1+a_{n2}k_2+\cdots+a_{nn}k_n=b_n.
\end{cases} \tag{1.15}$$

将系数行列式 D 的第 j 列的代数余子式 $A_{1j},A_{2j},\cdots,A_{nj}$ 依次乘各等式两边,得

$$\begin{cases}
a_{11}A_{1j}k_1+\cdots+a_{1j}A_{1j}k_j+\cdots+a_{1n}A_{1j}k_n=b_1A_{1j}, \\
a_{21}A_{2j}k_1+\cdots+a_{2j}A_{2j}k_j+\cdots+a_{2n}A_{2j}k_n=b_2A_{2j}, \\
\qquad\vdots \\
a_{n1}A_{nj}k_1+\cdots+a_{nj}A_{nj}k_j+\cdots+a_{nn}A_{nj}k_n=b_nA_{nj}.
\end{cases}$$

把这 n 个等式相加,并利用行列式按一列展开定理,得

$$0\cdot k_1+\cdots+D\cdot k_j+\cdots+0\cdot k_n=D_j,$$

即 $Dk_j=D_j$.因为 $D\neq 0$,所以 $k_j=\frac{D_j}{D}$.由于在上述证明过程中,j 可取遍 $1,2,\cdots,n$,于是有

$$k_1=\frac{D_1}{D},\quad k_2=\frac{D_2}{D},\quad \cdots,\quad k_n=\frac{D_n}{D},$$

所以线性方程组的解是唯一的.

例 1.24 解线性方程组

$$\begin{cases}x_1+3x_2-2x_3+x_4=1,\\2x_1+5x_2-3x_3+2x_4=3,\\-3x_1+4x_2+8x_3-2x_4=4,\\6x_1-x_2-6x_3+4x_4=2.\end{cases}$$

解 因为

$$D=\begin{vmatrix}1&3&-2&1\\2&5&-3&2\\-3&4&8&-2\\6&-1&-6&4\end{vmatrix}=\begin{vmatrix}1&3&-2&1\\0&-1&1&0\\0&13&2&1\\0&-19&6&-2\end{vmatrix}=\begin{vmatrix}1&3&-2&1\\0&-1&1&0\\0&0&15&1\\0&0&-13&-2\end{vmatrix}=17\neq 0,$$

所以线性方程组有唯一解. 又

$$D_1=\begin{vmatrix}1&3&-2&1\\3&5&-3&2\\4&4&8&-2\\2&-1&-6&4\end{vmatrix}=-34,\quad D_2=\begin{vmatrix}1&1&-2&1\\2&3&-3&2\\-3&4&8&-2\\6&2&-6&4\end{vmatrix}=0,$$

$$D_3=\begin{vmatrix}1&3&1&1\\2&5&3&2\\-3&4&4&-2\\6&-1&2&4\end{vmatrix}=17,\quad D_4=\begin{vmatrix}1&3&-2&1\\2&5&-3&3\\-3&4&8&4\\6&-1&-6&2\end{vmatrix}=85,$$

即得唯一解

$$x_1=-\frac{34}{17}=-2,\quad x_2=\frac{0}{17}=0,\quad x_3=\frac{17}{17}=1,\quad x_4=\frac{85}{17}=5.$$

注 用克莱姆法则解线性方程组时，必须满足两个条件：一是线性方程的个数与未知量的个数相等；二是系数行列式 $D\neq 0$.

当线性方程组(1.12)中的常数项都等于0时，称为齐次线性方程组，即

$$\begin{cases}a_{11}x_1+a_{12}x_2+\cdots+a_{1n}x_n=0,\\a_{21}x_1+a_{22}x_2+\cdots+a_{2n}x_n=0,\\\qquad\vdots\\a_{n1}x_1+a_{n2}x_2+\cdots+a_{nn}x_n=0\end{cases}\tag{1.16}$$

称为齐次线性方程组. 显然，齐次线性方程组(1.16)总是有解的，因为 $x_1=0,x_2=0,\cdots,x_n=0$ 显然满足线性方程组(1.16)，这组解称为零解，也就是说，齐次线性方程组必有零解. 在解 $x_1=k_1,x_2=k_2,\cdots,x_n=k_n$ 不全为零时，称这组解为线性方程组(1.16)的非零解.

定理 1.8 如果齐次线性方程组(1.16)的系数行列式 $D\neq 0$,则它只有零解.

证明 由于 $D\neq 0$,故线性方程组(1.16)有唯一解.又因为线性方程组(1.16)已有零解,所以线性方程组(1.16)只有零解.

定理的逆否命题为如下推论.

推论 如果齐次线性方程组(1.16)有非零解,那么它的系数行列式 $D=0$.

例 1.25 若线性方程组

$$\begin{cases} ax_1+x_2+x_3=0, \\ x_1+bx_2+x_3=0, \\ x_1+2bx_2+x_3=0 \end{cases}$$

只有零解,则 a,b 应取何值?

解 由定理 1.8 知,当系数行列式 $D\neq 0$ 时,线性方程组只有零解,而

$$D=\begin{vmatrix} a & 1 & 1 \\ 1 & b & 1 \\ 1 & 2b & 1 \end{vmatrix}=b(1-a),$$

所以,当 $a\neq 1$ 且 $b\neq 0$ 时,此线性方程组只有零解.

例 1.26 设 $f(x)=c_0+c_1x+\cdots+c_nx^n$,用克莱姆法则证明:若 $f(x)$ 有 $n+1$ 个不同的根,则 $f(x)$ 是一个零多项式.

证明 设 $a_1,a_2,\cdots,a_n,a_{n+1}$ 是 $f(x)$ 的 $n+1$ 个不同的根,即

$$\begin{cases} c_0+c_1a_1+c_2a_1^2+\cdots+c_na_1^n=0, \\ c_0+c_1a_2+c_2a_2^2+\cdots+c_na_2^n=0, \\ \qquad\vdots \\ c_0+c_1a_{n+1}+c_2a_{n+1}^2+\cdots+c_na_{n+1}^n=0. \end{cases}$$

这是以 $c_0,c_1,c_2,\cdots,c_n$ 为未知数的齐次线性方程组,其系数行列式为

$$D=\begin{vmatrix} 1 & a_1 & a_1^2 & \cdots & a_1^n \\ 1 & a_2 & a_2^2 & \cdots & a_2^n \\ 1 & a_3 & a_3^2 & \cdots & a_3^n \\ \vdots & \vdots & \vdots & & \vdots \\ 1 & a_{n+1} & a_{n+1}^2 & \cdots & a_{n+1}^n \end{vmatrix}=\begin{vmatrix} 1 & 1 & \cdots & 1 \\ a_1 & a_2 & \cdots & a_{n+1} \\ a_1^2 & a_2^2 & \cdots & a_{n+1}^2 \\ \vdots & \vdots & & \vdots \\ a_1^n & a_2^n & \cdots & a_{n+1}^n \end{vmatrix}.$$

此行列式是范德蒙德行列式,由于 $a_i\neq a_j\,(i\neq j)$,所以

$$D=\prod_{1\leqslant j<i\leqslant n+1}(a_i-a_j)\neq 0,$$

根据定理 1.8 知,线性方程组只有唯一零解,即

$$c_0=c_1=c_2=\cdots=c_n=0.$$

故 $f(x)$ 是一个零多项式.

习题 1.6

1. 用克莱姆法则解下列线性方程组：

(1) $\begin{cases}5x_1+4x_3+2x_4=3,\\ x_1-x_2+2x_3+x_4=1,\\ 4x_1+x_2+2x_3=1,\\ x_1+x_2+x_3+x_4=0;\end{cases}$　(2) $\begin{cases}x_1-x_2-x_3-x_4=2,\\ x_1-x_2+x_3+x_4=3,\\ x_1+x_2-x_3+x_4=4,\\ x_1+x_2+x_3-x_4=4;\end{cases}$

(3) $\begin{cases}x_1+x_2+\cdots+x_n=k,\\ 2x_1+2^2x_2+\cdots+2^nx_n=2k,\\ 3x_1+3^2x_2+\cdots+3^nx_n=3k,\\ \qquad\vdots\\ nx_1+n^2x_2+\cdots+n^nx_n=nk.\end{cases}$

2. 当 λ 为何值时，齐次线性方程组

$$\begin{cases}\lambda x_1+3x_2+4x_3=0,\\ -x_1+\lambda x_2=0,\\ \lambda x_2+x_3=0\end{cases}$$

(1) 仅有零解；(2) 有非零解.

3. 设 a_1,a_2,a_3,a_4 各不相同，证明线性方程组

$$\begin{cases}x_1+x_2+x_3+x_4=1,\\ a_1x_1+a_2x_2+a_3x_3+a_4x_4=b,\\ a_1^2x_1+a_2^2x_2+a_3^2x_3+a_4^2x_4=b^2,\\ a_1^3x_1+a_2^3x_2+a_3^3x_3+a_4^3x_4=b^3\end{cases}$$

有唯一解.

1.7 数域

线性代数的许多问题在数的不同范围内讨论会得到不同的结论. 例如，一元一次方程 $2x=1$ 在有理数范围内有解 $x=\frac{1}{2}$，但在整数范围内，方程 $2x=1$ 是无解的. 为了深入讨论线性代数中的某些问题，需要介绍数域的概念.

定义 1.7 如果数集 P 满足：

(1) $0\in P,1\in P$；

(2) 数集 P 对于数的四则运算是封闭的,即 P 中的任意两个数的和、差、积、商(除数不为零)仍然在 P 中,则称数集 P 是一个数域.

用上述定义容易验证,有理数集$\mathbb{Q}$、实数集$\mathbb{R}$、复数集$\mathbb{C}$都是数域,今后称它们为有理数域$\mathbb{Q}$、实数域$\mathbb{R}$、复数域$\mathbb{C}$.

另外还有一些其他的数域,例如,形如 $a+b\sqrt{2}$(a,b 为任意有理数)的数构成的数集是一个数域.

整数集不是数域,数集$\{a+b\sqrt{2} \mid a,b$ 为任意整数$\}$也不是数域.

可以证明:最小的数域是有理数域.

我们约定在以后的各章里,所讨论的问题都是在任何一个数域里进行的.

第 1 章补充题

1. 计算 n 阶行列式:

(1) $\begin{vmatrix} 1 & 2 & 3 & \cdots & n \\ 2 & 3 & 4 & \cdots & 1 \\ 3 & 4 & 5 & \cdots & 2 \\ \vdots & \vdots & \vdots & & \vdots \\ n & 1 & 2 & \cdots & n-1 \end{vmatrix}$;　(2) $\begin{vmatrix} x & y & y & \cdots & y & y \\ z & x & y & \cdots & y & y \\ z & z & x & \cdots & y & y \\ \vdots & \vdots & \vdots & & \vdots & \vdots \\ z & z & z & \cdots & x & y \\ z & z & z & \cdots & z & x \end{vmatrix}$;

(3) $\begin{vmatrix} a & a+h & a+2h & \cdots & a+(n-1)h & a+nh \\ -a & a & & \cdots & 0 & 0 \\ 0 & -a & & \cdots & 0 & 0 \\ \vdots & \vdots & & & \vdots & \vdots \\ 0 & 0 & & \cdots & a & 0 \\ 0 & 0 & & \cdots & -a & a \end{vmatrix}$.

2. 证明:n 阶行列式

$$\begin{vmatrix} a+b & ab & 0 & \cdots & 0 & 0 \\ 1 & a+b & ab & \cdots & 0 & 0 \\ 0 & 1 & a+b & \cdots & 0 & 0 \\ \vdots & \vdots & \vdots & & \vdots & \vdots \\ 0 & 0 & 0 & \cdots & a+b & ab \\ 0 & 0 & 0 & \cdots & 1 & a+b \end{vmatrix} = \frac{a^{n+1}-b^{n+1}}{a-b} \quad (a \neq b).$$

3. 证明：

$$\begin{vmatrix} n & n-1 & n-2 & \cdots & 2 & 1 \\ -1 & x & 0 & \cdots & 0 & 0 \\ 0 & -1 & x & \cdots & 0 & 0 \\ \vdots & \vdots & \vdots & & \vdots & \vdots \\ 0 & 0 & 0 & \cdots & x & 0 \\ 0 & 0 & 0 & \cdots & -1 & x \end{vmatrix} = nx^{n-1} + (n-1)x^{n-2} + \cdots + 2x + 1.$$

提示：将第1列乘以 x^{n-1}，第2列乘以 x^{n-2}，……，第 $n-1$ 列乘以 x 全加到第 n 列，再按第 n 列展开.

4. 证明：$\begin{vmatrix} a_1-b_1 & a_1-b_2 & \cdots & a_1-b_n \\ a_2-b_1 & a_2-b_2 & \cdots & a_2-b_n \\ \vdots & \vdots & & \vdots \\ a_n-b_1 & a_n-b_2 & \cdots & a_n-b_n \end{vmatrix} = 0$，其中 $n>2$.

提示：将第2,3列分别减第1列.

5. 计算下列行列式：

(1) $\begin{vmatrix} a & a^2 & 0 & \cdots & 0 & 0 \\ 1 & 2a+b & (a+b)^2 & \cdots & 0 & 0 \\ 0 & 1 & 2a+3b & \cdots & 0 & 0 \\ \vdots & \vdots & \vdots & & \vdots & \vdots \\ 0 & 0 & 0 & \cdots & 2a+(2n-1)b & (a+nb)^2 \\ 0 & 0 & 0 & \cdots & 1 & 2a+(2n+1)b \end{vmatrix}$；

(2) $\begin{vmatrix} -a_1 & a_1 & 0 & \cdots & 0 & 0 \\ 0 & -a_2 & a_2 & \cdots & 0 & 0 \\ \vdots & \vdots & \vdots & & \vdots & \vdots \\ 0 & 0 & 0 & \cdots & -a_n & a_n \\ 1 & 1 & 1 & \cdots & 1 & 1 \end{vmatrix}$；

(3) $\begin{vmatrix} x & -1 & 0 & \cdots & 0 & 0 \\ 0 & x & -1 & \cdots & 0 & 0 \\ \vdots & \vdots & \vdots & & \vdots & \vdots \\ 0 & 0 & 0 & \cdots & x & -1 \\ a_n & a_{n-1} & a_{n-2} & \cdots & a_2 & a_1+x \end{vmatrix}$.

第 2 章

线性方程组

第 1 章已经介绍了求解线性方程组的克莱姆法则. 虽然克莱姆法则在理论上具有重要的意义，但是利用它求解线性方程组，要受到一定的限制. 首先，它要求线性方程组中方程的个数与未知量的个数相等，其次还要求线性方程组的系数行列式不等于零. 即使线性方程组具备上述条件，在求解时，也需计算 $n+1$ 个 n 阶行列式. 由此可见，应用克莱姆法则只能求解一些较为特殊的线性方程组，且计算量较大.

本章讨论一般的 n 元线性方程组的求解问题. 一般的线性方程组的形式为

$$\begin{cases} a_{11}x_1 + a_{12}x_2 + \cdots + a_{1n}x_n = b_1, \\ a_{21}x_1 + a_{22}x_2 + \cdots + a_{2n}x_n = b_2, \\ \qquad\qquad\vdots \\ a_{m1}x_1 + a_{m2}x_2 + \cdots + a_{mn}x_n = b_m. \end{cases} \tag{2.1}$$

方程的个数 m 与未知量的个数 n 不一定相等，当 $m=n$ 时，系数行列式也有可能等于零，因此不能用克莱姆法则求解. 对于线性方程组(2.1)，需要研究以下 3 个问题：

(1) 怎样判断线性方程组是否有解？即它有解的充分必要条件是什么？

(2) 线性方程组有解时，它究竟有多少个解及如何去求解？

(3) 当线性方程组的解不唯一时，解与解之间的关系如何？

2.1 消元法

2.1.1 消元法的过程

解二元、三元线性方程组时曾用过加减消元法，实际上这个方法比用行列式求解更具有普遍性，是解一般 n 元线性方程组的最有效的方法. 下面通过例子介绍如何用消元法解一般的线性方程组.

例 2.1 求解线性方程组

$$\begin{cases} 3x_1 - x_2 + 5x_3 = 2, \\ x_1 + x_2 + 2x_3 = 1, \\ x_1 - 2x_2 - x_3 = 5. \end{cases} \tag{2.2}$$

解 交换第 1,3 两个方程的位置得

$$\begin{cases} x_1 - 2x_2 - x_3 = 5, \\ x_1 - x_2 + 2x_3 = 1, \\ 3x_1 - x_2 + 5x_3 = 2. \end{cases}$$

第 1 个方程乘以(−1)加于第 2 个方程,第 1 个方程乘以(−3)加于第 3 个方程,得

$$\begin{cases} x_1 - 2x_2 - 3x_3 = 5, \\ \qquad x_2 + 3x_3 = -4, \\ \qquad 5x_2 + 8x_3 = -13. \end{cases}$$

第 2 个方程乘以(−5)加于第 3 个方程,得

$$\begin{cases} x_1 - 2x_2 - x_3 = 5, \\ \qquad x_2 + 3x_3 = -4, \\ \qquad\quad -7x_3 = 7. \end{cases} \tag{2.3}$$

第 3 个方程乘以$\left(-\frac{1}{7}\right)$,求得 $x_3 = -1$,再代入第 2 个方程,求出 $x_2 = -1$,最后求出 $x_1 = 2$. 这样就得到了线性方程组(2.2)的解

$$\begin{cases} x_1 = 2, \\ x_2 = -1, \\ x_3 = -1. \end{cases}$$

线性方程组(2.3)的形式比较特殊,这样形式的线性方程组称为阶梯形线性方程组.

如果在本例中,把原线性方程组中的第 1 个方程改为 $2x_1 - 3x_2 + x_3 = 6$,得到一个新的线性方程组

$$\begin{cases} 2x_1 - 3x_2 + x_3 = 6, \\ x_1 - x_2 + 2x_3 = 1, \\ x_1 - 2x_2 - x_3 = 5. \end{cases} \tag{2.4}$$

用类似的方法,可以把线性方程组化为

$$\begin{cases} x_1 - x_2 + 2x_3 = 1, \\ \qquad x_2 + 3x_3 = -4, \end{cases} \tag{2.5}$$

即

$$\begin{cases} x_1 = -3 - 5x_3, \\ x_2 = -4 - 3x_3. \end{cases}$$

显然,此线性方程组有无穷多个解.

如果在本例中,把原线性方程组的第一个方程改为 $2x_1 - 3x_2 + x_3 = 5$,得到新的线性方程组

$$\begin{cases}2x_1-3x_2+x_3=5,\\ x_1-x_2+2x_3=1,\\ x_1-2x_2-x_3=5.\end{cases}\tag{2.6}$$

用类似的方法，可得到

$$\begin{cases}x_1-2x_2-x_3=\ \ 5,\\ \qquad x_2+3x_3=-4,\\ \qquad\qquad\ \ 0=-1,\end{cases}\tag{2.7}$$

显然此线性方程组无解.

上面的方法具有一般性，即无论线性方程组只有一个解或有无穷多个解还是没有解，都可用消元法将其化为一个阶梯形线性方程组，从而判断出它是否有解.

分析一下消元法，不难看出，它实际上是反复地对线性方程组进行变换，而所作的变换，也只是由以下 3 种基本的变换所构成：

(1) 交换线性方程组中某两个方程的位置；

(2) 用一个非零数乘某一个方程；

(3) 用一个数乘某一个方程后加到另一个方程上.

这三种变换称为线性方程组的初等变换.

用消元法解线性方程组的过程就是对线性方程组反复地实行初等变换的过程.

线性方程组(2.1)的全部解称为线性方程组(2.1)的解集合. 如果两个线性方程组有相同的解集合，就称它们是同解的或等价的线性方程组.

现在证明：初等变换把线性方程组变成与它同解的线性方程组.

考虑线性方程组(2.1). 我们只对第三种变换来证明. 为简便起见，不妨设把第 2 个方程乘以数 k 后加到第 1 个方程上，这样，得到新的线性方程组

$$\begin{cases}(a_{11}+ka_{21})x_1+(a_{12}+ka_{22})x_2+\cdots+(a_{1n}+ka_{2n})x_n=b_1+kb_2,\\ a_{21}x_1+a_{22}x_2+\cdots+a_{2n}x_n=b_2,\\ \qquad\qquad\vdots\\ a_{m1}x_1+a_{m2}x_2+\cdots+a_{mn}x_n=b_m.\end{cases}\tag{2.1$'$}$$

设 $x_i=c_i(i=1,2,\cdots,n)$ 是线性方程组(2.1)的任意一个解. 因线性方程组(2.1)与线性方程组(2.1′)的后 $m-1$ 个方程是一样的，所以，$x_i=c_i(i=1,2,\cdots,n)$ 线性方程组满足(2.1′)的后 $m-1$ 个方程. 又 $x_i=c_i(i=1,2,\cdots,n)$ 满足线性方程组(2.1)的前两个方程，所以有

$$\begin{cases}a_{11}c_1x_1+a_{12}c_2x_2+\cdots+a_{1n}c_nx_n=b_1,\\ a_{21}c_1x_1+a_{22}c_2x_2+\cdots+a_{2n}c_nx_n=b_2.\end{cases}$$

把第 2 式的两边乘以 k，再与第 1 式相加，即为

$$(a_{11}+ka_{21})c_1+(a_{12}+ka_{22})c_2+\cdots+(a_{1n}+ka_{2n})c_n=b_1+kb_2.$$

这说明 $x_i=c_i(i=1,2,\cdots,n)$ 又满足线性方程组(2.1′)的第1个方程，故 $x_i=c_i(i=1,2,\cdots,n)$ 是线性方程组(2.1′)的解. 类似地可以证明线性方程组(2.1′)的任意一个解也是线性方程组(2.1)的解，这就证明了线性方程组(2.1)与线性方程组(2.1′)是同解的. 容易证明另外两种初等变换，也把线性方程组变成与它同解的线性方程组.

下面来说明，如何利用初等变换来解一般的线性方程组.

对于线性方程组(2.1)，首先检查 x_1 的系数，如果 x_1 的系数 $a_{11},a_{21},\cdots,a_{m1}$ 全为零，那么线性方程组(2.1)对 x_1 没有任何限制，x_1 就可以任意取值，而线性方程组(2.1)可看作 $x_2,\cdots,x_n$ 的线性方程组来解；如果 x_1 的系数不全为零，不妨设 $a_{11}\neq 0$，否则可利用第一种初等变换，交换第1个方程与另一个方程的位置，使得第1个方程中 x_1 的系数不为零. 然后利用第三种初等变换，分别把第1个方程的 $\left(-\dfrac{a_{i1}}{a_{11}}\right)$ 倍加到第 $i(i=2,3,\cdots,m)$ 个方程，于是线性方程组(2.1)变成

$$\begin{cases} a_{11}x_1+a_{12}x_2+\cdots+a_{1n}x_n=b_1, \\ \qquad\quad a'_{22}x_2+\cdots+a'_{2n}x_n=b'_2, \\ \qquad\qquad\qquad \vdots \\ \qquad\quad a'_{m2}x_2+\cdots+a'_{mn}x_n=b'_m, \end{cases} \tag{2.8}$$

其中

$$a'_{ij}=a_{ij}-\frac{a_{i1}}{a_{11}}a_{1j},\quad i=2,\cdots,m,\ j=2,\cdots,n.$$

显然线性方程组(2.8)与线性方程组(2.1)是同解的.

对线性方程组(2.8)再按上面的考虑进行变换，并且这样一步一步做下去，必要时改变未知量的次序，最后就得到一个阶梯形线性方程组. 为了讨论方便，不妨设所得到的阶梯形线性方程组为

$$\begin{cases} c_{11}x_1+c_{12}x_2+\cdots+c_{1r}x_r+\cdots+c_{1n}x_n=d_1, \\ \qquad\quad c_{22}x_2+\cdots+c_{2r}x_r+\cdots+c_{2n}x_n=d_2, \\ \qquad\qquad\qquad \vdots \\ \qquad\qquad\qquad c_{rr}x_r+\cdots+c_{rn}x_n=d_r, \\ \qquad\qquad\qquad\qquad\qquad 0=d_{r+1}, \\ \qquad\qquad\qquad\qquad\qquad 0=0, \\ \qquad\qquad\qquad\qquad\qquad \vdots \\ \qquad\qquad\qquad\qquad\qquad 0=0, \end{cases} \tag{2.9}$$

其中 $c_{ii}\neq 0(i=1,2,\cdots,r)$. 线性方程组(2.9)中"0=0"是一些恒等式，可以去掉，并不影响线性方程组的解.

我们知道，线性方程组(2.1)与线性方程组(2.9)是同解的，根据上面的分析，线性方

程组(2.9)是否有解就取决于第 $r+1$ 个方程

$$0=d_{r+1}$$

是否矛盾，于是线性方程组(2.1)有解的充分必要条件为 $d_{r+1}=0$. 在线性方程组有解时，分两种情形：

(1) 当 $r=n$ 时，阶梯形线性方程组为

$$\begin{cases} c_{11}x_1+c_{12}x_2+\cdots+c_{1n}x_n=d_1, \\ \qquad c_{22}x_2+\cdots+c_{2n}x_n=d_2, \\ \qquad\qquad \vdots \\ \qquad\qquad c_{nn}x_n=d_n, \end{cases} \tag{2.10}$$

其中 $c_{ii}\neq 0(i=1,2,\cdots,n)$. 由克莱姆法则知，线性方程组(2.10)有唯一解，从而线性方程组(2.1)有唯一解.

例如，前面讨论过的线性方程组(2.2)

$$\begin{cases} 3x_1-x_2+5x_3=2, \\ x_1-x_2+2x_3=1, \\ x_1-2x_2-x_3=5. \end{cases}$$

经过一系列的初等变换后，变为阶梯形线性方程组

$$\begin{cases} x_1-2x_2-x_3=5, \\ \qquad x_2+3x_3=-4, \\ \qquad\qquad -7x_3=7. \end{cases}$$

这时方程的个数等于未知量的个数，线性方程组的唯一解是

$$\begin{cases} x_1=2, \\ x_2=-1, \\ x_3=-1. \end{cases}$$

(2) 当 $r<n$ 时，阶梯形线性方程组为

$$\begin{cases} c_{11}x_1+c_{12}x_2+\cdots+c_{1r}x_r+c_{1,r+1}x_{r+1}+\cdots+c_{1n}x_n=d_1, \\ \qquad c_{22}x_2+\cdots+c_{2r}x_r+c_{2,r+1}x_{r+1}+\cdots+c_{2n}x_n=d_2, \\ \qquad\qquad \vdots \\ \qquad\qquad c_{rr}x_r+c_{r,r+1}x_{r+1}+\cdots+c_{rn}x_n=d_r, \end{cases}$$

其中 $c_{ii}\neq 0(i=1,2,\cdots,r)$，改写成如下形式：

$$\begin{cases} c_{11}x_1+c_{12}x_2+\cdots+c_{1r}x_{rn}=d_1-c_{1,r+1}x_{r+1}-\cdots-c_{1n}x, \\ \qquad c_{22}x_2+\cdots+c_{2r}x_r=d_2-c_{2,r+1}x_{r+1}-\cdots-c_{2n}x_n, \\ \qquad\qquad \vdots \\ \qquad\qquad c_{rr}x_r=d_r-c_{r,r+1}x_{r+1}-\cdots-c_{rn}x_r. \end{cases} \tag{2.11}$$

由克莱姆法则，当 $x_{r+1},\cdots,x_n$ 任意取定一组值，就唯一确定出 $x_1,\cdots,x_r$ 的值，也就是定出线性方程组(2.11)的一个解，一般地，由线性方程组(2.11)可以把 $x_1,x_2,\cdots,x_r$ 的值用 $x_{r+1},\cdots,x_n$ 表示出来. 这样表示出来的解称为线性方程组(2.1)的一般解，因 $x_{r+1},\cdots,x_n$ 可以任意取值，故称它们为自由未知量. 显然，线性方程组(2.11)有无穷多个解，即线性方程组(2.1)有无穷多个解.

如上面讨论过的线性方程组(2.4)

$$\begin{cases}2x_1-3x_2+x_3=6,\\ x_1-x_2+2x_3=1,\\ x_1-2x_2-x_3=5,\end{cases}$$

经过一系列的变换后，得到阶梯形线性方程组

$$\begin{cases}x_1-x_2+2x_3=1,\\ \qquad x_2+3x_3=-4.\end{cases}$$

将 x_1,x_2 用 x_3 表示出来，即有

$$\begin{cases}x_1=-3-5x_3,\\ x_2=-4-3x_3.\end{cases}$$

这就是线性方程组(2.4)的一般解，而 x_3 是自由未知量.

用消元法解线性方程组的过程归纳起来就是，首先用初等变换把线性方程组化为阶梯形线性方程组，若最后出现一些等式"0=0"，则将其去掉. 如果剩下的线性方程当中最后一个方程是零等于一个非零的数，那么线性方程组无解；否则有解. 线性方程组有解时，如果阶梯形线性方程组中方程的个数等于未知量的个数，则线性方程组有唯一解；如果阶梯形线性方程组中方程个数小于未知量的个数，则线性方程组有无穷多个解.

当线性方程组(2.1)中的常数项 $b_1=b_2=\cdots=b_m=0$ 时，即

$$\begin{cases}a_{11}x_1+a_{12}x_2+\cdots+a_{1n}x_n=0,\\ a_{21}x_1+a_{22}x_2+\cdots+a_{2n}x_n=0,\\ \qquad\vdots\\ a_{m1}x_1+a_{m2}x_2+\cdots+a_{mn}x_n=0,\end{cases}\tag{2.12}$$

称其为齐次线性方程组. 显然，齐次线性方程组是一定有解的，因为 $x_1=x_2=\cdots=x_n=0$ 就是它的一个解，这个解称为齐次方程组的零解. 我们所关心的是它除了零解之外，还有没有非零解？把上述对非齐次线性方程组讨论的结果应用到齐次线性方程组，就有如下定理.

定理 2.1 在齐次线性方程组(2.12)中，如果 $m<n$，则它必有非零解.

证明 因为线性方程组(2.12)一定有解，又 $r\leqslant m<n$，所以它有无穷多个解，因而有非零解.

2.1.2 矩阵及其初等变换

从消元法解线性方程组的过程中可以看到，在对线性方程组作初等变换时，只是对线性方程组的系数和常数项进行运算，而未知量并没有参加运算. 也就是说，线性方程组的解仅仅依赖于线性方程组中未知量的系数与常数项. 因此，在用消元法解线性方程组时，为了书写简便起见，可以只写出线性方程组的系数和常数项. 通常把线性方程组(2.1)的系数和常数项写成下列表格的形式

$$\begin{pmatrix} a_{11} & a_{12} & \cdots & a_{1n} & b_1 \\ a_{21} & a_{22} & \cdots & a_{2n} & b_2 \\ \vdots & \vdots & & \vdots & \vdots \\ a_{m1} & a_{m2} & \cdots & a_{mn} & b_m \end{pmatrix},$$

表中的第 i 行代表线性方程组(2.1)的第 i 个方程，第 j 列表示 x_j 的系数，最后一列表示常数项. 这个表称为线性方程组(2.1)的增广矩阵. 去掉最后一列，得到另一个表

$$\begin{pmatrix} a_{11} & a_{12} & \cdots & a_{1n} \\ a_{21} & a_{22} & \cdots & a_{2n} \\ \vdots & \vdots & & \vdots \\ a_{m1} & a_{m2} & \cdots & a_{mn} \end{pmatrix},$$

它称为线性方程组的系数矩阵.

定义 2.1 由数域 P 中 $m\times n$ 个数 a_{ij} $(i=1,2,\cdots,m;\ j=1,2,\cdots,n)$ 排成 m 行 n 列的长方形表

$$\begin{pmatrix} a_{11} & a_{12} & \cdots & a_{1n} \\ a_{21} & a_{22} & \cdots & a_{2n} \\ \vdots & \vdots & & \vdots \\ a_{m1} & a_{m2} & \cdots & a_{mn} \end{pmatrix}$$

称为数域 P 上的一个 $m\times n$ 矩阵. a_{ij} 称为矩阵的元素，$m\times n$ 矩阵记为 $\mathbf{A}_{mn}$ 或 $\mathbf{A}_{m\times n}$，有时还记作 $\mathbf{A}=(a_{ij})_{m\times n}$.

已知用消元法解线性方程组就是对线性方程组反复地施行初等变换，反映在矩阵上，就是：

(1) 交换矩阵的某两行的位置；

(2) 用一个非零的数去乘矩阵的某一行；

(3) 用一个数乘某一行后加到另一行上.

这 3 种变换称为矩阵的初等行变换. 类似地，有

(1)′ 交换矩阵的某两列的位置；

(2)′ 用一个非零的数去乘矩阵的某一列；

(3)′ 用一个数乘某一列后加到另一列上.

(1)′,(2)′,(3)′称为矩阵的初等列变换.矩阵的初等行变换和矩阵的初等列变换统称为矩阵的初等变换.

利用线性方程组的初等变换把线性方程组化为阶梯形线性方程组，相当于用矩阵的初等行变换(至多利用第一种列变换)，把线性方程组的增广矩阵化简，最后得到的矩阵称为阶梯形矩阵.

例 2.2 求解线性方程组

$$\begin{cases} x_1+x_2+x_3+x_4=1, \\ 3x_1+2x_2+x_3+x_4=-3, \\ x_2+3x_3+2x_4=5, \\ 5x_1+4x_2+3x_3+3x_4=-1. \end{cases}$$

解 对它的增广矩阵作初等行变换：

$$\begin{pmatrix} 1 & 1 & 1 & 1 & 1 \\ 3 & 2 & 1 & 1 & -3 \\ 0 & 1 & 3 & 2 & 5 \\ 5 & 4 & 3 & 3 & -1 \end{pmatrix} \to \begin{pmatrix} 1 & 1 & 1 & 1 & 1 \\ 0 & -1 & -2 & -2 & -6 \\ 0 & 1 & 3 & 2 & 5 \\ 0 & -1 & -2 & -2 & -6 \end{pmatrix} \to \begin{pmatrix} 1 & 1 & 1 & 1 & 1 \\ 0 & -1 & -2 & -2 & -6 \\ 0 & 0 & 1 & 0 & -1 \\ 0 & 0 & 0 & 0 & 0 \end{pmatrix},$$

最后一个矩阵就是一个阶梯形矩阵.对这个阶梯形矩阵，还可进一步化简，把第2行乘1加到第1行上，第3行乘1加到第1行上，第3行乘2加到第2行上，得

$$\begin{pmatrix} 1 & 0 & 0 & -1 & -6 \\ 0 & -1 & 0 & -2 & -8 \\ 0 & 0 & 1 & 0 & -1 \\ 0 & 0 & 0 & 0 & 0 \end{pmatrix},$$

它所表示的线性方程组为

$$\begin{cases} x_1 \quad -x_4=-6, \\ -x_2 \quad -2x_4=-8, \\ x_3 \quad =-1. \end{cases}$$

这样，就得到此线性方程组的一般解为

$$\begin{cases} x_1=-6+x_4, \\ x_2=8-2x_4, \\ x_3=-1, \end{cases}$$

其中 x_4 为自由未知量.

习题 2.1

1. 用消元法解下列线性方程组：

(1) $\begin{cases}2x_1-x_2+3x_3=3,\\3x_1+x_2-x_3=0,\\4x_1-x_2+x_3=3,\\x_1+3x_2-13x_3=-6;\end{cases}$

(2) $\begin{cases}x_1+x_2-3x_3=-1,\\2x_1+x_2-2x_3=1,\\x_1+x_2+x_3=3,\\x_1+2x_2-3x_3=1;\end{cases}$

(3) $\begin{cases}2x_1-3x_2+x_3+5x_4=6,\\-3x_1+x_2+x_3-4x_4=5,\\-x_1-2x_2+3x_3+x_4=11;\end{cases}$

(4) $\begin{cases}3x_1-9x_2+6x_3+15x_4=-3,\\x_1-3x_2+2x_3+5x_4=-1,\\-6x_1+18x_2-12x_3-30x_4=6,\\5x_1-15x_2+10x_3+25x_4=-5;\end{cases}$

(5) $\begin{cases}x_1-2x_2+3x_3-4x_4=4,\\x_2-x_3+x_4=-3,\\x_1+3x_2-3x_4=1,\\-7x_2+3x_3+x_4=-1.\end{cases}$

2. 下列齐次线性方程组有无非零解？若有非零解，求出它的一般解.

(1) $\begin{cases}3x_1-5x_2+x_3-2x_4=0,\\2x_1+3x_2-5x_3+x_4=0,\\-x_1+7x_2-4x_3+3x_4=0,\\4x_1+15x_2-7x_3+9x_4=0;\end{cases}$

(2) $\begin{cases}5x_1-2x_2+4x_3-3x_4=0,\\-3x_1+5x_2-x_3+2x_4=0,\\x_1-3x_2+2x_3+x_4=0.\end{cases}$

3. 当 a 与 b 取什么值时，线性方程组

$$\begin{cases}x_1+x_2+x_3+x_4+x_5=1,\\3x_1+2x_2+x_3+x_4-3x_5=a,\\x_2+2x_3+2x_4+6x_5=3,\\5x_1+4x_2+3x_3+3x_4-x_5=b\end{cases}$$

有解？在有解的情况下，求它的一般解.

2.2　n 维向量空间

2.1 节介绍了消元法，用消元法解线性方程组就是对线性方程组的增广矩阵施行初等变换. 增广矩阵的每一行都表示一个方程，线性方程组的第 i 个方程是用一组有序数 $(a_{i1},a_{i2},\cdots,a_{in},b_i)$ 来表示的. 从解线性方程组的过程知，一个线性方程组解的情况是由线性方程组中方程之间的关系所决定的. 如在例 2.2 中，线性方程组

$$\begin{cases} x_1 + x_2 + x_3 + x_4 = 1, \\ 3x_1 + 2x_2 + x_3 + x_4 = -3, \\ x_2 + 3x_3 + 2x_4 = 5, \\ 5x_1 + 4x_2 + 3x_3 + 3x_4 = -1, \end{cases}$$

第2个方程加上第1个方程的两倍即可得到第4个方程，所以第4个方程是一个多余的方程，从线性方程组中删除第4个方程不会影响到线性方程组的解.

由此可见，线性方程组中方程之间的关系是十分重要的，因而研究有序数组之间的关系也是十分重要的. 为了进一步研究这种关系，从理论上深入地讨论线性方程组的解的问题，需要引入 n 维向量这个概念.

定义 2.2 由数域 P 中的 n 个数 $a_1, a_2, \cdots, a_n$ 组成的有序数组 $(a_1, a_2, \cdots, a_n)$ 称为一个 n 维向量. a_i 称为向量的第 i 个分量，通常用希腊字母 $\boldsymbol{\alpha}, \boldsymbol{\beta}, \boldsymbol{\gamma}, \cdots$ 表示向量，而用拉丁字母 $a, b, c, \cdots$ 表示其分量. 当数域 P 为实数域时，即由 n 个实数构成的向量称为实向量.

在平面直角坐标系中，平面上的几何向量 $\overrightarrow{OP}$ 可用它的终点的坐标 (x, y) 表示，其中 x, y 都是实数. 因此它是实数域上的二维向量.

在空间直角坐标系中，几何向量 $\overrightarrow{OP}$ 建立了与实数数组 (x, y, z) 的一一对应，因此几何向量可看成是实数域上的三维向量. 二维、三维实向量都是几何向量. n 维向量是二维、三维向量的推广，但4维以上的向量没有几何意义.

定义 2.3 如果 n 维向量 $\boldsymbol{\alpha} = (a_1, a_2, \cdots, a_n)$，$\boldsymbol{\beta} = (b_1, b_2, \cdots, b_n)$ 的对应分量相等，即

$$a_i = b_i, \quad i = 1, 2, \cdots, n,$$

则称向量 $\boldsymbol{\alpha}$ 与 $\boldsymbol{\beta}$ 相等，记作 $\boldsymbol{\alpha} = \boldsymbol{\beta}$.

分量都是零的向量称为零向量，记为 $\mathbf{0}$，即

$$\mathbf{0} = (0, 0, \cdots, 0).$$

若 $\boldsymbol{\alpha} = (a_1, a_2, \cdots, a_n)$，则向量 $(-a_1, -a_2, \cdots, -a_n)$ 称为向量 $\boldsymbol{\alpha} = (a_1, a_2, \cdots, a_n)$ 的负向量，记为 $-\boldsymbol{\alpha}$.

二维、三维向量之间最基本的关系是用向量的加法和数量乘法表达的. 对于 n 维向量，我们也作类似的模拟.

定义 2.4 两个 n 维向量 $\boldsymbol{\alpha} = (a_1, a_2, \cdots, a_n)$ 与 $\boldsymbol{\beta} = (b_1, b_2, \cdots, b_n)$ 的对应分量之和构成的向量，称为向量 $\boldsymbol{\alpha}$ 与 $\boldsymbol{\beta}$ 的和，记为 $\boldsymbol{\alpha} + \boldsymbol{\beta}$，即

$$\boldsymbol{\alpha} + \boldsymbol{\beta} = (a_1 + b_1, a_2 + b_2, \cdots, a_n + b_n).$$

由向量的加法及负向量的定义，可以定义向量的减法为

$$\begin{aligned} \boldsymbol{\alpha} - \boldsymbol{\beta} = \boldsymbol{\alpha} + (-\boldsymbol{\beta}) &= (a_1, a_2, \cdots, a_n) + (-b_1, -b_2, \cdots, -b_n) \\ &= (a_1 - b_1, a_2 - b_2, \cdots, a_n - b_n). \end{aligned}$$

定义 2.5 n 维向量 $\boldsymbol{\alpha} = (a_1, a_2, \cdots, a_n)$ 的各分量都乘以数 k 所构成的向量，称为数 k

与向量$\boldsymbol{\alpha}$ 的数量乘积,记为 $k\boldsymbol{\alpha}$,即

$$k\boldsymbol{\alpha} = (ka_1, ka_2, \cdots, ka_n).$$

向量的加法与数量乘积这两种运算统称为向量的线性运算. 设$\boldsymbol{\alpha}$,$\boldsymbol{\beta}$,$\boldsymbol{\gamma}$ 都是 n 维向量,k,l 都是 P 中的数,则向量的线性运算满足下列 8 条运算规律:

(1) $\boldsymbol{\alpha}+\boldsymbol{\beta}=\boldsymbol{\beta}+\boldsymbol{\alpha}$;

(2) $\boldsymbol{\alpha}+(\boldsymbol{\beta}+\boldsymbol{\gamma})=(\boldsymbol{\alpha}+\boldsymbol{\beta})+\boldsymbol{\gamma}$;

(3) $\mathbf{0}+\boldsymbol{\alpha}=\boldsymbol{\alpha}$;

(4) $\boldsymbol{\alpha}+(-\boldsymbol{\alpha})=\mathbf{0}$;

(5) $k(\boldsymbol{\alpha}+\boldsymbol{\beta})=k\boldsymbol{\alpha}+k\boldsymbol{\beta}$;

(6) $(k+l)\boldsymbol{\alpha}=k\boldsymbol{\alpha}+l\boldsymbol{\alpha}$;

(7) $k(l\boldsymbol{\alpha})=(kl)\boldsymbol{\alpha}$;

(8) $1\cdot\boldsymbol{\alpha}=\boldsymbol{\alpha}$.

这些运算规律只需按加法与数与向量的乘积的定义逐一验证即可知其正确性.

由定义还可以推出：$0\boldsymbol{\alpha}=\mathbf{0}$, $k\mathbf{0}=\mathbf{0}$. 如果 $k\neq 0$, $\boldsymbol{\alpha}\neq\mathbf{0}$, 则 $k\boldsymbol{\alpha}\neq\mathbf{0}$, $-(k\boldsymbol{\alpha})=k(-\boldsymbol{\alpha})=-k\boldsymbol{\alpha}$.

向量有时写成列的形式

$$\boldsymbol{\alpha}=\begin{pmatrix}a_1\\a_2\\\vdots\\a_n\end{pmatrix},\quad \boldsymbol{\beta}=\begin{pmatrix}b_1\\b_2\\\vdots\\b_n\end{pmatrix}.$$

这时,$\boldsymbol{\alpha}$ 与$\boldsymbol{\beta}$ 的相等、向量间的加法、数量乘法等定义及性质与上面的讨论完全类似. 例如

$$\boldsymbol{\alpha}+\boldsymbol{\beta}=\begin{pmatrix}a_1+b_1\\a_2+b_2\\\vdots\\a_n+b_n\end{pmatrix},\quad k\boldsymbol{\alpha}=\begin{pmatrix}ka_1\\ka_2\\\vdots\\ka_n\end{pmatrix},\quad k\in P.$$

为了方便,行、列向量的关系用下列符号来表示：

$$(a_1, a_2, \cdots, a_n)^{\mathrm{T}}=\begin{pmatrix}a_1\\a_2\\\vdots\\a_n\end{pmatrix}.$$

利用向量有许多方便之处. 例如利用向量运算可以将一般线性方程组

$$\begin{cases} a_{11}x_1 + a_{12}x_2 + \cdots + a_{1n}x_n = b_1, \\ a_{21}x_1 + a_{22}x_2 + \cdots + a_{2n}x_n = b_2, \\ \quad \vdots \\ a_{m1}x_1 + a_{m2}x_2 + \cdots + a_{mn}x_n = b_m \end{cases}$$

简写成向量形式：

$$x_1\boldsymbol{\alpha}_1 + x_2\boldsymbol{\alpha}_2 + \cdots + x_n\boldsymbol{\alpha}_n = \boldsymbol{\beta}, \tag{2.13}$$

其中

$$\boldsymbol{\alpha}_1 = \begin{pmatrix} a_{11} \\ a_{21} \\ \vdots \\ a_{m1} \end{pmatrix}, \quad \boldsymbol{\alpha}_2 = \begin{pmatrix} a_{12} \\ a_{22} \\ \vdots \\ a_{m2} \end{pmatrix}, \quad \cdots, \quad \boldsymbol{\alpha}_n = \begin{pmatrix} a_{1n} \\ a_{2n} \\ \vdots \\ a_{mn} \end{pmatrix}, \quad \boldsymbol{\beta} = \begin{pmatrix} b_1 \\ b_2 \\ \vdots \\ b_m \end{pmatrix}.$$

这样，就可以借助向量来讨论线性方程组.

向量的线性运算也是建立 n 维向量空间概念的基础，下面给出 n 维向量空间的定义.

定义 2.6 数域 P 上全体 n 维向量构成的集合，连同定义在这个集合上的加法与数量乘法两种运算，称为数域 P 上的 n 维向量空间，记作 P^n.

习题 2.2

1. 已知向量

$$\boldsymbol{\alpha}_1 = \begin{pmatrix} 1 \\ 3 \\ 6 \end{pmatrix}, \quad \boldsymbol{\alpha}_2 = \begin{pmatrix} 2 \\ 1 \\ 5 \end{pmatrix}, \quad \boldsymbol{\alpha}_3 = \begin{pmatrix} 4 \\ -3 \\ 3 \end{pmatrix}.$$

求：(1) $7\boldsymbol{\alpha}_1 - 3\boldsymbol{\alpha}_2 - 2\boldsymbol{\alpha}_3$；(2) $2\boldsymbol{\alpha}_1 - 3\boldsymbol{\alpha}_2 + \boldsymbol{\alpha}_3$.

2. 设 $\boldsymbol{\alpha} = (6, -2, 0, 4)$，$\boldsymbol{\beta} = (-3, 1, 5, 7)$. 求向量 $\boldsymbol{\gamma}$，使得 $2\boldsymbol{\alpha} + \boldsymbol{\gamma} = 3\boldsymbol{\beta}$.

3. 已知向量

$$\boldsymbol{\alpha}_1 = \begin{pmatrix} 5 \\ -1 \\ 3 \\ 2 \\ 4 \end{pmatrix}, \quad 3\boldsymbol{\alpha}_1 - 4\boldsymbol{\alpha}_2 = \begin{pmatrix} 3 \\ -7 \\ 17 \\ -2 \\ 8 \end{pmatrix}.$$

求 $2\boldsymbol{\alpha}_1 + 3\boldsymbol{\alpha}_2$.

4. 设 $\boldsymbol{\alpha}_1 = (2, 5, 1, 3)$，$\boldsymbol{\alpha}_2 = (10, 1, 5, 10)$，$\boldsymbol{\alpha}_3 = (4, 1, -1, 1)$. 如果 $3(\boldsymbol{\alpha}_1 - \boldsymbol{\alpha}) + 2(\boldsymbol{\alpha}_2 + \boldsymbol{\alpha}) = 5(\boldsymbol{\alpha}_3 + \boldsymbol{\alpha})$，求 $\boldsymbol{\alpha}$.

2.3 向量间的线性关系

这一节进一步研究向量间的关系.

2.3.1 线性组合

两个向量之间最简单的关系是成比例.所谓向量$\boldsymbol{\alpha}$与$\boldsymbol{\beta}$成比例,是说有一个数k存在,使得

$$\boldsymbol{\beta}=k\boldsymbol{\alpha}\quad(\text{或}\boldsymbol{\alpha}=k\boldsymbol{\beta}),$$

即向量$\boldsymbol{\beta}$可由向量$\boldsymbol{\alpha}$经过线性运算得到(或$\boldsymbol{\alpha}$可由向量$\boldsymbol{\beta}$经过线性运算得到).

多个向量之间的比例关系,表现为线性组合.如对于向量$\boldsymbol{\alpha}_1=(1,2,-1,1)$,$\boldsymbol{\alpha}_2=(2,-3,1,0)$,$\boldsymbol{\alpha}_3=(4,1,-1,2)$,容易看出$\boldsymbol{\alpha}_1$的2倍加上$\boldsymbol{\alpha}_2$就等于$\boldsymbol{\alpha}_3$,即

$$\boldsymbol{\alpha}_3=2\boldsymbol{\alpha}_1+\boldsymbol{\alpha}_2,$$

这时,我们称$\boldsymbol{\alpha}_3$是$\boldsymbol{\alpha}_1,\boldsymbol{\alpha}_2$的线性组合.一般地有下列定义.

定义 2.7 对于P^n中的向量$\boldsymbol{\alpha}_1,\boldsymbol{\alpha}_2,\cdots,\boldsymbol{\alpha}_m,\boldsymbol{\beta}$,如果存在一组数$k_1,k_2,\cdots,k_m$,使得

$$\boldsymbol{\beta}=k_1\boldsymbol{\alpha}_1+k_2\boldsymbol{\alpha}_2+\cdots+k_m\boldsymbol{\alpha}_m \tag{2.14}$$

成立,则称向量$\boldsymbol{\beta}$是向量组$\boldsymbol{\alpha}_1,\boldsymbol{\alpha}_2,\cdots,\boldsymbol{\alpha}_m$的线性组合,或称向量$\boldsymbol{\beta}$可由$\boldsymbol{\alpha}_1,\boldsymbol{\alpha}_2,\cdots,\boldsymbol{\alpha}_m$线性表出,其中$k_1,k_2,\cdots,k_m$称为这一个组合的系数或表出的系数.

例 2.3 任一n维向量$\boldsymbol{\alpha}=(a_1,a_2,\cdots,a_n)$都可由$n$维向量组$\boldsymbol{\varepsilon}_1=(1,0,\cdots,0)$,$\boldsymbol{\varepsilon}_2=(0,1,\cdots,0)$,$\cdots$,$\boldsymbol{\varepsilon}_n=(0,0,\cdots,1)$线性表出.

事实上,有一组数$a_1,a_2,\cdots,a_n$,使得$\boldsymbol{\alpha}=a_1\boldsymbol{\varepsilon}_1+a_2\boldsymbol{\varepsilon}_2+\cdots+a_n\boldsymbol{\varepsilon}_n$成立,所以$\boldsymbol{\alpha}$可以由$\boldsymbol{\varepsilon}_1,\boldsymbol{\varepsilon}_2,\cdots,\boldsymbol{\varepsilon}_n$线性表出.$\boldsymbol{\varepsilon}_1,\boldsymbol{\varepsilon}_2,\cdots,\boldsymbol{\varepsilon}_n$称为$n$维基本单位向量组.

例 2.4 向量组$\boldsymbol{\alpha}_1,\boldsymbol{\alpha}_2,\cdots,\boldsymbol{\alpha}_m$中的每一个向量都可由该向量组线性表出.

事实上,有一组数$0,0,\cdots,1,\cdots,0$,使得

$$\boldsymbol{\alpha}_i=0\boldsymbol{\alpha}_1+0\boldsymbol{\alpha}_2+\cdots+1\boldsymbol{\alpha}_i+\cdots+0\boldsymbol{\alpha}_m,\quad i=1,2,\cdots,m$$

成立,所以向量组$\boldsymbol{\alpha}_1,\boldsymbol{\alpha}_2,\cdots,\boldsymbol{\alpha}_m$中的每一个向量都可由该向量组线性表出.

给定向量$\boldsymbol{\beta}$与向量组$\boldsymbol{\alpha}_1,\boldsymbol{\alpha}_2,\cdots,\boldsymbol{\alpha}_m$,如何判断$\boldsymbol{\beta}$能否由$\boldsymbol{\alpha}_1,\boldsymbol{\alpha}_2,\cdots,\boldsymbol{\alpha}_m$线性表出呢?

根据定义,这个问题取决于能否找到一组数$k_1,k_2,\cdots,k_m$,使得$\boldsymbol{\beta}=k_1\boldsymbol{\alpha}_1+k_2\boldsymbol{\alpha}_2+\cdots+k_m\boldsymbol{\alpha}_m$成立.下面通过例子说明判定方法.

例 2.5 设$\boldsymbol{\beta}=(1,1)$,$\boldsymbol{\alpha}_1=(1,-2)$,$\boldsymbol{\alpha}_2=(-2,4)$.问$\boldsymbol{\beta}$能否由$\boldsymbol{\alpha}_1,\boldsymbol{\alpha}_2$线性表出.

解 设k_1,k_2为两个数,使$\boldsymbol{\beta}=k_1\boldsymbol{\alpha}_1+k_2\boldsymbol{\alpha}_2$成立,比较等式两端的对应分量得

$$\begin{cases}k_1-2k_2=1,\\-2k_1+4k_2=1.\end{cases}$$

这一线性方程组无解，说明满足$\boldsymbol{\beta}=k_1\boldsymbol{\alpha}_1+k_2\boldsymbol{\alpha}_2$ 的 k_1,k_2 不存在，所以$\boldsymbol{\beta}$不能由$\boldsymbol{\alpha}_1,\boldsymbol{\alpha}_2$ 线性表出.

例 2.6 设$\boldsymbol{\beta}=\begin{pmatrix}0\\4\\2\end{pmatrix}$,$\boldsymbol{\alpha}_1=\begin{pmatrix}1\\2\\3\end{pmatrix}$,$\boldsymbol{\alpha}_2=\begin{pmatrix}2\\3\\1\end{pmatrix}$,$\boldsymbol{\alpha}_3=\begin{pmatrix}3\\1\\2\end{pmatrix}$. 问$\boldsymbol{\beta}$是否能由$\boldsymbol{\alpha}_1,\boldsymbol{\alpha}_2,\boldsymbol{\alpha}_3$ 线性表出?

解 设$\boldsymbol{\beta}=k_1\boldsymbol{\alpha}_1+k_2\boldsymbol{\alpha}_2+k_3\boldsymbol{\alpha}_3$，其中 k_1,k_2,k_3 为一组数，则有

$$\begin{cases}k_1+2k_2+3k_3=0,\\2k_1+3k_2+k_3=4,\\3k_1+k_2+2k_3=2.\end{cases}$$

解此线性方程组得唯一解：$k_1=1,k_2=1,k_3=-1$. 所以$\boldsymbol{\beta}$能由$\boldsymbol{\alpha}_1,\boldsymbol{\alpha}_2,\boldsymbol{\alpha}_3$ 唯一地线性表出，且

$$\boldsymbol{\beta}=\boldsymbol{\alpha}_1+\boldsymbol{\alpha}_2-\boldsymbol{\alpha}_3.$$

一般地，有如下定理.

定理 2.2 设有向量组

$$\boldsymbol{\alpha}_1=\begin{pmatrix}a_{11}\\a_{21}\\\vdots\\a_{n1}\end{pmatrix},\quad \boldsymbol{\alpha}_2=\begin{pmatrix}a_{12}\\a_{22}\\\vdots\\a_{n2}\end{pmatrix},\quad\cdots,\quad \boldsymbol{\alpha}_m=\begin{pmatrix}a_{1m}\\a_{2m}\\\vdots\\a_{nm}\end{pmatrix},\quad \boldsymbol{\beta}=\begin{pmatrix}b_1\\b_2\\\vdots\\b_n\end{pmatrix}.$$

那么$\boldsymbol{\beta}$可由$\boldsymbol{\alpha}_1,\boldsymbol{\alpha}_2,\cdots,\boldsymbol{\alpha}_m$ 线性表出的充分必要条件是线性方程组

$$\begin{cases}a_{11}x_1+a_{12}x_2+\cdots+a_{1m}x_m=b_1,\\a_{21}x_1+a_{22}x_2+\cdots+a_{2m}x_m=b_2,\\\qquad\vdots\\a_{n1}x_1+a_{n2}x_2+\cdots+a_{nm}x_m=b_n\end{cases}$$

有解.

证明 $\boldsymbol{\beta}$可由$\boldsymbol{\alpha}_1,\boldsymbol{\alpha}_2,\cdots,\boldsymbol{\alpha}_m$ 线性表出⇔存在一组数 $k_1,k_2,\cdots,k_m$，使得

$$\boldsymbol{\beta}=k_1\boldsymbol{\alpha}_1+k_2\boldsymbol{\alpha}_2+\cdots+k_m\boldsymbol{\alpha}_m,$$

即

$$\begin{pmatrix}b_1\\b_2\\\vdots\\b_n\end{pmatrix}=k_1\begin{pmatrix}a_{11}\\a_{21}\\\vdots\\a_{n1}\end{pmatrix}+k_2\begin{pmatrix}a_{12}\\a_{22}\\\vdots\\a_{n2}\end{pmatrix}+\cdots+k_m\begin{pmatrix}a_{1m}\\a_{2m}\\\vdots\\a_{nm}\end{pmatrix},$$

亦即

$$\begin{cases} a_{11}k_1 + a_{12}k_2 + \cdots + a_{1m}k_m = b_1, \\ a_{21}k_1 + a_{22}k_2 + \cdots + a_{2m}k_m = b_2, \\ \qquad \vdots \\ a_{n1}k_1 + a_{n2}k_2 + \cdots + a_{nm}k_m = b_n, \end{cases}$$

$\Leftrightarrow$线性方程组

$$\begin{cases} a_{11}x_1 + a_{12}x_2 + \cdots + a_{1m}x_m = b_1, \\ a_{21}x_1 + a_{22}x_2 + \cdots + a_{2m}x_m = b_2, \\ \qquad \vdots \\ a_{n1}x_1 + a_{n2}x_2 + \cdots + a_{nm}x_m = b_n \end{cases}$$

有解，且 $k_1,k_2,\cdots,k_m$ 是它的一个解.

2.3.2 线性相关与线性无关

对于任何一个向量组都有这样一个性质，即 $0\boldsymbol{\alpha}_1+0\boldsymbol{\alpha}_2+\cdots+0\boldsymbol{\alpha}_m=\mathbf{0}$，这就是说：任何一个向量组，它的系数全为零的线性组合一定是零向量. 而有些向量组，还可以有系数不全为零的线性组合，也是零向量，例如，向量组$\boldsymbol{\alpha}_1=(1,2,-1,3)$，$\boldsymbol{\alpha}_2=(1,5,4,7)$，$\boldsymbol{\alpha}_3=(4,8,-4,12)$，容易看出 $\boldsymbol{\alpha}_3=4\boldsymbol{\alpha}_1$，于是有

$$4\boldsymbol{\alpha}_1+0\boldsymbol{\alpha}_2+(-1)\boldsymbol{\alpha}_3=\mathbf{0},$$

即存在一组不全为零的数 $4,0,-1$，使得$\boldsymbol{\alpha}_1,\boldsymbol{\alpha}_2,\boldsymbol{\alpha}_3$ 的线性组合是零向量. 具有这种性质的向量组称为线性相关的向量组.

定义 2.8 对于向量组$\boldsymbol{\alpha}_1,\boldsymbol{\alpha}_2,\cdots,\boldsymbol{\alpha}_m$，如果存在一组不全为零的数 $k_1,k_2,\cdots,k_m$，使得

$$k_1\boldsymbol{\alpha}_1+k_2\boldsymbol{\alpha}_2+\cdots+k_m\boldsymbol{\alpha}_m=\mathbf{0}, \tag{2.15}$$

则称向量组$\boldsymbol{\alpha}_1,\boldsymbol{\alpha}_2,\cdots,\boldsymbol{\alpha}_m$ 是线性相关的.

定义 2.9 一个向量组如果不是线性相关的就称为线性无关，也就是当且仅当 $k_1=k_2=\cdots=k_m=0$ 时，才有 $k_1\boldsymbol{\alpha}_1+k_2\boldsymbol{\alpha}_2+\cdots+k_m\boldsymbol{\alpha}_m=\mathbf{0}$ 成立，则称$\boldsymbol{\alpha}_1,\boldsymbol{\alpha}_2,\cdots,\boldsymbol{\alpha}_m$ 线性无关.

换句话说，向量组$\boldsymbol{\alpha}_1,\boldsymbol{\alpha}_2,\cdots,\boldsymbol{\alpha}_m$ 线性无关是指对任意一组不全为零的数 $k_1,k_2,\cdots,k_m$，都有

$$k_1\boldsymbol{\alpha}_1+k_2\boldsymbol{\alpha}_2+\cdots+k_m\boldsymbol{\alpha}_m\neq\mathbf{0}.$$

例 2.7 证明：

(1) 一个零向量必线性相关，而一个非零向量必线性无关；

(2) 含有零向量的任意一个向量组必线性相关；

(3) n 维基本单位向量组$\boldsymbol{\varepsilon}_1,\boldsymbol{\varepsilon}_2,\cdots,\boldsymbol{\varepsilon}_n$ 线性无关.

证明 (1) 若$\boldsymbol{\alpha}=\mathbf{0}$，那么对任意 $k\neq0$，都有 $k\boldsymbol{\alpha}=\mathbf{0}$ 成立，即一个零向量线性相关；而当$\boldsymbol{\alpha}\neq\mathbf{0}$ 时，当且仅当 $k=0$ 时，$k\boldsymbol{\alpha}=\mathbf{0}$ 才成立. 故一个非零向量线性无关.

(2) 设向量组$\boldsymbol{\alpha}_1,\boldsymbol{\alpha}_2,\cdots,\boldsymbol{\alpha}_m$中，$\boldsymbol{\alpha}_i=\mathbf{0}$，显然有

$$0\boldsymbol{\alpha}_1+\cdots+0\boldsymbol{\alpha}_{i-1}+1\mathbf{0}+0\boldsymbol{\alpha}_{i+1}+\cdots+0\boldsymbol{\alpha}_m=\mathbf{0},$$

而$0,\cdots,0,1,0,\cdots,0$不全为零，所以含有零向量的向量组线性相关.

(3) 若$k_1\boldsymbol{\varepsilon}_1+k_2\boldsymbol{\varepsilon}_2+\cdots+k_n\boldsymbol{\varepsilon}_n=\mathbf{0}$，即

$$k_1(1,0,\cdots,0)+k_2(0,1,\cdots,0)+\cdots+k_n(0,0,\cdots,1)=(0,0,\cdots,0),$$

则$(k_1,k_2,\cdots,k_n)=(0,0,\cdots,0)$，于是只有$k_1=k_2=\cdots=k_n=0$，故$\boldsymbol{\varepsilon}_1,\boldsymbol{\varepsilon}_2,\cdots,\boldsymbol{\varepsilon}_n$线性无关.

例 2.8 讨论向量组$\boldsymbol{\alpha}_1=(1,1,1),\boldsymbol{\alpha}_2=(0,2,5),\boldsymbol{\alpha}_3=(1,3,6)$的线性相关性.

解 令$k_1\boldsymbol{\alpha}_1+k_2\boldsymbol{\alpha}_2+k_3\boldsymbol{\alpha}_3=\mathbf{0}$，即

$$k_1(1,1,1)+k_2(0,2,5)+k_3(1,3,6)=(0,0,0),$$

则

$$\begin{cases}k_1+k_3=0,\\k_1+2k_2+3k_3=0,\\k_1+5k_2+6k_3=0.\end{cases}$$

此线性方程组的解为

$$\begin{cases}k_1=k_2,\\k_3=-k_2,\end{cases}$$

其中k_2为任意数，所以此线性方程组有非零解，即存在不全为零的数k_1,k_2,k_3，使得

$$k_1\boldsymbol{\alpha}_1+k_2\boldsymbol{\alpha}_2+k_3\boldsymbol{\alpha}_3=\mathbf{0},$$

由定义2.8知，向量组$\boldsymbol{\alpha}_1,\boldsymbol{\alpha}_2,\boldsymbol{\alpha}_3$线性相关.

由定义和上面的例子可以看出，要判断一个向量组的线性关系，都可以从(2.15)式出发，若能找到一组不全为零的数使(2.15)式成立，则该向量组线性相关；若当(2.15)式成立时，能证明系数只能全取零，那么，该向量组是线性无关的.

2.3.3 向量组的线性相关性的判断及其性质

定理 2.3 m个n维向量组

$$\boldsymbol{\alpha}_1=\begin{pmatrix}a_{11}\\a_{21}\\\vdots\\a_{n1}\end{pmatrix},\quad\boldsymbol{\alpha}_2=\begin{pmatrix}a_{12}\\a_{22}\\\vdots\\a_{n2}\end{pmatrix},\quad\cdots,\quad\boldsymbol{\alpha}_m=\begin{pmatrix}a_{1m}\\a_{2m}\\\vdots\\a_{nm}\end{pmatrix}$$

线性相关的充分必要条件是齐次线性方程组

$$\begin{cases}a_{11}x_1+a_{12}x_2+\cdots+a_{1m}x_m=0,\\a_{21}x_1+a_{22}x_2+\cdots+a_{2m}x_m=0,\\\quad\vdots\\a_{n1}x_1+a_{n2}x_2+\cdots+a_{nm}x_m=0\end{cases}\tag{2.16}$$

有非零解.

证明 必要性：设

$$\boldsymbol{\alpha}_1=\begin{pmatrix}a_{11}\\a_{21}\\\vdots\\a_{n1}\end{pmatrix},\quad \boldsymbol{\alpha}_2=\begin{pmatrix}a_{12}\\a_{22}\\\vdots\\a_{n2}\end{pmatrix},\quad \cdots,\quad \boldsymbol{\alpha}_m=\begin{pmatrix}a_{1m}\\a_{2m}\\\vdots\\a_{nm}\end{pmatrix}$$

线性相关,由定义 2.8,存在一组不全为零的数 $k_1,k_2,\cdots,k_m$ 使得

$$k_1\boldsymbol{\alpha}_1+k_2\boldsymbol{\alpha}_2+\cdots+k_m\boldsymbol{\alpha}_m=\boldsymbol{0},$$

即

$$k_1\begin{pmatrix}a_{11}\\a_{21}\\\vdots\\a_{n1}\end{pmatrix}+k_2\begin{pmatrix}a_{12}\\a_{22}\\\vdots\\a_{n2}\end{pmatrix}+\cdots+k_m\begin{pmatrix}a_{1m}\\a_{2m}\\\vdots\\a_{nm}\end{pmatrix}=\begin{pmatrix}0\\0\\\vdots\\0\end{pmatrix}.$$

按分量写成

$$\begin{cases}a_{11}k_1+a_{12}k_2+\cdots+a_{1m}k_m=0,\\a_{21}k_1+a_{22}k_2+\cdots+a_{2m}k_m=0,\\\qquad\vdots\\a_{n1}k_1+a_{n2}k_2+\cdots+a_{nm}k_m=0.\end{cases}$$

这说明 $k_1,k_2,\cdots,k_m$ 是齐次线性方程组(2.16)的一个非零解.

充分性：如果齐次线性方程组(2.16)有非零解,不妨设 $k_1,k_2,\cdots,k_m$ 是它的一个非零解,将其代入线性方程组(2.16),有

$$\begin{cases}a_{11}k_1+a_{12}k_2+\cdots+a_{1m}k_m=0,\\a_{21}k_1+a_{22}k_2+\cdots+a_{2m}k_m=0,\\\qquad\vdots\\a_{n1}k_1+a_{n2}k_2+\cdots+a_{nm}k_m=0.\end{cases}$$

将此线性方程组写成向量形式,就是 $k_1\boldsymbol{\alpha}_1+k_2\boldsymbol{\alpha}_2+\cdots+k_m\boldsymbol{\alpha}_m=\boldsymbol{0}$. 由定义知 $\boldsymbol{\alpha}_1,\boldsymbol{\alpha}_2,\cdots,\boldsymbol{\alpha}_m$ 线性相关.

推论 1 向量组 $\boldsymbol{\alpha}_1,\boldsymbol{\alpha}_2,\cdots,\boldsymbol{\alpha}_m$ 线性无关的充分必要条件是齐次线性方程组(2.16)只有零解.

推论 2 当 $m=n$ 时,即 n 个 n 维向量

$$\boldsymbol{\alpha}_1=\begin{pmatrix}a_{11}\\a_{21}\\\vdots\\a_{n1}\end{pmatrix},\quad \boldsymbol{\alpha}_2=\begin{pmatrix}a_{12}\\a_{22}\\\vdots\\a_{n2}\end{pmatrix},\quad \cdots,\quad \boldsymbol{\alpha}_n=\begin{pmatrix}a_{1n}\\a_{2n}\\\vdots\\a_{nn}\end{pmatrix}$$

线性无关的充分条件是行列式

$$D=\begin{vmatrix} a_{11} & a_{12} & \cdots & a_{1n} \\ a_{21} & a_{22} & \cdots & a_{2n} \\ \vdots & \vdots & & \vdots \\ a_{n1} & a_{n2} & \cdots & a_{nn} \end{vmatrix} \neq 0.$$

推论 3 $m>n$ 时,任意 m 个 n 维向量都线性相关,即当向量组中所含向量个数大于向量的维数时,此向量组线性相关.

例 2.9 判断下列向量组的线性相关性,如果线性相关,写出其中一个向量由其余向量线性表示的表达式.

(1) $\boldsymbol{\alpha}_1=(3,4,-2,5),\boldsymbol{\alpha}_2=(2,-5,0,-3),\boldsymbol{\alpha}_3=(5,0,-1,2),\boldsymbol{\alpha}_4=(3,3,-3,5)$;

(2) $\boldsymbol{\alpha}_1=(1,-2,0,3),\boldsymbol{\alpha}_2=(2,5,-1,0),\boldsymbol{\alpha}_3=(3,4,-1,2)$.

解 (1) 根据定理 2.2,考虑齐次线性方程组

$$\begin{cases} 3x_1+2x_2+5x_3+3x_4=0, \\ 4x_1-5x_2 \qquad\quad +3x_4=0, \\ -2x_1 \qquad\quad -x_3-3x_4=0, \\ 5x_1-3x_2+2x_3+5x_4=0. \end{cases} \tag{2.17}$$

判定解的情况:用初等行变换把系数矩阵 $\boldsymbol{A}$ 化为阶梯形矩阵,即

$$\boldsymbol{A}=\begin{pmatrix} 3 & 2 & 5 & 3 \\ 4 & -5 & 0 & 3 \\ -2 & 0 & -1 & -3 \\ 5 & -3 & 2 & 5 \end{pmatrix} \rightarrow \begin{pmatrix} 1 & 2 & 4 & 0 \\ 0 & 1 & -5 & 6 \\ 0 & 0 & 1 & -1 \\ 0 & 0 & 0 & 0 \end{pmatrix}.$$

因为 $r=3<n=4$,所以线性方程组(2.17)有非零解,从而$\boldsymbol{\alpha}_1,\boldsymbol{\alpha}_2,\boldsymbol{\alpha}_3,\boldsymbol{\alpha}_4$ 线性相关.

为了找出其中的一个向量可由其余向量线性表出,需求出线性方程组(2.17)的一般解.因为

$$\begin{pmatrix} 1 & 2 & 4 & 0 \\ 0 & 1 & -5 & 6 \\ 0 & 0 & 1 & -1 \\ 0 & 0 & 0 & 0 \end{pmatrix} \rightarrow \begin{pmatrix} 1 & 0 & 0 & 2 \\ 0 & 1 & 0 & 1 \\ 0 & 0 & 1 & -1 \\ 0 & 0 & 0 & 0 \end{pmatrix},$$

所以线性方程组(2.17)的一般解为

$$\begin{cases} x_1=-2x_4, \\ x_2=-x_4, \\ x_3=x_4. \end{cases}$$

令 $x_4=1$,得线性方程组(2.17)的一个解:$x_1=-2,x_2=-1,x_3=1,x_4=1$. 于是得到一个线性相关的表达式

$$-2\boldsymbol{\alpha}_1-\boldsymbol{\alpha}_2+\boldsymbol{\alpha}_3+\boldsymbol{\alpha}_4=\mathbf{0}.$$

进而得到$\boldsymbol{\alpha}_2$ 由$\boldsymbol{\alpha}_1,\boldsymbol{\alpha}_3,\boldsymbol{\alpha}_4$ 线性表出的表达式为

$$\boldsymbol{\alpha}_2=-2\boldsymbol{\alpha}_1+\boldsymbol{\alpha}_3+\boldsymbol{\alpha}_4.$$

可以看出,所求的表达式不是唯一的.

(2) 考虑齐次线性方程组

$$\begin{cases} x_1+2x_2+3x_3=0, \\ -2x_1+5x_2+4x_3=0, \\ -x_2-x_3=0, \\ 3x_1+2x_3=0. \end{cases} \tag{2.18}$$

判定解的情况:用初等变换把系数矩阵 **A** 化为阶梯形矩阵,即

$$\boldsymbol{A}=\begin{pmatrix} 1 & 2 & 3 \\ -2 & 5 & 4 \\ 0 & -1 & -1 \\ 3 & 0 & 2 \end{pmatrix}\rightarrow\begin{pmatrix} 1 & 2 & 3 \\ 0 & 1 & 1 \\ 0 & 0 & 1 \\ 0 & 0 & 0 \end{pmatrix},$$

因为 $r=n=3$,所以线性方程组(2.18)只有零解,从而$\boldsymbol{\alpha}_1,\boldsymbol{\alpha}_2,\boldsymbol{\alpha}_3$ 线性无关.

例 2.10 证明向量组

$$\boldsymbol{\alpha}_1=(1,a,a^2,a^3),\quad \boldsymbol{\alpha}_2=(1,b,b^2,b^3),$$
$$\boldsymbol{\alpha}_3=(1,c,c^2,c^3),\quad \boldsymbol{\alpha}_4=(1,d,d^2,d^3)$$

线性无关,其中 a,b,c,d 各不相同.

证明 向量组是由 4 个 4 维向量组成,于是

$$D=\begin{vmatrix} 1 & 1 & 1 & 1 \\ a & b & c & d \\ a^2 & b^2 & c^2 & d^2 \\ a^3 & b^3 & c^3 & d^3 \end{vmatrix}=(b-a)(c-a)(d-a)(c-b)(d-b)(d-c),$$

因为 a,b,c,d 各不相同,所以 $D\neq 0$,从而$\boldsymbol{\alpha}_1,\boldsymbol{\alpha}_2,\boldsymbol{\alpha}_3,\boldsymbol{\alpha}_4$ 线性无关.

例 2.11 证明:如果向量组$\boldsymbol{\alpha}_1,\boldsymbol{\alpha}_2,\boldsymbol{\alpha}_3$ 线性无关,则向量 $2\boldsymbol{\alpha}_1+\boldsymbol{\alpha}_2,\boldsymbol{\alpha}_2+5\boldsymbol{\alpha}_3,4\boldsymbol{\alpha}_3+3\boldsymbol{\alpha}_1$ 也线性无关.

证明 设有一组数 k_1,k_2,k_3,使

$$k_1(2\boldsymbol{\alpha}_1+\boldsymbol{\alpha}_2)+k_2(\boldsymbol{\alpha}_2+5\boldsymbol{\alpha}_3)+k_3(4\boldsymbol{\alpha}_3+3\boldsymbol{\alpha}_1)=\mathbf{0}, \tag{2.19}$$

整理得$(2k_1+3k_3)\boldsymbol{\alpha}_1+(k_1+k_2)\boldsymbol{\alpha}_2+(5k_2+4k_3)\boldsymbol{\alpha}_3=\mathbf{0}$. 因为$\boldsymbol{\alpha}_1,\boldsymbol{\alpha}_2,\boldsymbol{\alpha}_3$ 线性无关,所以必有

$$\begin{cases} 2k_1+3k_3=0, \\ k_1+k_2=0, \\ 5k_2+4k_3=0. \end{cases} \tag{2.20}$$

经计算，线性方程组(2.20)的系数行列式

$$D=\begin{vmatrix}2&0&3\\1&1&0\\0&5&4\end{vmatrix}=23\neq 0,$$

于是线性方程组(2.20)只有零解 $k_1=k_2=k_3=0$，所以由(2.19)式知，向量组 $2\boldsymbol{\alpha}_1+\boldsymbol{\alpha}_2$，$\boldsymbol{\alpha}_1+5\boldsymbol{\alpha}_3$，$4\boldsymbol{\alpha}_3+3\boldsymbol{\alpha}_1$ 也线性无关.

定理 2.4 向量组 $\boldsymbol{\alpha}_1,\boldsymbol{\alpha}_2,\cdots,\boldsymbol{\alpha}_m(m\geqslant 2)$ 线性相关的充分必要条件是其中至少有一个向量可由其余 $m-1$ 个向量线性表出.

证明 必要性：若向量组 $\boldsymbol{\alpha}_1,\boldsymbol{\alpha}_2,\cdots,\boldsymbol{\alpha}_m$ 线性相关，则存在一组不全为零的数 k_1，$k_2,\cdots,k_m$ 使关系式

$$k_1\boldsymbol{\alpha}_1+k_2\boldsymbol{\alpha}_2+\cdots+k_m\boldsymbol{\alpha}_m=\mathbf{0}$$

成立. 设 $k_i\neq 0(1\leqslant i\leqslant m)$，则由上式得

$$k_i\boldsymbol{\alpha}_i=-k_1\boldsymbol{\alpha}_1-\cdots-k_{i-1}\boldsymbol{\alpha}_{i-1}-k_{i+1}\boldsymbol{\alpha}_{i+1}-\cdots-k_m\boldsymbol{\alpha}_m,$$

即

$$\boldsymbol{\alpha}_i=-\frac{k_1}{k_i}\boldsymbol{\alpha}_1-\cdots-\frac{k_{i-1}}{k_i}\boldsymbol{\alpha}_{i-1}-\frac{k_{i+1}}{k_i}\boldsymbol{\alpha}_{i+1}-\cdots-\frac{k_m}{k_i}\boldsymbol{\alpha}_m,$$

所以 $\boldsymbol{\alpha}_i$ 可由 $\boldsymbol{\alpha}_1,\boldsymbol{\alpha}_2,\cdots,\boldsymbol{\alpha}_m$ 线性表出.

充分性：如果向量组 $\boldsymbol{\alpha}_1,\boldsymbol{\alpha}_2,\cdots,\boldsymbol{\alpha}_m$ 中有一个向量 $\boldsymbol{\alpha}_j$ 可由其余 $m-1$ 个向量线性表出，即

$$\boldsymbol{\alpha}_j=l_1\boldsymbol{\alpha}_1+\cdots+l_{j-1}\boldsymbol{\alpha}_{j-1}+l_{j+1}\boldsymbol{\alpha}_{j+1}+\cdots+l_m\boldsymbol{\alpha}_m,$$

$$l_1\boldsymbol{\alpha}_1+\cdots+l_{j-1}\boldsymbol{\alpha}_{j-1}-\boldsymbol{\alpha}_j+l_{j+1}\boldsymbol{\alpha}_{j+1}+\cdots+l_m\boldsymbol{\alpha}_m=\mathbf{0}.$$

因为 $l_1,\cdots,l_{j-1},-1,l_{j+1},\cdots,l_m$ 不全为零，所以 $\boldsymbol{\alpha}_1,\boldsymbol{\alpha}_2,\cdots,\boldsymbol{\alpha}_m$ 线性相关.

由定理 2.4 立即得到如下推论.

推论 向量组 $\boldsymbol{\alpha}_1,\boldsymbol{\alpha}_2,\cdots,\boldsymbol{\alpha}_m(m\geqslant 2)$ 线性无关的充分必要条件是其中每一个向量都不能由其余 $m-1$ 个向量线性表出.

定理 2.5 若向量组 $\boldsymbol{\alpha}_1,\boldsymbol{\alpha}_2,\cdots,\boldsymbol{\alpha}_m$ 线性无关，而向量组 $\boldsymbol{\beta},\boldsymbol{\alpha}_1,\boldsymbol{\alpha}_2,\cdots,\boldsymbol{\alpha}_m$ 线性相关，则 $\boldsymbol{\beta}$ 可由 $\boldsymbol{\alpha}_1,\boldsymbol{\alpha}_2,\cdots,\boldsymbol{\alpha}_m$ 线性表出，且表达式唯一.

证明 因为 $\boldsymbol{\beta},\boldsymbol{\alpha}_1,\boldsymbol{\alpha}_2,\cdots,\boldsymbol{\alpha}_m$ 线性相关，所以存在一组不全为零的数 $k,k_1,k_2,\cdots,k_m$，使得

$$k\boldsymbol{\beta}+k_1\boldsymbol{\alpha}_1+k_2\boldsymbol{\alpha}_2+\cdots+k_m\boldsymbol{\alpha}_m=\mathbf{0}$$

成立，这里必有 $k\neq 0$. 否则，若 $k=0$，上式成为

$$k_1\boldsymbol{\alpha}_1+k_2\boldsymbol{\alpha}_2+\cdots+k_m\boldsymbol{\alpha}_m=\mathbf{0},$$

且 $k_1,k_2,\cdots,k_m$ 不全为零，从而得出 $\boldsymbol{\alpha}_1,\boldsymbol{\alpha}_2,\cdots,\boldsymbol{\alpha}_m$ 线性相关，这与 $\boldsymbol{\alpha}_1,\boldsymbol{\alpha}_2,\cdots,\boldsymbol{\alpha}_m$ 线性无关矛盾. 因此，$k\neq 0$，故

$$\boldsymbol{\beta}=-\frac{k_1}{k}\boldsymbol{\alpha}_1-\frac{k_2}{k}\boldsymbol{\alpha}_2-\cdots-\frac{k_m}{k}\boldsymbol{\alpha}_m,$$

即$\boldsymbol{\beta}$可由$\boldsymbol{\alpha}_1,\boldsymbol{\alpha}_2,\cdots,\boldsymbol{\alpha}_m$线性表出.

下面证表示法唯一.如果

$$\boldsymbol{\beta}=h_1\boldsymbol{\alpha}_1+h_2\boldsymbol{\alpha}_2+\cdots+h_m\boldsymbol{\alpha}_m,$$
$$\boldsymbol{\beta}=l_1\boldsymbol{\alpha}_1+l_2\boldsymbol{\alpha}_2+\cdots+l_m\boldsymbol{\alpha}_m,$$

则有

$$(h_1-l_1)\boldsymbol{\alpha}_1+(h_2-l_2)\boldsymbol{\alpha}_2+\cdots+(h_m-l_m)\boldsymbol{\alpha}_m=\boldsymbol{0}$$

成立.由$\boldsymbol{\alpha}_1,\boldsymbol{\alpha}_2,\cdots,\boldsymbol{\alpha}_m$线性无关可知

$$h_1-l_1=0,\quad h_2-l_2=0,\quad \cdots,\quad h_m-l_m=0,$$

即$h_1=l_1,h_2=l_2,\cdots,h_m=l_m$,所以表示法是唯一的.

定理 2.6 若向量组中有一部分向量组(称为部分组)线性相关,则整个向量组线性相关.

证明 设向量组$\boldsymbol{\alpha}_1,\boldsymbol{\alpha}_2,\cdots,\boldsymbol{\alpha}_m$中有$r$个($r\leqslant m$)向量的部分组线性相关,不妨设$\boldsymbol{\alpha}_1,\boldsymbol{\alpha}_2,\cdots,\boldsymbol{\alpha}_r$线性相关,则存在一组不全为零的数$k_1,k_2,\cdots,k_r$,使

$$k_1\boldsymbol{\alpha}_1+k_2\boldsymbol{\alpha}_2+\cdots+k_r\boldsymbol{\alpha}_r=\boldsymbol{0}$$

成立,因而存在一组不全为零的数$k_1,k_2,\cdots,k_r,0,\cdots,0$,使

$$k_1\boldsymbol{\alpha}_1+k_2\boldsymbol{\alpha}_2+\cdots+k_r\boldsymbol{\alpha}_r+0\,\boldsymbol{\alpha}_{r+1}+\cdots+0\,\boldsymbol{\alpha}_m=\boldsymbol{0}$$

成立,即$\boldsymbol{\alpha}_1,\boldsymbol{\alpha}_2,\cdots,\boldsymbol{\alpha}_m$线性相关.

例如,含有两个成比例的向量的向量组是线性相关的.因为两个成比例的向量是线性相关的,由定理2.6知该向量组线性相关.

推论 若向量组线性无关,则它的任意一个部分组线性无关.

例如,n维单位向量组$\boldsymbol{\varepsilon}_1,\boldsymbol{\varepsilon}_2,\cdots,\boldsymbol{\varepsilon}_n$线性无关,因此它的任意一个部分组线性无关.

定理 2.7 如果n维向量组$\boldsymbol{\alpha}_1,\boldsymbol{\alpha}_2,\cdots,\boldsymbol{\alpha}_s$线性无关,则在每个向量上都添加$m$个分量所得到的$n+m$维向量组$\boldsymbol{\alpha}_1^*,\boldsymbol{\alpha}_2^*,\cdots,\boldsymbol{\alpha}_s^*$也线性无关.

证明 用反证法.假设$\boldsymbol{\alpha}_1^*,\boldsymbol{\alpha}_2^*,\cdots,\boldsymbol{\alpha}_s^*$线性相关,即存在不全为零的数$k_1,k_2,\cdots,k_s$,使

$$k_1\boldsymbol{\alpha}_1^*+k_2\boldsymbol{\alpha}_2^*+\cdots+k_s\boldsymbol{\alpha}_s^*=\boldsymbol{0},\tag{2.21}$$

设

$$\boldsymbol{\alpha}_j=(\alpha_{1j},\alpha_{2j},\cdots,\alpha_{nj})^{\mathrm{T}},\quad \boldsymbol{\alpha}_j^*=(\alpha_{1j},\alpha_{2j},\cdots,\alpha_{nj},\alpha_{n+1,j},\cdots,\alpha_{n+m,j})^{\mathrm{T}},\quad j=1,2,\cdots,s,$$

则(2.21)式可写成

$$\begin{cases}a_{11}k_1+a_{12}k_2+\cdots+a_{1s}k_s=0,\\a_{21}k_1+a_{22}k_2+\cdots+a_{2s}k_s=0,\\\qquad\vdots\\a_{n1}k_1+a_{n2}k_2+\cdots+a_{ns}k_s=0,\\\qquad\vdots\\a_{n+m,1}k_1+a_{n+m,2}k_2+\cdots+a_{n+m,s}k_s=0.\end{cases}$$

显然,前 n 个方程构成的线性方程组有非零解 $k_1,k_2,\cdots,k_s$,于是,$\boldsymbol{\alpha}_1,\boldsymbol{\alpha}_2,\cdots,\boldsymbol{\alpha}_s$ 线性相关.这与已知矛盾,所以$\boldsymbol{\alpha}_1^*,\boldsymbol{\alpha}_2^*,\cdots,\boldsymbol{\alpha}_s^*$ 线性无关.

推论 如果 n 维向量组$\boldsymbol{\alpha}_1,\boldsymbol{\alpha}_2,\cdots,\boldsymbol{\alpha}_s$ 线性相关,则在每一个向量上都去掉 $m(m<n)$个分量,所得的 $n-m$ 维向量组$\boldsymbol{\alpha}_1^*,\boldsymbol{\alpha}_2^*,\cdots,\boldsymbol{\alpha}_s^*$ 也线性相关.

习题 2.3

1. 设$\boldsymbol{\alpha}_1=(1,-2,5,3)$,$\boldsymbol{\alpha}_2=(4,7,-2,6)$,$\boldsymbol{\alpha}_3=(-10,-25,16,-12)$,求向量组$\boldsymbol{\alpha}_1$,$\boldsymbol{\alpha}_2$,$\boldsymbol{\alpha}_3$ 分别以下列各组数为系数的线性组合 $k_1\boldsymbol{\alpha}_1+k_2\boldsymbol{\alpha}_2+k_3\boldsymbol{\alpha}_3$:

(1) $k_1=-2,k_2=3,k_3=1$;

(2) $k_1=0,k_2=0,k_3=0$;

(3) $k_1=x_1,k_2=x_2,k_3=x_3$.

2. 判断向量$\boldsymbol{\beta}$是否可以由向量组$\boldsymbol{\alpha}_1,\boldsymbol{\alpha}_2,\boldsymbol{\alpha}_3$ 线性表示,若能,写出它的一种表示法:

(1) $\boldsymbol{\beta}=(8,3,-1,25)$,$\boldsymbol{\alpha}_1=(-1,3,0,-5)$,$\boldsymbol{\alpha}_2=(2,0,7,-3)$,$\boldsymbol{\alpha}_3=(-4,1,-2,6)$;

(2) $\boldsymbol{\beta}=(-8,-3,7,-10)$,$\boldsymbol{\alpha}_1=(-2,7,1,3)$,$\boldsymbol{\alpha}_2=(3,-5,0,-2)$,$\boldsymbol{\alpha}_3=(-5,6,3,-1)$;

(3) $\boldsymbol{\beta}=(2,-30,13,-26)$,$\boldsymbol{\alpha}_1=(3,-5,2,-4)$,$\boldsymbol{\alpha}_2=(-1,7,-3,6)$,$\boldsymbol{\alpha}_3=(3,11,-5,10)$.

3. 判断下列命题是否正确,并说明理由:

(1) 设$\boldsymbol{\alpha}_1,\boldsymbol{\alpha}_2,\cdots,\boldsymbol{\alpha}_s$ 是 s 个 n 维向量,如果当 $k_1=0,k_2=0,\cdots,k_s=0$ 时,

$$k_1\boldsymbol{\alpha}_1+k_2\boldsymbol{\alpha}_2+\cdots+k_s\boldsymbol{\alpha}_s=\mathbf{0},$$

则$\boldsymbol{\alpha}_1,\boldsymbol{\alpha}_2,\cdots,\boldsymbol{\alpha}_s$ 线性无关;

(2) 如果向量组$\boldsymbol{\alpha}_1,\boldsymbol{\alpha}_2,\cdots,\boldsymbol{\alpha}_s$ 线性相关,则其中每一个向量均可由其余 $s-1$ 个向量线性表出;

(3) 如果存在不全为零的数 $k_1,k_2,\cdots,k_s$ 使得关系式 $k_1\boldsymbol{\alpha}_1+k_2\boldsymbol{\alpha}_2+\cdots+k_s\boldsymbol{\alpha}_s+k_1\boldsymbol{\beta}_1+k_2\boldsymbol{\beta}_2+\cdots+k_s\boldsymbol{\beta}_s=\mathbf{0}$ 成立,则$\boldsymbol{\alpha}_1,\boldsymbol{\alpha}_2,\cdots,\boldsymbol{\alpha}_s$ 线性相关,$\boldsymbol{\beta}_1,\boldsymbol{\beta}_2,\cdots,\boldsymbol{\beta}_s$ 也线性相关;

(4) 如果仅当 $k_1=0,k_2=0,\cdots,k_s=0$ 时,关系式 $k_1\boldsymbol{\alpha}_1+k_2\boldsymbol{\alpha}_2+\cdots+k_s\boldsymbol{\alpha}_s+k_1\boldsymbol{\beta}_1+k_2\boldsymbol{\beta}_2+\cdots+k_s\boldsymbol{\beta}_s=\mathbf{0}$ 才能成立,则$\boldsymbol{\alpha}_1,\boldsymbol{\alpha}_2,\cdots,\boldsymbol{\alpha}_s$ 线性无关,$\boldsymbol{\beta}_1,\boldsymbol{\beta}_2,\cdots,\boldsymbol{\beta}_s$ 也线性无关;

(5) 如果$\boldsymbol{\alpha}_1,\boldsymbol{\alpha}_2,\cdots,\boldsymbol{\alpha}_s$ 线性相关,$\boldsymbol{\beta}_1,\boldsymbol{\beta}_2,\cdots,\boldsymbol{\beta}_s$ 也线性相关,则必定存在不全为零的数 $k_1,k_2,\cdots,k_s$,使得关系式

$$k_1\boldsymbol{\alpha}_1+k_2\boldsymbol{\alpha}_2+\cdots+k_s\boldsymbol{\alpha}_s=\mathbf{0}$$

和

$$k_1\boldsymbol{\beta}_1+k_2\boldsymbol{\beta}_2+\cdots+k_s\boldsymbol{\beta}_s=\mathbf{0}$$

都成立.

4. 判断下列向量组是否线性相关，若线性相关，试找出其中一个向量，使得这个向量可由其余向量线性表出，并且写出它的一种表出方式：

(1) $\boldsymbol{\alpha}_1=(3,1,2,-4)$，$\boldsymbol{\alpha}_2=(1,0,5,2)$，$\boldsymbol{\alpha}_3=(-1,2,0,3)$；

(2) $\boldsymbol{\alpha}_1=(-2,1,0,3)$，$\boldsymbol{\alpha}_2=(1,-3,2,4)$，$\boldsymbol{\alpha}_3=(3,0,2,-1)$，$\boldsymbol{\alpha}_4=(2,-2,4,6)$；

(3) $\boldsymbol{\alpha}_1=(3,-1,2)$，$\boldsymbol{\alpha}_2=(1,5,-7)$，$\boldsymbol{\alpha}_3=(7,-13,20)$，$\boldsymbol{\alpha}_4=(-2,6,1)$；

(4) $\boldsymbol{\alpha}_1=(1,-2,4,-8)$，$\boldsymbol{\alpha}_2=(1,3,9,27)$，$\boldsymbol{\alpha}_3=(1,4,16,64)$，$\boldsymbol{\alpha}_4=(1,-1,1,-1)$.

5. 证明：含有两个成比例的向量的向量组是线性相关的.

6. 证明：若向量组线性无关，则其任意一个部分组线性无关.

7. 证明：$m>n$ 时，m 个 n 维向量 $\boldsymbol{\alpha}_1,\boldsymbol{\alpha}_2,\cdots,\boldsymbol{\alpha}_m$ 一定线性相关.

8. 设向量 $\boldsymbol{\beta}$ 可由向量组 $\boldsymbol{\alpha}_1,\boldsymbol{\alpha}_2,\cdots,\boldsymbol{\alpha}_m$ 线性表出，且表示法唯一，试证向量 $\boldsymbol{\alpha}_1,\boldsymbol{\alpha}_2,\cdots,\boldsymbol{\alpha}_m$ 线性无关.

9. 设有 $\boldsymbol{\alpha}_1=(1,-2,4)$，$\boldsymbol{\alpha}_2=(0,1,2)$，$\boldsymbol{\alpha}_3=(-2,3,a)$. 试问：

(1) a 取何值时，$\boldsymbol{\alpha}_1,\boldsymbol{\alpha}_2,\boldsymbol{\alpha}_3$ 线性相关？

(2) a 取何值时，$\boldsymbol{\alpha}_1,\boldsymbol{\alpha}_2,\boldsymbol{\alpha}_3$ 线性无关？

10. 试证：若 $\boldsymbol{\alpha}_1,\boldsymbol{\alpha}_2,\boldsymbol{\alpha}_3$ 线性无关，则

(1) $\boldsymbol{\alpha}_1+\boldsymbol{\alpha}_2,\boldsymbol{\alpha}_2+\boldsymbol{\alpha}_3,\boldsymbol{\alpha}_3+\boldsymbol{\alpha}_1$ 也线性无关；

(2) $2\boldsymbol{\alpha}_1+3\boldsymbol{\alpha}_2,\boldsymbol{\alpha}_2+4\boldsymbol{\alpha}_3,5\boldsymbol{\alpha}_3+\boldsymbol{\alpha}_1$ 也线性无关.

2.4 向量组的秩

在二维、三维几何空间中，坐标系是不唯一的，但任一坐标系中所含向量的个数是一个不变的量，向量组的秩正是这一几何事实的一般化.

2.4.1 向量组的极大无关组

我们知道，一个线性相关向量组的部分组不一定是线性相关的，例如向量组 $\boldsymbol{\alpha}_1=(2,-1,3,1)$，$\boldsymbol{\alpha}_2=(4,-2,5,4)$，$\boldsymbol{\alpha}_3=(2,-1,4,-1)$，由于 $3\boldsymbol{\alpha}_1-\boldsymbol{\alpha}_2-\boldsymbol{\alpha}_3=\mathbf{0}$，所以向量组是线性相关的，但是其部分组 $\boldsymbol{\alpha}_1$ 是线性无关的，$\boldsymbol{\alpha}_1,\boldsymbol{\alpha}_2$ 也是线性无关的.

可以看出，上例中 $\boldsymbol{\alpha}_1,\boldsymbol{\alpha}_2,\boldsymbol{\alpha}_3$ 的线性无关的部分组中最多含有两个向量，如果再添加一个向量进去，就变成线性相关. 为了确切地说明这一问题，我们引入极大线性无关组的概念.

定义 2.10 设有向量组 $\boldsymbol{\alpha}_1,\boldsymbol{\alpha}_2,\cdots,\boldsymbol{\alpha}_m$，如果它的一个部分组 $\boldsymbol{\alpha}_{i_1},\boldsymbol{\alpha}_{i_2},\cdots,\boldsymbol{\alpha}_{i_r}$，满足：

(1) $\boldsymbol{\alpha}_{i_1},\boldsymbol{\alpha}_{i_2},\cdots,\boldsymbol{\alpha}_{i_r}$ 线性无关；

(2) 向量组 $\boldsymbol{\alpha}_1,\boldsymbol{\alpha}_2,\cdots,\boldsymbol{\alpha}_m$ 中的任意一个向量都可由部分组 $\boldsymbol{\alpha}_{i_1},\boldsymbol{\alpha}_{i_2},\cdots,\boldsymbol{\alpha}_{i_r}$ 线性表出.

则称部分组$\boldsymbol{\alpha}_{i_1},\boldsymbol{\alpha}_{i_2},\cdots,\boldsymbol{\alpha}_{i_r}$是向量组$\boldsymbol{\alpha}_1,\boldsymbol{\alpha}_2,\cdots,\boldsymbol{\alpha}_m$的一个极大线性无关组,简称为极大无关组.

在上例中,除$\boldsymbol{\alpha}_1,\boldsymbol{\alpha}_2$线性无关外,$\boldsymbol{\alpha}_1,\boldsymbol{\alpha}_3$和$\boldsymbol{\alpha}_2,\boldsymbol{\alpha}_3$也都是向量组$\boldsymbol{\alpha}_1,\boldsymbol{\alpha}_2,\boldsymbol{\alpha}_3$线性无关的部分组,所以它们都是向量组$\boldsymbol{\alpha}_1,\boldsymbol{\alpha}_2,\boldsymbol{\alpha}_3$的极大无关组.因此向量组的极大无关组可能不只一个,但任意两个极大无关组所含向量的个数相同.

例 2.12 设有向量组$\boldsymbol{\alpha}_1=(1,0,0),\boldsymbol{\alpha}_2=(0,1,0),\boldsymbol{\alpha}_3=(0,0,1),\boldsymbol{\alpha}_4=(1,0,1),\boldsymbol{\alpha}_5=(1,1,0),\boldsymbol{\alpha}_6=(1,0,-1),\boldsymbol{\alpha}_7=(-2,3,4)$,求向量组的极大无关组.

解 显然$\boldsymbol{\alpha}_1,\boldsymbol{\alpha}_2,\boldsymbol{\alpha}_3$是它的一个极大无关组.容易看出$\boldsymbol{\alpha}_1,\boldsymbol{\alpha}_2,\boldsymbol{\alpha}_3$线性无关,且$\boldsymbol{\alpha}_4,\boldsymbol{\alpha}_5,\boldsymbol{\alpha}_6,\boldsymbol{\alpha}_7$都可由$\boldsymbol{\alpha}_1,\boldsymbol{\alpha}_2,\boldsymbol{\alpha}_3$线性表出.另外,还容易证明:$\boldsymbol{\alpha}_1,\boldsymbol{\alpha}_2,\boldsymbol{\alpha}_4$或$\boldsymbol{\alpha}_2,\boldsymbol{\alpha}_3,\boldsymbol{\alpha}_5$或$\boldsymbol{\alpha}_4,\boldsymbol{\alpha}_5,\boldsymbol{\alpha}_7$都是它的极大无关组.

从定义可看出,一个线性无关的向量组的极大无关组就是这个向量组本身.

显然,仅有零向量组成的向量组没有极大无关组.

为了更深入地讨论向量组的极大无关组的性质,我们先来讨论两个向量组之间的关系.

定义 2.11 设两个向量组

$$\boldsymbol{\alpha}_1,\boldsymbol{\alpha}_2,\cdots,\boldsymbol{\alpha}_s, \tag{2.22}$$

$$\boldsymbol{\beta}_1,\boldsymbol{\beta}_2,\cdots,\boldsymbol{\beta}_t. \tag{2.23}$$

如果向量组(2.22)的每个向量都可由向量组(2.23)线性表出,则称向量组(2.22)可由向量组(2.23)线性表出;除此之外,如果向量组(2.23)也可由向量组(2.22)线性表出,则称向量组(2.22)与向量组(2.23)等价,记作

$$\{\boldsymbol{\alpha}_1,\boldsymbol{\alpha}_2,\cdots,\boldsymbol{\alpha}_s\}\cong\{\boldsymbol{\beta}_1,\boldsymbol{\beta}_2,\cdots,\boldsymbol{\beta}_t\}. \tag{2.24}$$

容易证明,等价向量组有如下性质:

(1) 反身性:任一向量组与它自身等价,即$\{\boldsymbol{\alpha}_1,\boldsymbol{\alpha}_2,\cdots,\boldsymbol{\alpha}_s\}\cong\{\boldsymbol{\alpha}_1,\boldsymbol{\alpha}_2,\cdots,\boldsymbol{\alpha}_s\}$;

(2) 对称性:若$\{\boldsymbol{\alpha}_1,\boldsymbol{\alpha}_2,\cdots,\boldsymbol{\alpha}_s\}\cong\{\boldsymbol{\beta}_1,\boldsymbol{\beta}_2,\cdots,\boldsymbol{\beta}_t\}$,则$\{\boldsymbol{\beta}_1,\boldsymbol{\beta}_2,\cdots,\boldsymbol{\beta}_t\}\cong\{\boldsymbol{\alpha}_1,\boldsymbol{\alpha}_2,\cdots,\boldsymbol{\alpha}_s\}$;

(3) 传递性:若$\{\boldsymbol{\alpha}_1,\boldsymbol{\alpha}_2,\cdots,\boldsymbol{\alpha}_s\}\cong\{\boldsymbol{\beta}_1,\boldsymbol{\beta}_2,\cdots,\boldsymbol{\beta}_t\}$,而$\{\boldsymbol{\beta}_1,\boldsymbol{\beta}_2,\cdots,\boldsymbol{\beta}_t\}\cong\{\boldsymbol{\gamma}_1,\boldsymbol{\gamma}_2,\cdots,\boldsymbol{\gamma}_m\}$,则$\{\boldsymbol{\alpha}_1,\boldsymbol{\alpha}_2,\cdots,\boldsymbol{\alpha}_s\}\cong\{\boldsymbol{\gamma}_1,\boldsymbol{\gamma}_2,\cdots,\boldsymbol{\gamma}_m\}$.

定理 2.8 如果向量组$\boldsymbol{\alpha}_1,\boldsymbol{\alpha}_2,\cdots,\boldsymbol{\alpha}_r$可由向量组$\boldsymbol{\beta}_1,\boldsymbol{\beta}_2,\cdots,\boldsymbol{\beta}_s$线性表出,且$r>s$,则向量组$\boldsymbol{\alpha}_1,\boldsymbol{\alpha}_2,\cdots,\boldsymbol{\alpha}_r$线性相关.

证明 为了证$\boldsymbol{\alpha}_1,\boldsymbol{\alpha}_2,\cdots,\boldsymbol{\alpha}_r$线性相关,就要找到一组不全为零的数$k_1,k_2,\cdots,k_r$,使

$$k_1\boldsymbol{\alpha}_1+k_2\boldsymbol{\alpha}_2+\cdots+k_r\boldsymbol{\alpha}_r=\boldsymbol{0}. \tag{2.25}$$

已知$\boldsymbol{\alpha}_1,\boldsymbol{\alpha}_2,\cdots,\boldsymbol{\alpha}_r$可由$\boldsymbol{\beta}_1,\boldsymbol{\beta}_2,\cdots,\boldsymbol{\beta}_s$线性表出,故可设

$$\begin{cases}\boldsymbol{\alpha}_1=l_{11}\boldsymbol{\beta}_1+l_{12}\boldsymbol{\beta}_2+\cdots+l_{1s}\boldsymbol{\beta}_s,\\ \boldsymbol{\alpha}_2=l_{21}\boldsymbol{\beta}_1+l_{22}\boldsymbol{\beta}_2+\cdots+l_{2s}\boldsymbol{\beta}_s,\\ \quad\vdots\\ \boldsymbol{\alpha}_r=l_{r1}\boldsymbol{\beta}_1+l_{r2}\boldsymbol{\beta}_2+\cdots+l_{rs}\boldsymbol{\beta}_s.\end{cases} \tag{2.26}$$

将(2.26)式代入(2.25)式,得

$$\begin{aligned}&k_1\boldsymbol{\alpha}_1+k_2\boldsymbol{\alpha}_2+\cdots+k_r\boldsymbol{\alpha}_r\\ =\;&k_1(l_{11}\boldsymbol{\beta}_1+l_{12}\boldsymbol{\beta}_2+\cdots+l_{1s}\boldsymbol{\beta}_s)+k_2(l_{21}\boldsymbol{\beta}_1+l_{22}\boldsymbol{\beta}_2+\cdots+l_{2s}\boldsymbol{\beta}_s)\\ &+\cdots+k_r(l_{r1}\boldsymbol{\beta}_1+l_{r2}\boldsymbol{\beta}_2+\cdots+l_{rs}\boldsymbol{\beta}_s)\\ =\;&(k_1l_{11}+k_2l_{21}+\cdots+k_rl_{r1})\boldsymbol{\beta}_1+(k_1l_{21}+k_2l_{22}+\cdots+k_rl_{r2})\boldsymbol{\beta}_2\\ &+\cdots+(k_1l_{1s}+k_rl_{2s}+\cdots+k_rl_{rs})\boldsymbol{\beta}_s\\ =\;&\mathbf{0}.\end{aligned}\tag{2.27}$$

显然,当$\boldsymbol{\beta}_i$ 的系数全为零时,(2.27)式成立,即

$$\begin{cases}k_1l_{11}+k_2l_{21}+\cdots+k_rl_{r1}=0,\\ k_1l_{12}+k_2l_{22}+\cdots+k_rl_{r2}=0,\\ \qquad\vdots\\ k_1l_{1s}+k_2l_{2s}+\cdots+k_rl_{rs}=0\end{cases}\tag{2.28}$$

时,(2.27)式恒成立.方程组(2.28)是含有 r 个未知量 $k_1,k_2,\cdots,k_r$,s 个方程的齐次线性方程组,已知 $r>s$,所以方程组(2.28)一定有非零解,因此存在一组非零解 $k_1,k_2,\cdots,k_r$ 使得

$$k_1\boldsymbol{\alpha}_1+k_2\boldsymbol{\alpha}_2+\cdots+k_r\boldsymbol{\alpha}_r=\mathbf{0}$$

成立,所以$\boldsymbol{\alpha}_1,\boldsymbol{\alpha}_2,\cdots,\boldsymbol{\alpha}_r$ 线性相关.

推论 1 如果向量组$\boldsymbol{\alpha}_1,\boldsymbol{\alpha}_2,\cdots,\boldsymbol{\alpha}_r$ 线性无关且可由向量组$\boldsymbol{\beta}_1,\boldsymbol{\beta}_2,\cdots,\boldsymbol{\beta}_s$ 线性表示,则 $r\leqslant s$.

推论 2 两个等价的线性无关的向量组所含向量的个数相同.

证明 设$\boldsymbol{\alpha}_1,\boldsymbol{\alpha}_2,\cdots,\boldsymbol{\alpha}_r$ 与$\boldsymbol{\beta}_1,\boldsymbol{\beta}_2,\cdots,\boldsymbol{\beta}_s$ 满足命题的条件,则$\boldsymbol{\alpha}_1,\boldsymbol{\alpha}_2,\cdots,\boldsymbol{\alpha}_r$ 线性无关且可由$\boldsymbol{\beta}_1,\boldsymbol{\beta}_2,\cdots,\boldsymbol{\beta}_s$ 线性表出,由推论 1 知 $r\leqslant s$. 同理$\boldsymbol{\beta}_1,\boldsymbol{\beta}_2,\cdots,\boldsymbol{\beta}_s$ 线性无关且可由$\boldsymbol{\alpha}_1,\boldsymbol{\alpha}_2,\cdots,\boldsymbol{\alpha}_r$ 线性表出,则 $s\leqslant r$,于是 $s=r$.

极大线性无关组有下列性质.

性质 2.1 向量组$\boldsymbol{\alpha}_1,\boldsymbol{\alpha}_2,\cdots,\boldsymbol{\alpha}_m$ 与它的极大无关组$\boldsymbol{\alpha}_{i_1},\boldsymbol{\alpha}_{i_2},\cdots,\boldsymbol{\alpha}_{i_r}$ 等价.

证明 由极大无关组的定义知,任一向量组$\boldsymbol{\alpha}_1,\boldsymbol{\alpha}_2,\cdots,\boldsymbol{\alpha}_m$ 可由它的极大无关组$\boldsymbol{\alpha}_{i_1}$,$\boldsymbol{\alpha}_{i_2},\cdots,\boldsymbol{\alpha}_{i_r}$ 线性表出.又因为极大无关组$\boldsymbol{\alpha}_{i_1},\boldsymbol{\alpha}_{i_2},\cdots,\boldsymbol{\alpha}_{i_r}$ 的每一个向量都在向量组$\boldsymbol{\alpha}_1,\boldsymbol{\alpha}_2,\cdots$,$\boldsymbol{\alpha}_m$ 中,由例 2.4 知,向量组的极大无关组$\boldsymbol{\alpha}_{i_1},\boldsymbol{\alpha}_{i_2},\cdots,\boldsymbol{\alpha}_{i_r}$ 可由$\boldsymbol{\alpha}_1,\boldsymbol{\alpha}_2,\cdots,\boldsymbol{\alpha}_m$ 线性表出,故向量$\boldsymbol{\alpha}_1,\boldsymbol{\alpha}_2,\cdots,\boldsymbol{\alpha}_m$ 与它的极大无关组等价.

推论 向量组的任意两个极大无关组等价.

由等价的传递性直接可得此结论.

性质 2.2 向量组的任意两个极大无关组所含向量的个数相同.

证明 设向量组$\boldsymbol{\alpha}_1,\boldsymbol{\alpha}_2,\cdots,\boldsymbol{\alpha}_m$ 的两个极大无关组为(Ⅰ)$\boldsymbol{\alpha}_{i_1},\boldsymbol{\alpha}_{i_2},\cdots,\boldsymbol{\alpha}_{i_r}$;(Ⅱ)$\boldsymbol{\alpha}_{j_1}$,$\boldsymbol{\alpha}_{j_2},\cdots,\boldsymbol{\alpha}_{j_t}$.由性质 2.1 的推论知(Ⅰ)$\cong$(Ⅱ),再由定理 2.8 的推论 2,立即得到 $r=t$.

2.4.2 向量组的秩

由于一个向量组的所有极大无关组含有相同个数的向量，这说明极大无关组所含向量的个数反映了向量组本身的性质.因此，我们引进如下定义.

定义 2.12 向量组的极大无关组所含向量的个数，称为该向量组的秩，记作 $\mathrm{r}(\boldsymbol{\alpha}_1,\boldsymbol{\alpha}_2,\cdots,\boldsymbol{\alpha}_m)$.

规定零向量组成的向量组的秩为零.

n 维基本单位向量组 $\boldsymbol{\varepsilon}_1,\boldsymbol{\varepsilon}_2,\cdots,\boldsymbol{\varepsilon}_n$ 是线性无关的，它的极大无关组就是它本身，因此，$\mathrm{r}(\boldsymbol{\varepsilon}_1,\boldsymbol{\varepsilon}_2,\cdots,\boldsymbol{\varepsilon}_n)=n$.

定理 2.9 向量组线性无关的充分必要条件是：它的秩等于它所含向量的个数.

证明 必要性：如果向量组 $\boldsymbol{\alpha}_1,\boldsymbol{\alpha}_2,\cdots,\boldsymbol{\alpha}_m$ 线性无关，则它的极大无关组就是它本身，从而 $\mathrm{r}(\boldsymbol{\alpha}_1,\boldsymbol{\alpha}_2,\cdots,\boldsymbol{\alpha}_m)=m$.

充分性：如果 $\mathrm{r}(\boldsymbol{\alpha}_1,\boldsymbol{\alpha}_2,\cdots,\boldsymbol{\alpha}_m)=m$，则向量组的极大无关组应含有 m 个向量，而这就是向量组本身，所以该向量组线性无关.

定理 2.10 相互等价的向量组的秩相等.

证明 设向量组(Ⅰ)和(Ⅱ)等价，并且设$(\text{Ⅰ})^*$和$(\text{Ⅱ})^*$分别是(Ⅰ)和(Ⅱ)的极大无关组.根据性质 2.1，则

$$(\text{Ⅰ})^* \cong (\text{Ⅰ}), \quad (\text{Ⅱ})^* \cong (\text{Ⅱ}).$$

因为，$(\text{Ⅰ})\cong(\text{Ⅱ})$，所以$(\text{Ⅰ})^*\cong(\text{Ⅱ})^*$，由定理 2.8 的推论 2 即得

$$\mathrm{r}(\text{Ⅰ}) = \mathrm{r}(\text{Ⅱ}).$$

定理 2.10 的逆定理并不成立，即两个向量组的秩相等时，它们未必是等价的.

例如向量组 $\boldsymbol{\alpha}_1=(1,0,0,0)$，$\boldsymbol{\alpha}_2=(0,1,0,0)$ 与向量组 $\boldsymbol{\beta}_1=(0,0,1,0)$，$\boldsymbol{\beta}_2=(0,0,0,1)$，有 $\mathrm{r}(\boldsymbol{\alpha}_1,\boldsymbol{\alpha}_2)=\mathrm{r}(\boldsymbol{\beta}_1,\boldsymbol{\beta}_2)=2$，而这两个向量组显然不是等价的.

定理 2.11 如果两个向量组的秩相等且其中一个向量组可由另一个线性表出，则这两个向量组等价.

证明留作习题.

习题 2.4

1. 试证：若 n 维基本向量组 $\boldsymbol{\varepsilon}_1,\boldsymbol{\varepsilon}_2,\cdots,\boldsymbol{\varepsilon}_n$ 可以由 n 维向量组 $\boldsymbol{\alpha}_1,\boldsymbol{\alpha}_2,\cdots,\boldsymbol{\alpha}_n$ 线性表出，则 $\boldsymbol{\alpha}_1,\boldsymbol{\alpha}_2,\cdots,\boldsymbol{\alpha}_n$ 线性无关.

2. 已知向量组 $\boldsymbol{\alpha}_1,\boldsymbol{\alpha}_2,\cdots,\boldsymbol{\alpha}_s$ 的秩为 r，证明：$\boldsymbol{\alpha}_1,\boldsymbol{\alpha}_2,\cdots,\boldsymbol{\alpha}_s$ 中的任意 r 个线性无关的向量都是它的一个极大无关组.

3. 已知向量组 $\boldsymbol{\alpha}_1,\boldsymbol{\alpha}_2,\cdots,\boldsymbol{\alpha}_r$ 与 $\boldsymbol{\alpha}_1,\boldsymbol{\alpha}_2,\cdots,\boldsymbol{\alpha}_r,\boldsymbol{\alpha}_{r+1},\cdots,\boldsymbol{\alpha}_s$ 有相同的秩，证明：$\boldsymbol{\alpha}_1,\boldsymbol{\alpha}_2,\cdots,$

$\boldsymbol{\alpha}_r$ 与$\boldsymbol{\alpha}_1,\boldsymbol{\alpha}_2,\cdots,\boldsymbol{\alpha}_r,\boldsymbol{\alpha}_{r+1},\cdots,\boldsymbol{\alpha}_s$ 等价.

4. 证明：如果向量组$\boldsymbol{\alpha}_1,\boldsymbol{\alpha}_2,\cdots,\boldsymbol{\alpha}_r$ 线性无关且可由向量组$\boldsymbol{\beta}_1,\boldsymbol{\beta}_2,\cdots,\boldsymbol{\beta}_s$ 线性表示，则$r\leqslant s$.

2.5 矩阵的秩

在 2.4 节已讨论了向量组的秩. 利用向量组的秩的概念可以得出矩阵的一个不变量，即矩阵秩的概念.

2.5.1 矩阵秩的定义

设 $\boldsymbol{A}$ 是一个 $m\times n$ 矩阵，即

$$\boldsymbol{A}=\begin{pmatrix} a_{11} & a_{12} & \cdots & a_{1n} \\ a_{21} & a_{22} & \cdots & a_{2n} \\ \vdots & \vdots & & \vdots \\ a_{m1} & a_{m2} & \cdots & a_{mn} \end{pmatrix}.$$

如果把 $\boldsymbol{A}$ 的第 i 行$(a_{i1},a_{i2},\cdots,a_{in})$看作一个行向量，记为$\boldsymbol{\alpha}_i$，则矩阵 $\boldsymbol{A}$ 就可看作由 m 个 n 维行向量组成的. 同样地，若把 $\boldsymbol{A}$ 的每一列看作一个列向量，则矩阵 $\boldsymbol{A}$ 就可看作由 n 个 m 维列向量组成的.

定义 2.13 矩阵 $\boldsymbol{A}$ 的行向量组的秩称为矩阵 $\boldsymbol{A}$ 的行秩，而矩阵 $\boldsymbol{A}$ 的列向量组的秩称为矩阵 $\boldsymbol{A}$ 的列秩.

例 2.13 设

$$\boldsymbol{A}=\begin{pmatrix} 1 & 0 & 0 \\ 0 & 1 & 0 \\ 1 & 1 & 0 \end{pmatrix}.$$

$\boldsymbol{A}$ 的行向量组为$\boldsymbol{\alpha}_1=(1,0,0)$，$\boldsymbol{\alpha}_2=(0,1,0)$，$\boldsymbol{\alpha}_3=(1,1,0)$，因为$\boldsymbol{\alpha}_1+\boldsymbol{\alpha}_2-\boldsymbol{\alpha}_3=\boldsymbol{0}$，所以$\boldsymbol{\alpha}_1,\boldsymbol{\alpha}_2,\boldsymbol{\alpha}_3$ 线性相关，但容易看出$\boldsymbol{\alpha}_1,\boldsymbol{\alpha}_2$ 线性无关，因此，$\mathrm{r}(\boldsymbol{\alpha}_1,\boldsymbol{\alpha}_2,\boldsymbol{\alpha}_3)=2$，即矩阵 $\boldsymbol{A}$ 的行秩为 2.

$\boldsymbol{A}$ 的列向量组为$\boldsymbol{\beta}_1=\begin{pmatrix}1\\0\\1\end{pmatrix}$，$\boldsymbol{\beta}_2=\begin{pmatrix}0\\1\\1\end{pmatrix}$，$\boldsymbol{\beta}_3=\begin{pmatrix}0\\0\\0\end{pmatrix}$，容易看出$\boldsymbol{\beta}_1,\boldsymbol{\beta}_2$ 是$\boldsymbol{\beta}_1,\boldsymbol{\beta}_2,\boldsymbol{\beta}_3$ 的一个极大无关组，所以 $\mathrm{r}(\boldsymbol{\beta}_1,\boldsymbol{\beta}_2,\boldsymbol{\beta}_3)=2$，即 $\boldsymbol{A}$ 的列秩为 2. 在此例中，$\boldsymbol{A}$ 的行秩与列秩相等.

实际上此例的结论具有一般性，即任意一个矩阵 $\boldsymbol{A}$ 的行秩与列秩相等，为了证明这个结论，需要引进如下的新概念.

定义 2.14 设 $\boldsymbol{A}$ 是一个 $m\times n$ 矩阵，在 $\boldsymbol{A}$ 中任取 k 行和 k 列，位于这 k 行和 k 列交叉处的元素组成的 k 阶行列式，称为矩阵 $\boldsymbol{A}$ 的一个 k 阶子式，其中 $k\leqslant\min\{m,n\}$. 特别地，n 阶方阵只有一个 n 阶子式，这个子式称为 $\boldsymbol{A}$ 的行列式，用记号 $|\boldsymbol{A}|$ 表示.

例 2.14 设

$$\boldsymbol{A}=\begin{pmatrix}2 & -1 & 3 & 6\\ 0 & 5 & 1 & 7\\ 0 & 0 & 4 & -2\\ 0 & 0 & 0 & 0\\ 0 & 0 & 0 & 0\end{pmatrix}.$$

取 $\boldsymbol{A}$ 中的第 1,2,3 行，第 1,2,4 列得到 $\boldsymbol{A}$ 的一个三阶子式

$$\begin{vmatrix}2 & -1 & 6\\ 0 & 5 & 7\\ 0 & 0 & -2\end{vmatrix}=-20,$$

取 $\boldsymbol{A}$ 中的第 1,2,3,5 行，第 1,2,3,4 列得到 $\boldsymbol{A}$ 的一个 4 阶子式

$$\begin{vmatrix}2 & -1 & 3 & 6\\ 0 & 5 & 1 & 7\\ 0 & 0 & 4 & -2\\ 0 & 0 & 0 & 0\end{vmatrix}=0.$$

因 $\boldsymbol{A}$ 只有 3 个非零行，所以 $\boldsymbol{A}$ 的任意一个 4 阶子式必定有一行为零，从而 $\boldsymbol{A}$ 的任意一个 4 阶子式都等于零，因此，$\boldsymbol{A}$ 的不为零的子式的最高阶数是 3.

定义 2.15 设 $\boldsymbol{A}$ 为 $m\times n$ 矩阵，$\boldsymbol{A}$ 中不为零的子式的最高阶数 r 称为矩阵 $\boldsymbol{A}$ 的秩，记为秩$(\boldsymbol{A})=r$ 或 $\mathrm{r}(\boldsymbol{A})=r$.

元素全为零的 $m\times n$ 矩阵，称为零矩阵，记为 $\boldsymbol{0}_{m\times n}$ 或 $\boldsymbol{0}$.

规定零矩阵的秩为零.

在例 2.13 中，显然 $\boldsymbol{A}$ 的三阶子式，即 $|\boldsymbol{A}|=0$，而有一个二阶子式 $\begin{vmatrix}1 & 0\\ 0 & 1\end{vmatrix}=1\neq0$，所以 $\mathrm{r}(\boldsymbol{A})=2$，并且它的行秩与列秩相等，都等于 $\mathrm{r}(\boldsymbol{A})$.

在例 2.14 中，$\mathrm{r}(\boldsymbol{A})=3$，并且易证 $\boldsymbol{A}$ 的行秩和列秩都等于 3.

定理 2.12 任一矩阵的行秩与列秩相等，都等于该矩阵的秩 r.

证明 先证明矩阵的列秩等于 r.

设 $\boldsymbol{A}=(a_{ij})_{s\times n}$，$\boldsymbol{A}=\boldsymbol{0}$ 时命题显然成立.

$\boldsymbol{A}\neq\boldsymbol{0}$ 时，设秩$(\boldsymbol{A})=r$，则 $\boldsymbol{A}$ 中存在 r 阶子式非零，而任何 $r+1$ 阶子式均为零. 不妨设 $\boldsymbol{A}$ 的左上角的 r 阶子式

$$\begin{vmatrix} a_{11} & a_{12} & \cdots & a_{1r} \\ a_{21} & a_{22} & \cdots & a_{2r} \\ \vdots & \vdots & & \vdots \\ a_{r1} & a_{r2} & \cdots & a_{rr} \end{vmatrix} \neq 0.$$

由定理 2.3 的推论 2 知，

$$\boldsymbol{\beta}'_1 = \begin{pmatrix} a_{11} \\ a_{21} \\ \vdots \\ a_{r1} \end{pmatrix}, \quad \boldsymbol{\beta}'_2 = \begin{pmatrix} a_{12} \\ a_{22} \\ \vdots \\ a_{r2} \end{pmatrix}, \quad \cdots, \quad \boldsymbol{\beta}'_r = \begin{pmatrix} a_{1r} \\ a_{2r} \\ \vdots \\ a_{rr} \end{pmatrix}$$

是线性无关的.

若 $n=r$,命题成立.若 $n>r$,在 $\boldsymbol{A}$ 的后 $n-r$ 列中任取一列,不妨设取的是第 $r+1$ 列,

则 $\boldsymbol{\beta}'_1,\boldsymbol{\beta}'_2,\cdots,\boldsymbol{\beta}'_r,\boldsymbol{\beta}'_{r+1}=\begin{pmatrix} a_{1,r+1} \\ a_{2,r+1} \\ \vdots \\ a_{r,r+1} \end{pmatrix}$ 线性相关,由定理 2.5 知,$\boldsymbol{\beta}'_{r+1}$ 可由 $\boldsymbol{\beta}'_1,\boldsymbol{\beta}'_2,\cdots,\boldsymbol{\beta}'_r$ 线性表出,且表示法唯一,即

$$\boldsymbol{\beta}'_{r+1} = k_1\boldsymbol{\beta}'_1 + k_2\boldsymbol{\beta}'_2 + \cdots + k_r\boldsymbol{\beta}'_r. \tag{2.29}$$

考虑 $\boldsymbol{A}$ 的前 $r+1$ 列组成的矩阵

$$(\boldsymbol{\beta}_1,\boldsymbol{\beta}_2,\cdots,\boldsymbol{\beta}_{r+1}) = \begin{pmatrix} a_{11} & a_{12} & \cdots & a_{1r} & a_{1,r+1} \\ \vdots & \vdots & & \vdots & \vdots \\ a_{r1} & a_{r2} & \cdots & a_{rr} & a_{r,r+1} \\ \vdots & \vdots & & \vdots & \vdots \\ a_{m1} & a_{m2} & \cdots & a_{mr} & a_{m,r+1} \end{pmatrix},$$

在其中任取一个 $r+1$ 阶矩阵

$$\begin{pmatrix} a_{11} & a_{12} & \cdots & a_{1r} & a_{1,r+1} \\ a_{21} & a_{22} & \cdots & a_{2r} & a_{2,r+1} \\ \vdots & \vdots & & \vdots & \vdots \\ a_{r1} & a_{r2} & \cdots & a_{rr} & a_{r,r+1} \\ a_{t1} & a_{t2} & \cdots & a_{tr} & a_{t,r+1} \end{pmatrix} \quad (t = r+1,\cdots,m).$$

由于由它构成的子式等于零,故

$$\boldsymbol{\beta}''_1 = \begin{pmatrix} a_{11} \\ a_{21} \\ \vdots \\ a_{r1} \\ a_{t1} \end{pmatrix}, \quad \boldsymbol{\beta}''_2 = \begin{pmatrix} a_{12} \\ a_{22} \\ \vdots \\ a_{r2} \\ a_{t2} \end{pmatrix}, \quad \cdots, \quad \boldsymbol{\beta}''_r = \begin{pmatrix} a_{1r} \\ a_{2r} \\ \vdots \\ a_{rr} \\ a_{tr} \end{pmatrix}, \quad \boldsymbol{\beta}''_{r+1} = \begin{pmatrix} a_{1,r+1} \\ a_{2,r+1} \\ \vdots \\ a_{r,r+1} \\ a_{t,r+1} \end{pmatrix}$$

线性相关. 而$\boldsymbol{\beta}''_1,\boldsymbol{\beta}''_2,\cdots,\boldsymbol{\beta}''_r$线性无关，由定理2.5知，有

$$\boldsymbol{\beta}''_{r+1}=l_1\boldsymbol{\beta}''_1+l_2\boldsymbol{\beta}''_2+\cdots+l_r\boldsymbol{\beta}''_r \tag{2.30}$$

且表示法唯一.

由(2.29)式，(2.30)式知，

$$\boldsymbol{\beta}'_{r+1}=k_1\boldsymbol{\beta}'_1+k_2\boldsymbol{\beta}'_2+\cdots+k_r\boldsymbol{\beta}'_r=l_1\boldsymbol{\beta}'_1+l_2\boldsymbol{\beta}'_2+\cdots+l_r\boldsymbol{\beta}'_r,$$

故$k_1=l_1,k_2=l_2,\cdots,k_r=l_r$. 于是对$\boldsymbol{\beta}_{r+1}$中的每个分量有

$$a_{jr+1}=k_1a_{j1}+\cdots+k_ra_{jr},\quad j=1,2,\cdots,m,$$

$$\boldsymbol{\beta}_{r+1}=k_1\boldsymbol{\beta}_1+k_2\boldsymbol{\beta}_2+\cdots+k_r\boldsymbol{\beta}_r,$$

这说明$\boldsymbol{\beta}_1,\boldsymbol{\beta}_2,\cdots,\boldsymbol{\beta}_r$是$\boldsymbol{A}$的列向量组的极大无关组，即列秩$(\boldsymbol{A})=r$.

同理可证，行秩$(\boldsymbol{A})=r$.

2.5.2 矩阵秩的计算

现在我们来讨论矩阵秩的计算，矩阵秩的计算可有两种方法.

方法1 利用定义2.15，求矩阵的不为零的子式的最高阶数，若矩阵中有一个r阶子式不为零，而所有的$r+1$阶子式均为零或不存在，则$\mathrm{r}(\boldsymbol{A})=r$.

例2.15 设$\boldsymbol{A}=\begin{pmatrix}1&2&3&0\\0&1&2&1\\2&4&6&0\end{pmatrix}$，求$\boldsymbol{A}$的秩$\mathrm{r}(\boldsymbol{A})$.

解 $\boldsymbol{A}$中有二阶子式$\begin{vmatrix}1&2\\0&1\end{vmatrix}=1\neq0$，但由于第1行与第3行的元素对应成比例，所以它的任何三阶子行列式均为零，所以$\mathrm{r}(\boldsymbol{A})=2$.

例2.16 设$\boldsymbol{A}=\begin{pmatrix}a_1&a_2&a_3&a_4&a_5\\0&b_2&b_3&b_4&b_5\\0&0&0&c_4&c_5\\0&0&0&0&0\end{pmatrix}$，其中$a_1\neq0,b_2\neq0,c_4\neq0$. 求$\boldsymbol{A}$的秩$\mathrm{r}(\boldsymbol{A})$.

解 因为$\boldsymbol{A}$中只有3个非零行，所以$\boldsymbol{A}$的任意一个4阶子式都有一行为零，于是所有4阶子式均等于零. 而三阶子式

$$\begin{vmatrix}a_1&a_2&a_4\\0&b_2&b_4\\0&0&c_4\end{vmatrix}=a_1b_2c_4\neq0,$$

所以$\mathrm{r}(\boldsymbol{A})=3$.

方法2 利用矩阵的初等变换求矩阵的秩.

例2.16中的矩阵$\boldsymbol{A}$是阶梯形矩阵，从上述计算过程看到，由于$\boldsymbol{A}$有3个非零行，因

此算得 r($\boldsymbol{A}$)=3. 这个规律对任意一个阶梯形矩阵都成立，即阶梯形矩阵的秩等于它的非零行的行数.

这样，是否可以用行(列)初等变换将矩阵化为阶梯形矩阵来求秩呢？

定理 2.13 矩阵的初等变换不改变矩阵的秩.

证明 先证矩阵的行变换不改变其秩. 设

$$\boldsymbol{A}=\begin{pmatrix} a_{11} & a_{12} & \cdots & a_{1n} \\ a_{21} & a_{22} & \cdots & a_{2n} \\ \vdots & \vdots & & \vdots \\ a_{m1} & a_{m2} & \cdots & a_{mn} \end{pmatrix},$$

$\boldsymbol{A}$ 的行向量为

$$\boldsymbol{\alpha}_1,\boldsymbol{\alpha}_2,\cdots,\boldsymbol{\alpha}_m. \tag{2.31}$$

不妨考虑把 $\boldsymbol{A}$ 的第 1 行的 k 倍加到第 2 行上，得到矩阵

$$\boldsymbol{B}=\begin{pmatrix} a_{11} & a_{12} & \cdots & a_{1n} \\ ka_{11}+a_{21} & ka_{12}+a_{22} & \cdots & ka_{1n}+a_{2n} \\ \vdots & \vdots & & \vdots \\ a_{m1} & a_{m2} & \cdots & a_{mn} \end{pmatrix},$$

这里 $\boldsymbol{B}$ 的向量组为

$$\boldsymbol{\alpha}_1,\boldsymbol{\alpha}'_2,\cdots,\boldsymbol{\alpha}_m, \tag{2.32}$$

其中

$$\boldsymbol{\alpha}'_2=(ka_{11}+a_{21},ka_{12}+a_{22},\cdots,ka_{1n}+a_{2n})=k\boldsymbol{\alpha}_1+\boldsymbol{\alpha}_2,$$

显然向量组(2.31)与向量组(2.32)等价，因而它们有相同的秩，即 r($\boldsymbol{A}$)=r($\boldsymbol{B}$).

显然，其他的两种初等行变换也不改变矩阵的秩.

同理可证初等列变换也不改变矩阵的秩.

由定理 2.13，一个矩阵经过初等行(列)变换得到的阶梯形矩阵与原矩阵有相同的秩. 因此，为求矩阵 $\boldsymbol{A}$ 的秩，先将其化为阶梯形矩阵，则秩 r($\boldsymbol{A}$)等于阶梯形矩阵非零行的行数.

例 2.17 设

$$\boldsymbol{A}=\begin{pmatrix} 1 & -1 & 1 & 2 \\ 2 & 3 & 3 & 2 \\ 1 & 1 & 2 & 1 \end{pmatrix},\quad \boldsymbol{B}=\begin{pmatrix} 1 & 3 & -1 & -2 \\ 2 & -1 & 2 & 3 \\ 3 & 2 & 1 & 1 \\ 1 & -4 & 3 & 5 \end{pmatrix},$$

求 r($\boldsymbol{A}$)，r($\boldsymbol{B}$).

解 $A=\begin{pmatrix}1&-1&1&2\\2&3&3&2\\1&1&2&1\end{pmatrix}\to\begin{pmatrix}1&-1&1&2\\0&5&1&-2\\0&2&1&-1\end{pmatrix}\to\begin{pmatrix}1&0&0&0\\0&5&1&-2\\0&2&1&-1\end{pmatrix}$

$$\to\begin{pmatrix}1&0&0&0\\0&5&1&-2\\0&-3&0&1\end{pmatrix}\to\begin{pmatrix}1&0&0&0\\0&0&1&0\\0&-3&0&1\end{pmatrix}\to\begin{pmatrix}1&0&0&0\\0&0&1&0\\0&-3&0&1\end{pmatrix}\to\begin{pmatrix}1&0&0&0\\0&0&1&0\\0&0&0&1\end{pmatrix},$$

所以 $r(\boldsymbol{A})=3$.

$$\boldsymbol{B}=\begin{pmatrix}1&3&-1&-2\\2&-1&2&3\\3&2&1&1\\1&-4&3&5\end{pmatrix}\to\begin{pmatrix}1&3&-1&-2\\0&-7&4&7\\0&-7&4&7\\0&-7&4&7\end{pmatrix}\to\begin{pmatrix}1&3&-1&-2\\0&-7&4&7\\0&0&0&0\\0&0&0&0\end{pmatrix},$$

所以 $r(\boldsymbol{B})=2$.

2.5.3 向量组的秩和极大无关组的求法

定理 2.13 建立了向量组(无论是行向量组还是列向量组)的秩与矩阵的秩之间的联系,即向量组的秩可通过相应的矩阵的秩求得,其通常用的方法是以向量组$\boldsymbol{\alpha}_1,\boldsymbol{\alpha}_2,\cdots,\boldsymbol{\alpha}_m$为矩阵 $\boldsymbol{A}$ 的列或行向量组构成矩阵

$$\boldsymbol{A}=(\boldsymbol{\alpha}_1,\boldsymbol{\alpha}_2,\cdots,\boldsymbol{\alpha}_m)\quad 或\quad \boldsymbol{A}=\begin{pmatrix}\boldsymbol{\alpha}_1\\\boldsymbol{\alpha}_2\\\vdots\\\boldsymbol{\alpha}_m\end{pmatrix},$$

用初等行变换把 $\boldsymbol{A}$ 化为阶梯形矩阵 $\boldsymbol{A}_1$,则

$$r(\boldsymbol{\alpha}_1,\boldsymbol{\alpha}_2,\cdots,\boldsymbol{\alpha}_m)=r(\boldsymbol{A})=\boldsymbol{A}_1\ 的非零行的行数.$$

例 2.18 求下列向量组的秩:

$$\boldsymbol{\alpha}_1=(-1,5,3,-2,1),\quad \boldsymbol{\alpha}_2=(4,1,-2,9,7),$$
$$\boldsymbol{\alpha}_3=(0,3,4,-5,-1),\quad \boldsymbol{\alpha}_4=(2,0,-1,4,3).$$

解 以$\boldsymbol{\alpha}_1,\boldsymbol{\alpha}_2,\boldsymbol{\alpha}_3,\boldsymbol{\alpha}_4$ 为列向量构造矩阵 $\boldsymbol{A}$,用初等行变换把 $\boldsymbol{A}$ 化为阶梯形矩阵,即

$$\boldsymbol{A}=\begin{pmatrix}-1&4&0&2\\5&1&3&0\\3&-2&4&-1\\-2&9&-5&4\\1&7&-1&3\end{pmatrix}\to\begin{pmatrix}-1&4&0&2\\0&1&-5&0\\0&0&54&5\\0&0&0&0\\0&0&0&0\end{pmatrix}.$$

因为 $r(\boldsymbol{A})=3$,所以 $r(\boldsymbol{\alpha}_1,\boldsymbol{\alpha}_2,\boldsymbol{\alpha}_3,\boldsymbol{\alpha}_4)=3$.

请读者以$\boldsymbol{\alpha}_1,\boldsymbol{\alpha}_2,\boldsymbol{\alpha}_3,\boldsymbol{\alpha}_4$为行向量构造矩阵$\boldsymbol{A}$，用初等行变换把$\boldsymbol{A}$化为阶梯形矩阵的解法再解之.

接下来我们给出一个求向量组的极大无关组的方法.

具体做法是：先将向量组作为列向量构成矩阵$\boldsymbol{A}$，然后对$\boldsymbol{A}$实行初等行变换，将其列向量尽可能的化为简单形式，则由简化后的矩阵列之间的线性关系，就可以确定原向量组间的线性关系，从而确定其极大无关组.

例 2.19 求向量组$\boldsymbol{\alpha}_1=(1,-1,2,1,0)$，$\boldsymbol{\alpha}_2=(2,-2,4,-2,0)$，$\boldsymbol{\alpha}_3=(3,0,6,-1,1)$，$\boldsymbol{\alpha}_4=(0,3,0,0,1)$的秩及一个极大无关组，并把其余向量用此极大无关组线性表示.

解 以$\boldsymbol{\alpha}_1,\boldsymbol{\alpha}_2,\boldsymbol{\alpha}_3,\boldsymbol{\alpha}_4$为列向量构造矩阵$\boldsymbol{A}$，用初等行变换把$\boldsymbol{A}$化为简化阶梯形矩阵：

$$\boldsymbol{A}=\begin{pmatrix}1&2&3&0\\-1&-2&0&3\\2&4&6&0\\1&-2&-1&0\\0&0&1&1\end{pmatrix}\to\begin{pmatrix}1&2&3&0\\0&1&1&0\\0&0&1&1\\0&0&0&0\\0&0&0&0\end{pmatrix}\to\begin{pmatrix}1&0&0&-1\\0&1&0&-1\\0&0&1&1\\0&0&0&0\\0&0&0&0\end{pmatrix}$$

$$=(\boldsymbol{\beta}_1,\boldsymbol{\beta}_2,\boldsymbol{\beta}_3,\boldsymbol{\beta}_4).$$

因为$\mathrm{r}(\boldsymbol{A})=3$，所以$\mathrm{r}(\boldsymbol{\alpha}_1,\boldsymbol{\alpha}_2,\boldsymbol{\alpha}_3,\boldsymbol{\alpha}_4)=3$. 又因为$\mathrm{r}(\boldsymbol{\beta}_1,\boldsymbol{\beta}_2,\boldsymbol{\beta}_3)=3$，所以$\boldsymbol{\beta}_1,\boldsymbol{\beta}_2,\boldsymbol{\beta}_3$线性无关且是$\boldsymbol{\beta}_1,\boldsymbol{\beta}_2,\boldsymbol{\beta}_3,\boldsymbol{\beta}_4$的一个极大无关组. 所以，相应地$\boldsymbol{\alpha}_1,\boldsymbol{\alpha}_2,\boldsymbol{\alpha}_3$是$\boldsymbol{\alpha}_1,\boldsymbol{\alpha}_2,\boldsymbol{\alpha}_3,\boldsymbol{\alpha}_4$的极大无关组. 由于$\boldsymbol{\beta}_4=-\boldsymbol{\beta}_1-\boldsymbol{\beta}_2+\boldsymbol{\beta}_3$，相应地有$\boldsymbol{\alpha}_4=-\boldsymbol{\alpha}_1-\boldsymbol{\alpha}_2+\boldsymbol{\alpha}_3$.

习题 2.5

1. 计算下列矩阵的秩：

(1) $\begin{pmatrix}0&1&1&-1&2\\0&2&-2&-2&0\\0&-1&-1&1&1\\1&1&0&1&-1\end{pmatrix}$； (2) $\begin{pmatrix}1&-1&2&1&0\\2&-2&4&-2&0\\3&0&6&-1&1\\0&3&0&0&1\end{pmatrix}$；

(3) $\begin{pmatrix}14&12&6&8&2\\6&104&21&9&17\\7&6&3&4&1\\35&30&15&20&5\end{pmatrix}$； (4) $\begin{pmatrix}1&0&0&1&4\\0&1&0&2&5\\0&0&1&3&6\\1&2&3&14&32\\4&5&6&32&77\end{pmatrix}$；

(5) $\begin{pmatrix} 1 & 0 & 1 & 0 & 0 \\ 1 & 1 & 0 & 0 & 0 \\ 0 & 1 & 1 & 0 & 0 \\ 0 & 0 & 1 & 1 & 0 \\ 0 & 1 & 0 & 1 & 1 \end{pmatrix}$.

2. 求下列向量组的一个极大无关组与秩：

(1) $\boldsymbol{\alpha}_1=\begin{pmatrix}1\\0\\3\end{pmatrix},\boldsymbol{\alpha}_2=\begin{pmatrix}2\\-1\\0\end{pmatrix},\boldsymbol{\alpha}_3=\begin{pmatrix}7\\1\\-4\end{pmatrix},\boldsymbol{\alpha}_4=\begin{pmatrix}8\\-1\\5\end{pmatrix}$；

(2) $\boldsymbol{\alpha}_1=\begin{pmatrix}1\\1\\3\\1\end{pmatrix},\boldsymbol{\alpha}_2=\begin{pmatrix}-1\\1\\-3\\3\end{pmatrix},\boldsymbol{\alpha}_3=\begin{pmatrix}5\\-2\\8\\-9\end{pmatrix},\boldsymbol{\alpha}_4=\begin{pmatrix}-1\\3\\1\\7\end{pmatrix}$；

(3) $\boldsymbol{\alpha}_1=\begin{pmatrix}1\\1\\1\\1\end{pmatrix},\boldsymbol{\alpha}_2=\begin{pmatrix}1\\1\\-1\\-1\end{pmatrix},\boldsymbol{\alpha}_3=\begin{pmatrix}1\\-1\\-1\\1\end{pmatrix},\boldsymbol{\alpha}_4=\begin{pmatrix}-1\\-1\\-1\\1\end{pmatrix}$；

(4) $\boldsymbol{\alpha}_1=\begin{pmatrix}1\\1\\1\\2\end{pmatrix},\boldsymbol{\alpha}_2=\begin{pmatrix}1\\-1\\0\\0\end{pmatrix},\boldsymbol{\alpha}_3=\begin{pmatrix}1\\3\\2\\4\end{pmatrix},\boldsymbol{\alpha}_4=\begin{pmatrix}4\\-2\\1\\2\end{pmatrix},\boldsymbol{\alpha}_5=\begin{pmatrix}-3\\-1\\-2\\-4\end{pmatrix}$.

3. 求下列向量组的一个极大无关组，并将该组中其余某一个向量由此极大无关组线性表示：

(1) $\boldsymbol{\alpha}_1=(1,2,-3),\boldsymbol{\alpha}_2=(2,-1,-1),\boldsymbol{\alpha}_3=(-1,3,-2),\boldsymbol{\alpha}_4=(-3,4,14),\boldsymbol{\alpha}_5=(-2,1,-4)$；

(2) $\boldsymbol{\alpha}_1=(1,1,3,1),\boldsymbol{\alpha}_2=(-1,1,-1,3),\boldsymbol{\alpha}_3=(-1,3,1,7),\boldsymbol{\alpha}_4=(-1,3,1,7)$；

(3) $\boldsymbol{\alpha}_1=(1,1,2,3),\boldsymbol{\alpha}_2=(1,-1,1,1),\boldsymbol{\alpha}_3=(1,3,3,5),\boldsymbol{\alpha}_4=(4,-2,5,6),\boldsymbol{\alpha}_5=(-3,-1,-5,-7)$.

4. 证明：$\boldsymbol{A}$ 的秩为 r 的充要条件是 $\boldsymbol{A}$ 中存在 r 阶子式非零而所有 $r+1$ 阶子式均为零.

2.6 线性方程组解的判定

这一节利用 n 维向量和矩阵秩的概念来讨论线性方程组解的情况.

设线性方程组

$$\begin{cases} a_{11}x_1+a_{12}x_2+\cdots+a_{1n}x_n=b_1, \\ a_{21}x_1+a_{22}x_2+\cdots+a_{2n}x_n=b_2, \\ \qquad\qquad\vdots \\ a_{m1}x_1+a_{m2}x_2+\cdots+a_{mn}x_n=b_m \end{cases} \tag{2.33}$$

的系数矩阵和增广矩阵分别为 $\boldsymbol{A}$ 和 $\overline{\boldsymbol{A}}$，即

$$\boldsymbol{A}=\begin{pmatrix} a_{11} & a_{12} & \cdots & a_{1n} \\ a_{21} & a_{22} & \cdots & a_{2n} \\ \vdots & \vdots & & \vdots \\ a_{m1} & a_{m2} & \cdots & a_{mn} \end{pmatrix}, \quad \overline{\boldsymbol{A}}=\begin{pmatrix} a_{11} & a_{12} & \cdots & a_{1n} & b_1 \\ a_{21} & a_{22} & \cdots & a_{2n} & b_2 \\ \vdots & \vdots & & \vdots & \vdots \\ a_{m1} & a_{m2} & \cdots & a_{mn} & b_m \end{pmatrix}.$$

定理 2.14 线性方程组(2.33)有解的充分必要条件是：系数矩阵的秩与增广矩阵的秩相等，即 $\mathrm{r}(\boldsymbol{A})=\mathrm{r}(\overline{\boldsymbol{A}})$.

证明 必要性：设 $\boldsymbol{\alpha}_i(i=1,2,\cdots,n)$ 表示在各方程中 x_i 的系数所构成的列向量，$\boldsymbol{\beta}$ 表示由各方程的右端项所构成的列向量. 如果线性方程组(2.33)有解，则 $\boldsymbol{\beta}$ 可由 $\boldsymbol{\alpha}_1,\boldsymbol{\alpha}_2,\cdots,\boldsymbol{\alpha}_n$ 线性表出，从而向量组 $\boldsymbol{\alpha}_1,\boldsymbol{\alpha}_2,\cdots,\boldsymbol{\alpha}_n,\boldsymbol{\beta}$ 可由 $\boldsymbol{\alpha}_1,\boldsymbol{\alpha}_2,\cdots,\boldsymbol{\alpha}_n$ 线性表出. 又显然 $\boldsymbol{\alpha}_1,\boldsymbol{\alpha}_2,\cdots,\boldsymbol{\alpha}_n$ 可由 $\boldsymbol{\alpha}_1,\boldsymbol{\alpha}_2,\cdots,\boldsymbol{\alpha}_n,\boldsymbol{\beta}$ 线性表出，于是

$$\{\boldsymbol{\alpha}_1,\boldsymbol{\alpha}_2,\cdots,\boldsymbol{\alpha}_n\}\cong\{\boldsymbol{\alpha}_1,\boldsymbol{\alpha}_2,\cdots,\boldsymbol{\alpha}_n,\boldsymbol{\beta}\}.$$

所以 $\mathrm{r}(\boldsymbol{\alpha}_1,\boldsymbol{\alpha}_2,\cdots,\boldsymbol{\alpha}_n)=\mathrm{r}(\boldsymbol{\alpha}_1,\boldsymbol{\alpha}_2,\cdots,\boldsymbol{\alpha}_n,\boldsymbol{\beta})$，因此 $\mathrm{r}(\boldsymbol{A})=\mathrm{r}(\overline{\boldsymbol{A}})$.

充分性：若 $\mathrm{r}(\boldsymbol{A})=\mathrm{r}(\overline{\boldsymbol{A}})$，则有

$$\mathrm{r}(\boldsymbol{\alpha}_1,\boldsymbol{\alpha}_2,\cdots,\boldsymbol{\alpha}_n)=\mathrm{r}(\boldsymbol{\alpha}_1,\boldsymbol{\alpha}_2,\cdots,\boldsymbol{\alpha}_n,\boldsymbol{\beta}).$$

又向量组 $\boldsymbol{\alpha}_1,\boldsymbol{\alpha}_2,\cdots,\boldsymbol{\alpha}_n$ 可由 $\boldsymbol{\alpha}_1,\boldsymbol{\alpha}_2,\cdots,\boldsymbol{\alpha}_n,\boldsymbol{\beta}$ 线性表出，于是由定理 2.11 知 $\{\boldsymbol{\alpha}_1,\boldsymbol{\alpha}_2,\cdots,\boldsymbol{\alpha}_n\}\cong\{\boldsymbol{\alpha}_1,\boldsymbol{\alpha}_2,\cdots,\boldsymbol{\alpha}_n,\boldsymbol{\beta}\}$，因此 $\boldsymbol{\beta}$ 可由 $\boldsymbol{\alpha}_1,\boldsymbol{\alpha}_2,\cdots,\boldsymbol{\alpha}_n$ 线性表出，这就表明线性方程组(2.33)有解.

此定理与 2.1 节介绍的消元法所得的结果是一致的. 用消元法解线性方程组就是用初等行变换把增广矩阵化为阶梯形矩阵，这个阶梯形矩阵在适当调动前几列的顺序之后可能有两种情形：

$$\begin{pmatrix} c_{11} & c_{12} & \cdots & c_{1r} & \cdots & c_{1n} & d_1 \\ & c_{22} & \cdots & c_{2r} & \cdots & c_{2n} & d_2 \\ & & \ddots & \vdots & & \vdots & \vdots \\ & & & c_{rr} & \cdots & c_{rn} & d_r \\ & & & & & & d_{r+1} \\ & & & & & & 0 \\ & & & & & & \vdots \\ & & & & & & 0 \end{pmatrix} \quad \text{或者} \quad \begin{pmatrix} c_{11} & c_{12} & \cdots & c_{1r} & \cdots & c_{1n} & d_1 \\ & c_{22} & \cdots & c_{2r} & \cdots & c_{2n} & d_2 \\ & & \ddots & \vdots & & \vdots & \vdots \\ & & & c_{rr} & \cdots & c_{rn} & d_r \\ & & & & & & 0 \\ & & & & & & 0 \\ & & & & & & \vdots \\ & & & & & & 0 \end{pmatrix},$$

其中 $c_{ii}\neq 0(i=1,2,\cdots,r)$，$d_{r+1}\neq 0$. 在前一种情形，原线性方程组无解，而后一种情形线性方程组有解. 实际上，把阶梯形矩阵中最后一列去掉，就是系数矩阵经过初等变换所变成的阶梯形矩阵. 所以，当 $d_{r+1}\neq 0$ 时，$\mathrm{r}(\boldsymbol{A})\neq \mathrm{r}(\overline{\boldsymbol{A}})$，线性方程组无解；当 $d_{r+1}=0$ 时，$\mathrm{r}(\boldsymbol{A})=\mathrm{r}(\overline{\boldsymbol{A}})$，线性方程组有解.

例 2.20　判断下面的线性方程组有解还是无解：

$$\begin{cases}x_1-3x_2-6x_3+5x_4=0,\\2x_1+x_2+4x_3-2x_4=1,\\5x_1-x_2+2x_3+x_4=7.\end{cases}$$

解　$$\overline{\boldsymbol{A}}=\begin{pmatrix}1&-3&-6&5&0\\2&1&4&-2&1\\5&-1&2&1&7\end{pmatrix}\to\begin{pmatrix}1&-3&-6&5&0\\0&7&16&-12&1\\0&14&32&-24&7\end{pmatrix}\to\begin{pmatrix}1&-3&-6&5&0\\0&7&16&-12&1\\0&0&0&0&5\end{pmatrix},$$

显然，$\mathrm{r}(\overline{\boldsymbol{A}})=3$，而 $\mathrm{r}(\boldsymbol{A})=2$，所以此线性方程组无解.

下面讨论线性方程组在有解的条件下解的情况.

设线性方程组(2.33)有解，则 $\mathrm{r}(\boldsymbol{A})=\mathrm{r}(\overline{\boldsymbol{A}})=r$，因而 $\boldsymbol{A}$ 必有一个 r 阶子式 $D\neq 0$(当然它也是 $\overline{\boldsymbol{A}}$ 的不为零的 r 阶子式). 为方便叙述起见，不妨设 D 位于 $\boldsymbol{A}$ 的左上角，显然这时 D 所在的行是 $\overline{\boldsymbol{A}}$ 的一个极大无关组，第 $r+1,r+2,\cdots,m$ 行都可由它们线性表出，因此线性方程组(2.33)与

$$\begin{cases}a_{11}x_1+a_{12}x_2+\cdots+a_{1n}x_n=b_1,\\a_{21}x_1+a_{22}x_2+\cdots+a_{2n}x_n=b_2,\\\qquad\vdots\\a_{r1}x_1+a_{r2}x_2+\cdots+a_{rn}x_n=b_r\end{cases}\tag{2.34}$$

同解.

当 $r=n$ 时，由克莱姆法则知，线性方程组(2.34)有唯一解，即线性方程组有唯一解.

当 $r<n$ 时，把线性方程组(2.34)改写为

$$\begin{cases}a_{11}x_1+a_{12}x_2+\cdots+a_{1r}x_r=b_1-a_{1,r+1}x_{r+1}-\cdots-a_{1n}x_n,\\a_{21}x_1+a_{22}x_2+\cdots+a_{2r}x_r=b_2-a_{2,r+2}x_{r+1}-\cdots-a_{2n}x_n,\\\qquad\vdots\\a_{r1}x_1+a_{r2}x_2+\cdots+a_{rr}x_r=b_r-a_{r,r+1}x_{r+1}-\cdots-a_{rn}x_n.\end{cases}\tag{2.35}$$

此线性方程组作为 $x_1,x_2,\cdots,x_r$ 的线性方程组时，其系数行列式正是 D，而 $D\neq 0$，由克莱姆法则知，对于 $x_{r+1},x_{r+2},\cdots,x_n$ 的任意一组值，线性方程组(2.35)都有唯一解，也就是线性方程组(2.33)都有唯一解. $x_{r+1},x_{r+2},\cdots,x_n$ 就是线性方程组(2.33)的一组自由未知量. 对于线性方程组(2.35)，用克莱姆法则，可解出 $x_1,x_2,\cdots,x_r$ 为

$$\begin{cases} x_1 = d'_1 + c'_{1,r+1}x_{r+1} + \cdots + c'_{1n}x_n, \\ x_2 = d'_2 + c'_{2,r+1}x_{r+1} + \cdots + c'_{2n}x_n, \\ \quad \vdots \\ x_r = d'_r + c'_{r,r+1}x_{r+1} + \cdots + c'_{rn}x_n, \end{cases} \tag{2.36}$$

这就是线性方程组(2.33)的一般解.

从上面的讨论可得如下定理.

定理 2.15 当线性方程组有解时，

(1) 若 $\mathrm{r}(\boldsymbol{A})=r=n$,则线性方程组有唯一解；

(2) 若 $\mathrm{r}(\boldsymbol{A})=r<n$,则线性方程组有无穷多解.

例 2.21 求解线性方程组

$$\begin{cases} x_1 - 2x_2 + 3x_3 - x_4 = 1, \\ 3x_1 - 5x_2 + 5x_3 - 3x_4 = 2, \\ 2x_1 - 3x_2 + 2x_3 - 2x_4 = 1. \end{cases}$$

解 对增广矩阵 $\overline{\boldsymbol{A}}$ 作初等行变换化为阶梯形矩阵

$$\overline{\boldsymbol{A}} = \begin{pmatrix} 1 & -2 & 3 & -1 & 1 \\ 3 & -5 & 5 & -3 & 2 \\ 2 & -3 & 2 & -2 & 1 \end{pmatrix} \to \begin{pmatrix} 1 & -2 & 3 & -1 & 1 \\ 0 & 1 & -4 & 0 & -1 \\ 0 & 1 & -4 & 0 & -1 \end{pmatrix}$$

$$\to \begin{pmatrix} 1 & -2 & 3 & -1 & 1 \\ 0 & 1 & -4 & 0 & -1 \\ 0 & 0 & 0 & 0 & 0 \end{pmatrix} \to \begin{pmatrix} 1 & 0 & -5 & -1 & -1 \\ 0 & 1 & -4 & 0 & -1 \\ 0 & 0 & 0 & 0 & 0 \end{pmatrix}.$$

由于 $\mathrm{r}(\overline{\boldsymbol{A}})=\mathrm{r}(\boldsymbol{A})=2<4$,所以此线性方程组有无穷多解,而且此线性方程组的全部解为

$$\begin{cases} x_1 = -1 + 5x_3 + x_4, \\ x_2 = -1 + 4x_4, \end{cases}$$

其中 x_3, x_4 为自由未知量.

对于齐次线性方程组,由于它的系数矩阵 $\boldsymbol{A}$ 与增广矩阵的秩总是相等的,所以齐次线性方程组总是有解的,至少有零解.那么,何时有非零解呢？将定理 2.15 用于齐次线性方程组立即可得到如下推论.

推论 1 齐次线性方程组

$$\begin{cases} a_{11}x_1 + a_{12}x_2 + \cdots + a_{1n}x_n = 0, \\ a_{21}x_1 + a_{22}x_2 + \cdots + a_{2n}x_n = 0, \\ \quad \vdots \\ a_{m1}x_1 + a_{m2}x_2 + \cdots + a_{mn}x_n = 0 \end{cases}$$

有非零解的充分必要条件是：系数矩阵的秩 $\mathrm{r}(\boldsymbol{A})=r<n$.

推论 2 齐次线性方程组

$$\begin{cases}a_{11}x_1+a_{12}x_2+\cdots+a_{1n}x_n=0,\\a_{21}x_1+a_{22}x_2+\cdots+a_{2n}x_n=0,\\\qquad\vdots\\a_{n1}x_1+a_{n2}x_2+\cdots+a_{nn}x_n=0\end{cases}$$

有非零解的充分必要条件是：系数行列式 $D=0$.

例 2.22 当 λ 取何值时，线性方程组

$$\begin{cases}(\lambda+3)x_1+x_2+2x_3=0,\\\lambda x_1+(\lambda-1)x_2+x_3=0,\\3(\lambda+1)x_1+\lambda x_2+(\lambda+3)x_3=0\end{cases}$$

有非零解？并求其一般解.

解 计算线性方程组的系数行列式

$$D=\begin{vmatrix}\lambda+3&1&2\\\lambda&\lambda-1&1\\3(\lambda+1)&\lambda&\lambda+3\end{vmatrix}=\begin{vmatrix}\lambda&1&2\\0&\lambda-1&1\\\lambda&\lambda&\lambda+3\end{vmatrix}$$

$$=\begin{vmatrix}\lambda&1&2\\0&\lambda-1&1\\0&\lambda-1&\lambda+1\end{vmatrix}=\begin{vmatrix}\lambda&1&2\\0&\lambda-1&1\\0&0&\lambda\end{vmatrix}=\lambda^2(\lambda-1).$$

令 $D=0$，知 $\lambda=0$ 或 $\lambda=1$ 时，此线性方程组有非零解.

(1) 当 $\lambda=0$ 时，易求得一般解为

$$\begin{cases}x_1=-x_3,\\x_2=x_3,\end{cases}\quad x_3\text{ 为自由未知量.}$$

(2) 当 $\lambda=1$ 时，易求得一般解为

$$\begin{cases}x_1=-x_3,\\x_2=2x_3,\end{cases}\quad x_3\text{ 为自由未知量.}$$

习题 2.6

1. λ 为何值时，如下线性方程组有解？

$$\begin{cases}2x_1-x_2+x_3+x_4=1,\\x_1+2x_2-x_3+4x_4=2,\\x_1+7x_2-4x_3+11x_4=\lambda.\end{cases}$$

2. 确定 a,b 的值使下列线性方程组有解：

(1) $\begin{cases} x_1+2x_2-2x_3+2x_4=4, \\ x_2-x_3-x_4=1, \\ x_1+x_2-x_3+3x_4=a, \\ x_1-x_2+x_3+5x_4=b; \end{cases}$ (2) $\begin{cases} ax_1+x_2+x_3=4, \\ x_1+bx_2+x_3=3, \\ x_1+3bx_2+x_3=9. \end{cases}$

3. 当 λ 为何值时，下述齐次线性方程组有非零解？并求出它的一般解.

$$\begin{cases} (\lambda-2)x_1-3x_2-2x_3=0, \\ -x_1+(\lambda-8)x_2-2x_3=0, \\ 2x_1+14x_2+(\lambda+3)x_3=0. \end{cases}$$

2.7 线性方程组解的结构

2.6 节解决了线性方程组的解的判定问题，接下来我们进一步讨论解的结构. 已经知道，在线性方程组有解时，解的情况只有两种可能：有唯一解或有无穷多个解. 唯一解的情况下，当然没有什么结构问题. 在有无穷多个解的情况下，需要讨论解与解的关系如何？是否可将全部的解由有限多个解表示出来，这就是所谓的解的结构问题.

2.7.1 齐次线性方程组解的结构

设齐次线性方程组为

$$\begin{cases} a_{11}x_1+a_{12}x_2+\cdots+a_{1n}x_n=0, \\ a_{21}x_1+a_{22}x_2+\cdots+a_{2n}x_n=0, \\ \qquad\vdots \\ a_{m1}x_1+a_{m2}x_2+\cdots+a_{mn}x_n=0. \end{cases} \tag{2.37}$$

我们要研究当齐次线性方程组(2.37)有非零解时，这些非零解之间有什么关系，如何求出全部解？为此，先讨论齐次线性方程组的解的性质. 为了讨论的方便，将齐次线性方程组(2.37)的解

$$x_1=k_1,\quad x_2=k_2,\quad \cdots,\quad x_n=k_n$$

写成行向量的形式$(k_1,k_2,\cdots,k_n)$.

性质 2.3 如果$\boldsymbol{\alpha}=(c_1,c_2,\cdots,c_n)$，$\boldsymbol{\beta}=(d_1,d_2,\cdots,d_n)$是齐次线性方程组(2.37)的两个解，则$\boldsymbol{\alpha}+\boldsymbol{\beta}=(c_1+d_1,c_2+d_2,\cdots,c_n+d_n)$也是此齐次线性方程组的解.

证明 因为$\boldsymbol{\alpha}=(c_1,c_2,\cdots,c_n)$与$\boldsymbol{\beta}=(d_1,d_2,\cdots,d_n)$都是齐次线性方程组(2.37)的解，所以有下列两组等式成立，即

$$a_{i1}c_1+a_{i2}c_2+\cdots+a_{in}c_n=0,\quad i=1,2,\cdots,m,$$
$$a_{i1}d_1+a_{i2}d_2+\cdots+a_{in}d_n=0,\quad i=1,2,\cdots,m.$$

两式相加得

$$a_{i1}(c_1+d_1)+a_{i2}(c_2+d_2)+\cdots+a_{in}(c_n+d_n)=0,\quad i=1,2,\cdots,m,$$

这表明 $c_1+d_1,c_2+d_2,\cdots,c_n+d_n$ 是齐次线性方程组(2.37)的一个解,即$\boldsymbol{\alpha}+\boldsymbol{\beta}$是齐次线性方程组(2.37)的解.

性质 2.4 若$\boldsymbol{\alpha}$是齐次线性方程组(2.37)的解,则 $k\boldsymbol{\alpha}=(kc_1,kc_2,\cdots,kc_n)$也是此齐次线性方程组的解($k$ 是常数).

证明 因$\boldsymbol{\alpha}=(c_1,c_2,\cdots,c_n)$是齐次线性方程组(2.37)的解,所以有

$$a_{i1}c_1+a_{i2}c_2+\cdots+a_{in}c_n=0,\quad i=1,2,\cdots,n,$$

两边同乘以 k,得

$$a_{i1}(kc_1)+a_{i2}(kc_2)+\cdots+a_{in}(kc_n)=0,\quad i=1,2,\cdots,n,$$

这说明$(kc_1,kc_2,\cdots,kc_n)$是齐次线性方程组(2.37)的解.

性质 2.5 如果$\boldsymbol{\alpha}_1,\boldsymbol{\alpha}_2,\cdots,\boldsymbol{\alpha}_s$ 都是齐次线性方程组(2.37)的解,则其线性组合 $k_1\boldsymbol{\alpha}_1+k_2\boldsymbol{\alpha}_2+\cdots+k_s\boldsymbol{\alpha}_s$ 也是此齐次线性方程组的解,其中 $k_1,k_2,\cdots,k_s$ 是任意数.

由性质 2.3 和性质 2.4 立即可以推出性质 2.5.

由此可知,如果一个齐次线性方程组有非零解,则它就有无穷多个解,那么如何把这无穷多个解表示出来呢?也就是齐次线性方程组的全部解能否通过它的有限个解的线性组合表示出来.如将它的每个解看成一个向量(也称解向量),这无穷多个解就构成一个 n 维向量组.若能求出这个向量组的一个极大无关组,就能用它的线性组合来表示它的全部解.这个极大无关组在线性方程组的解的理论中,称为齐次线性方程组的基础解系.

定义 2.16 如果齐次线性方程组(2.37)的有限个解$\boldsymbol{\eta}_1,\boldsymbol{\eta}_2,\cdots,\boldsymbol{\eta}_t$ 满足:

(1) $\boldsymbol{\eta}_1,\boldsymbol{\eta}_2,\cdots,\boldsymbol{\eta}_t$ 线性无关;

(2) 齐次线性方程组(2.37)的任意一个解都可以由$\boldsymbol{\eta}_1,\boldsymbol{\eta}_2,\cdots,\boldsymbol{\eta}_t$ 线性表出.

则称$\boldsymbol{\eta}_1,\boldsymbol{\eta}_2,\cdots,\boldsymbol{\eta}_t$ 是齐次线性方程组(2.37)的一个基础解系.

问题是,任何一个齐次线性方程组是否都有基础解系?如果有的话,如何求出它的基础解系?基础解系中含有多少个解向量?

定理 2.16 如果齐次线性方程组(2.37)有非零解,则它一定有基础解系,并且基础解系含有 $n-r$ 个解向量,其中 n 是未知量的个数,r 是系数矩阵的秩.

证明 因为齐次线性方程组(2.37)有非零解,所以 $\mathrm{r}(\boldsymbol{A})=r<n$,对齐次线性方程组(2.37)的增广矩阵$\overline{\boldsymbol{A}}$施行初等行变换,可以化为如下形式:

$$\begin{pmatrix}
1 & 0 & \cdots & 0 & c_{1,r+1} & \cdots & c_{1n} & 0\\
0 & 1 & \cdots & 0 & c_{2,r+1} & \cdots & c_{2n} & 0\\
\vdots & \vdots & & \vdots & \vdots & & \vdots & \vdots\\
0 & 0 & \cdots & 1 & c_{r,r+1} & \cdots & c_{rn} & 0\\
0 & 0 & \cdots & 0 & 0 & \cdots & 0 & 0\\
\vdots & \vdots & & \vdots & \vdots & & \vdots & \vdots\\
0 & 0 & \cdots & 0 & 0 & \cdots & 0 & 0
\end{pmatrix},$$

即齐次线性方程组(2.37)与下面的线性方程组同解：

$$\begin{cases} x_1 = -c_{1,r+1}x_{r+1} - c_{1,r+2}x_{r+2} - \cdots - c_{1n}x_n, \\ x_2 = -c_{2,r+1}x_{r+1} - c_{2,r+2}x_{r+2} - \cdots - c_{2n}x_n, \\ \qquad\vdots \\ x_r = -c_{r,r+1}x_{r+1} - c_{r,r+2}x_{r+2} - \cdots - c_{rn}x_n, \end{cases}$$

其中 $x_{r+1},x_{r+2},\cdots,x_n$ 为自由未知量. 对这 $n-r$ 个自由未知量分别取

$$\begin{pmatrix} 1 \\ 0 \\ \vdots \\ 0 \end{pmatrix}, \quad \begin{pmatrix} 0 \\ 1 \\ \vdots \\ 0 \end{pmatrix}, \quad \cdots, \quad \begin{pmatrix} 0 \\ 0 \\ \vdots \\ 1 \end{pmatrix},$$

可得齐次线性方程组(2.37)的 $n-r$ 个解：

$$\boldsymbol{\eta}_1 = \begin{pmatrix} -c_{1,r+1} \\ -c_{2,r+1} \\ \vdots \\ -c_{r,r+1} \\ 1 \\ 0 \\ \vdots \\ 0 \end{pmatrix}, \quad \boldsymbol{\eta}_2 = \begin{pmatrix} -c_{1,r+2} \\ -c_{2,r+2} \\ \vdots \\ -c_{r,r+2} \\ 0 \\ 1 \\ \vdots \\ 0 \end{pmatrix}, \quad \cdots, \quad \boldsymbol{\eta}_{n-r} = \begin{pmatrix} -c_{1n} \\ -c_{2n} \\ \vdots \\ -c_{rn} \\ 0 \\ 0 \\ \vdots \\ 1 \end{pmatrix}.$$

现在来证明 $\boldsymbol{\eta}_1,\boldsymbol{\eta}_2,\cdots,\boldsymbol{\eta}_{n-r}$ 就是齐次线性方程组(2.37)的一个基础解系.

首先证明 $\boldsymbol{\eta}_1,\boldsymbol{\eta}_2,\cdots,\boldsymbol{\eta}_{n-r}$ 线性无关. 以解向量 $\boldsymbol{\eta}_1,\boldsymbol{\eta}_2,\cdots,\boldsymbol{\eta}_{n-r}$ 为列构成矩阵

$$\begin{pmatrix} -c_{1,r+1} & -c_{1,r+2} & \cdots & -c_{1n} \\ -c_{2,r+1} & -c_{2,r+2} & \cdots & -c_{2n} \\ \vdots & \vdots & & \vdots \\ -c_{r,r+1} & -c_{r,r+2} & \cdots & -c_{rn} \\ 1 & 0 & \cdots & 0 \\ 0 & 1 & \cdots & 0 \\ \vdots & \vdots & & \vdots \\ 0 & 0 & \cdots & 1 \end{pmatrix},$$

它有 $n-r$ 阶子式

$$\begin{vmatrix} 1 & 0 & 0 & \cdots & 0 \\ 0 & 1 & 0 & \cdots & 0 \\ 0 & 0 & 1 & \cdots & 0 \\ \vdots & \vdots & \vdots & & \vdots \\ 0 & 0 & 0 & \cdots & 1 \end{vmatrix} = 1 \neq 0,$$

即 $\mathrm{r}(\boldsymbol{\eta}_1,\boldsymbol{\eta}_2,\cdots,\boldsymbol{\eta}_{n-r})=n-r$，所以$\boldsymbol{\eta}_1,\boldsymbol{\eta}_2,\cdots,\boldsymbol{\eta}_{n-r}$线性无关.

其次证明齐次线性方程组(2.37)的任意一个解$\boldsymbol{\eta}=\begin{pmatrix}k_1\\k_2\\\vdots\\k_n\end{pmatrix}$是$\boldsymbol{\eta}_1,\boldsymbol{\eta}_2,\cdots,\boldsymbol{\eta}_{n-r}$的线性组合.由于

$$\begin{cases}k_1=-c_{1,r+1}k_{r+1}-c_{1,r+2}k_{r+2}-\cdots-c_{1n}k_n,\\k_2=-c_{2,r+1}k_{r+1}-c_{2,r+2}k_{r+2}-\cdots-c_{2n}k_n,\\\qquad\vdots\\k_r=-c_{r,r+1}k_{r+1}-c_{r,r+2}k_{r+2}-\cdots-c_{rn}k_n,\end{cases}$$

所以

$$\boldsymbol{\eta}=\begin{pmatrix}k_1\\k_2\\\vdots\\k_r\\k_{r+1}\\k_{r+2}\\\vdots\\k_n\end{pmatrix}=\begin{pmatrix}-c_{1,r+1}k_{r+1} & -c_{1,r+2}k_{r+2} & \cdots & -c_{1n}k_n\\-c_{2,r+1}k_{r+1} & -c_{2,r+2}k_{r+2} & \cdots & -c_{2n}k_n\\\vdots & \vdots & & \vdots\\-c_{r,r+1}k_{r+1} & -c_{r,r+2}k_{r+2} & \cdots & -c_{rn}k_n\\k_{r+1} & 0 & \cdots & 0\\0 & k_{r+2} & \cdots & 0\\\vdots & \vdots & & \vdots\\0 & 0 & \cdots & k_n\end{pmatrix}$$

$$=k_{r+1}\begin{pmatrix}-c_{1,r+1}\\-c_{2,r+1}\\\vdots\\-c_{r,r+1}\\1\\0\\\vdots\\0\end{pmatrix}+k_{r+2}\begin{pmatrix}-c_{1,r+2}\\-c_{2,r+2}\\\vdots\\-c_{r,r+2}\\1\\1\\\vdots\\0\end{pmatrix}+\cdots+k_n\begin{pmatrix}-c_{1n}\\-c_{2n}\\\vdots\\-c_{rn}\\0\\0\\\vdots\\1\end{pmatrix}=k_{r+1}\boldsymbol{\eta}_1+k_{r+2}\boldsymbol{\eta}_2+\cdots+k_n\boldsymbol{\eta}_{n-r},$$

即$\boldsymbol{\eta}$是$\boldsymbol{\eta}_1,\boldsymbol{\eta}_2,\cdots,\boldsymbol{\eta}_{n-r}$的线性组合.

这就说明$\boldsymbol{\eta}_1,\boldsymbol{\eta}_2,\cdots,\boldsymbol{\eta}_{n-r}$是齐次线性方程组(2.37)的一个基础解系.因此，齐次线性方程组(2.37)的全部解为 $k_1\boldsymbol{\eta}_1+k_2\boldsymbol{\eta}_2+\cdots+k_{n-r}\boldsymbol{\eta}_{n-r}$.

定理的证明过程实际上指出了求齐次线性方程组基础解系的具体方法.

由于自由未知量 $x_{r+1},x_{r+2},\cdots,x_n$ 可以任意取值，故基础解系不是唯一的，但两个基础解系所含向量的个数都是 $n-r$ 个.可以证明：齐次线性方程组(2.37)的任意 $n-r$ 个

线性无关的解向量均可以构成它的一个基础解系.

例 2.23 求如下齐次线性方程组的基础解系：

$$\begin{cases} x_1 + 2x_2 - 3x_3 - x_4 = 0, \\ 2x_1 + 3x_2 + x_3 + 3x_4 = 0, \\ -x_1 - 2x_2 + 4x_3 - 5x_4 = 0, \\ 2x_1 + 3x_2 + 2x_3 - 3x_4 = 0. \end{cases}$$

解 对增广矩阵 $\overline{\mathbf{A}}$ 施行如下初等变换：

$$\overline{\mathbf{A}} = \begin{pmatrix} 1 & 2 & -3 & -1 & 0 \\ 2 & 3 & 1 & 3 & 0 \\ -1 & -2 & 4 & -5 & 0 \\ 2 & 3 & 2 & -3 & 0 \end{pmatrix} \to \begin{pmatrix} 1 & 2 & -3 & -1 & 0 \\ 0 & -1 & 7 & 5 & 0 \\ 0 & 0 & 1 & -6 & 0 \\ 0 & -1 & 8 & -1 & 0 \end{pmatrix}$$

$$\to \begin{pmatrix} 1 & 2 & -3 & -1 & 0 \\ 0 & -1 & 7 & 5 & 0 \\ 0 & 0 & 1 & -6 & 0 \\ 0 & 0 & 1 & -6 & 0 \end{pmatrix} \to \begin{pmatrix} 1 & 0 & 0 & 75 & 0 \\ 0 & -1 & 0 & 47 & 0 \\ 0 & 0 & 1 & -6 & 0 \\ 0 & 0 & 0 & 0 & 0 \end{pmatrix}.$$

因为 $\mathrm{r}(\overline{\mathbf{A}})=3<4$，因此，原齐次线性方程组有无穷多个解. 由 $n-r=1$ 知，基础解系中仅含一个解. 所以此齐次线性方程组的一般解为

$$\begin{cases} x_1 = 75x_4, \\ x_2 = 47x_4, \\ x_3 = 6x_4, \end{cases} \quad \text{其中 } x_4 \text{ 为自由未知量.}$$

取自由未知量 $x_4=1$，得到此齐次线性方程组的解 $\boldsymbol{\eta}_1 = \begin{pmatrix} -75 \\ 47 \\ 6 \\ 1 \end{pmatrix}$，$\boldsymbol{\eta}_1$ 就是原齐次线性方程组的一个基础解系. 因此，此齐次线性方程组的全部解为

$$\boldsymbol{\eta} = k_1\boldsymbol{\eta}_1 = k_1 \begin{pmatrix} -75 \\ 47 \\ 6 \\ 1 \end{pmatrix}, \quad \text{其中 } k_1 \text{ 为任意数.}$$

例 2.24 求齐次线性方程组

$$\begin{cases} x_1 - x_2 - x_3 + x_4 = 0, \\ x_1 - x_2 + x_3 - 3x_4 = 0, \\ x_1 - x_2 - 2x_3 + 3x_4 = 0 \end{cases}$$

的全部解.

解　对系数矩阵 $\boldsymbol{A}$ 作初等变换使其化为阶梯形矩阵:

$$\boldsymbol{A}=\begin{pmatrix}1&-1&-1&1\\1&-1&1&-3\\1&-1&-2&3\end{pmatrix}\rightarrow\begin{pmatrix}1&-1&-1&1\\0&0&2&-4\\0&0&-1&2\end{pmatrix}$$

$$\rightarrow\begin{pmatrix}1&-1&-1&1\\0&0&1&-2\\0&0&0&0\end{pmatrix}\rightarrow\begin{pmatrix}1&-1&0&-1\\0&0&1&-2\\0&0&0&0\end{pmatrix}.$$

因为 $\mathrm{r}(\boldsymbol{A})=2<4$,所以此齐次线性方程组有无穷多解.由 $n-r=2$ 知,基础解系中含有两个解.所以此齐次线性方程组的一般解为

$$\begin{cases}x_1=x_2+x_4,\\x_3=2x_4.\end{cases}$$

取 x_2,x_4 为自由未知量,令

$$\begin{pmatrix}x_2\\x_4\end{pmatrix}=\begin{pmatrix}1\\0\end{pmatrix}\quad 或\quad\begin{pmatrix}0\\1\end{pmatrix},$$

解出 $\begin{pmatrix}x_1\\x_3\end{pmatrix}=\begin{pmatrix}1\\0\end{pmatrix}$或$\begin{pmatrix}1\\2\end{pmatrix}$,则

$$\boldsymbol{\eta}_1=\begin{pmatrix}1\\1\\0\\0\end{pmatrix},\quad\boldsymbol{\eta}_2=\begin{pmatrix}1\\0\\2\\1\end{pmatrix}$$

为原齐次线性方程组的一个基础解系.齐次线性方程组的全部解为

$$\boldsymbol{x}=k_1\boldsymbol{\eta}_1+k_2\boldsymbol{\eta}_2,\quad 其中\ k_1,k_2\ 为任意数.$$

2.7.2　非齐次线性方程组的解的结构

下面讨论当非齐次线性方程组有无穷多解时,解的结构问题.

设非齐次线性方程组为

$$\begin{cases}a_{11}x_1+a_{12}x_2+\cdots+a_{1n}x_n=b_1,\\a_{21}x_1+a_{22}x_2+\cdots+a_{2n}x_n=b_2,\\\qquad\vdots\\a_{m1}x_1+a_{m2}x_2+\cdots+a_{mn}x_n=b_m.\end{cases}\tag{2.38}$$

当它的常数项都等于零时,就得到前面介绍过的齐次线性方程组(2.37),即

$$\begin{cases} a_{11}x_1 + a_{12}x_2 + \cdots + a_{1n}x_n = 0, \\ a_{21}x_1 + a_{22}x_2 + \cdots + a_{2n}x_n = 0, \\ \qquad\vdots \\ a_{m1}x_1 + a_{m2}x_2 + \cdots + a_{mn}x_n = 0. \end{cases}$$

齐次线性方程组(2.37)称为线性方程组(2.38)的导出组.

非齐次线性方程组(2.38)的解与其导出组(2.37)的解之间有如下关系.

性质 2.6 非齐次线性方程组(2.38)的任意两个解的差是它的导出组(2.37)的一个解.

证明 设$\boldsymbol{\alpha}=(c_1,c_2,\cdots,c_n)$,$\boldsymbol{\beta}=(d_1,d_2,\cdots,d_n)$为线性方程组(2.38)的两个解,分别代入线性方程组(2.38)得

$$a_{i1}c_1 + a_{i2}c_2 + \cdots + a_{in}c_n = b_i,\quad i = 1,2,\cdots,m,$$
$$a_{i1}d_1 + a_{i2}d_2 + \cdots + a_{in}d_n = b_i,\quad i = 1,2,\cdots,m.$$

两式相减得

$$a_{i1}(c_1-d_1) + a_{i2}(c_2-d_2) + \cdots + a_{in}(c_n-d_n) = 0,\quad i = 1,2,\cdots,m,$$

这表明$c_1-d_1,c_2-d_2,\cdots,c_n-d_n$是齐次线性方程组(2.37)的一个解,即$\boldsymbol{\alpha}-\boldsymbol{\beta}$是齐次线性方程组(2.37)的解.

性质 2.7 非齐次线性方程组(2.38)的一个解与它的导出组(2.37)的一个解的和是非齐次线性方程组(2.38)的一个解.

证明方法与性质 2.6 的证明方法相同.

由性质 2.6 和性质 2.7 可得定理如下.

定理 2.17 设$\boldsymbol{\gamma}_0$是非齐次线性方程组(2.38)的一个解,$\boldsymbol{\eta}$是其导出组(2.37)的全部解,则$\boldsymbol{\gamma}=\boldsymbol{\gamma}_0+\boldsymbol{\eta}$是此非齐次线性方程组的全部解.

证明 由非齐次线性方程组解的性质 2.7 可知,$\boldsymbol{\gamma}=\boldsymbol{\gamma}_0+\boldsymbol{\eta}$是线性方程组(2.38)的解.

下面证明线性方程组(2.38)的任意一个解$\boldsymbol{\gamma}^*$都可以表示成$\boldsymbol{\gamma}_0+\boldsymbol{\eta}_0$,其中$\boldsymbol{\eta}_0$是其导出组(2.37)的某一个解.

因为$\boldsymbol{\gamma}^*$,$\boldsymbol{\gamma}_0$都是非齐次线性方程组(2.38)的解,由非齐次线性方程组的解的性质 2.6 可知,$\boldsymbol{\gamma}^*-\boldsymbol{\gamma}_0$是其导出组(2.37)的解.令

$$\boldsymbol{\eta}_0 = \boldsymbol{\gamma}^* - \boldsymbol{\gamma}_0,$$

则$\boldsymbol{\eta}_0$是其导出组(2.37)的某一个解,且$\boldsymbol{\gamma}^*=\boldsymbol{\gamma}_0+\boldsymbol{\eta}_0$,因$\boldsymbol{\eta}$是齐次线性方程组(2.37)的全部解,所以非齐次线性方程组(2.38)的任意一个解都包含在$\boldsymbol{\gamma}=\boldsymbol{\gamma}_0+\boldsymbol{\eta}$中,这就证明了

$$\boldsymbol{\gamma} = \boldsymbol{\gamma}_0 + \boldsymbol{\eta}$$

是非齐次线性方程组(2.38)的全部解.

由此定理可知,如果非齐次线性方程组有解,则只需求出它的一个解(特解)$\boldsymbol{\gamma}_0$,并求

出其导出组的基础解系$\boldsymbol{\eta}_1,\boldsymbol{\eta}_2,\cdots,\boldsymbol{\eta}_{n-r}$,则非齐次线性方程组的全部解可表示为

$$\boldsymbol{\eta}_0=\boldsymbol{\gamma}_0+k_1\boldsymbol{\eta}_1+k_2\boldsymbol{\eta}_2+\cdots+k_{n-r}\boldsymbol{\eta}_{n-r},$$

其中$k_1,k_2,\cdots,k_{n-r}$为任意数.

如果非齐次线性方程组的导出组仅有零解,则该非齐次线性方程组只有唯一解,如果其导出组有无穷多解,则它也有无穷多解.

例 2.25 求如下线性方程组的全部解:

$$\begin{cases}x_1+5x_2-x_3-x_4=-1,\\x_1-2x_2+x_3+3x_4=3,\\3x_1+8x_2-x_3+x_4=1,\\x_1-9x_2+3x_3+7x_4=7.\end{cases}$$

解 对此线性方程组的增广矩阵$\overline{\boldsymbol{A}}$施行初等行变换,有

$$\overline{\boldsymbol{A}}=\begin{pmatrix}1&5&-1&-1&-1\\1&-2&1&3&3\\3&8&-1&1&1\\1&-9&3&7&7\end{pmatrix}\to\begin{pmatrix}1&5&-1&-1&-1\\0&-7&2&4&4\\0&-7&2&4&4\\0&-14&4&8&8\end{pmatrix}$$

$$\to\begin{pmatrix}1&5&-1&-1&-1\\0&-7&2&4&4\\0&0&0&0&0\\0&0&0&0&0\end{pmatrix}\to\begin{pmatrix}1&0&\frac{3}{7}&\frac{13}{7}&\frac{13}{7}\\0&-7&2&4&4\\0&0&0&0&0\\0&0&0&0&0\end{pmatrix}$$

$$\to\begin{pmatrix}1&0&\frac{3}{7}&\frac{13}{7}&\frac{13}{7}\\0&1&-\frac{2}{7}&-\frac{4}{7}&-\frac{4}{7}\\0&0&0&0&0\\0&0&0&0&0\end{pmatrix},$$

所以原线性方程组的一般解为

$$\begin{cases}x_1=\frac{13}{7}-\frac{3}{7}x_3-\frac{13}{7}x_4,\\x_2=-\frac{4}{7}+\frac{2}{7}x_3+\frac{4}{7}x_4,\end{cases}\quad\text{其中 }x_3,x_4\text{ 为自由未知量.}$$

让自由未知量$\begin{pmatrix}x_3\\x_4\end{pmatrix}$取值$\begin{pmatrix}0\\0\end{pmatrix}$,得此线性方程组的一个解为

$$\boldsymbol{\gamma}_0 = \begin{pmatrix} \frac{13}{7} \\ -\frac{4}{7} \\ 0 \\ 0 \end{pmatrix}.$$

原线性方程组的导出组的一般解为

$$\begin{cases} x_1 = -\frac{3}{7}x_3 - \frac{13}{7}x_4, \\ x_2 = \frac{2}{7}x_3 + \frac{4}{7}x_4, \end{cases} \quad \text{其中 } x_3, x_4 \text{ 为自由未知量.}$$

让自由未知量 $\begin{pmatrix} x_3 \\ x_4 \end{pmatrix}$ 取值 $\begin{pmatrix} 1 \\ 0 \end{pmatrix}, \begin{pmatrix} 0 \\ 1 \end{pmatrix}$，即得导出组的基础解系

$$\boldsymbol{\eta}_1 = \begin{pmatrix} -\frac{3}{7} \\ \frac{2}{7} \\ 1 \\ 0 \end{pmatrix}, \quad \boldsymbol{\eta}_2 = \begin{pmatrix} -\frac{13}{7} \\ \frac{4}{7} \\ 0 \\ 1 \end{pmatrix}.$$

因此所给线性方程组的全部解为

$$\boldsymbol{\gamma} = \boldsymbol{\gamma}_0 + k_1\boldsymbol{\eta}_1 + k_2\boldsymbol{\eta}_2 = \begin{pmatrix} \frac{13}{7} \\ -\frac{4}{7} \\ 0 \\ 0 \end{pmatrix} + k_1 \begin{pmatrix} -\frac{3}{7} \\ \frac{2}{7} \\ 1 \\ 0 \end{pmatrix} + k_2 \begin{pmatrix} -\frac{13}{7} \\ \frac{4}{7} \\ 0 \\ 1 \end{pmatrix},$$

其中 k_1, k_2 为任意常数.

例 2.26 试问 λ 取何值时，线性方程组

$$\begin{cases} x_1 \qquad\quad + x_3 = \lambda, \\ 4x_1 + x_2 + 2x_3 = \lambda + 2, \\ 6x_1 + x_2 + 4x_3 = 2\lambda + 3 \end{cases}$$

有解，并求其全部解.

解 对增广矩阵 $\overline{\boldsymbol{A}}$ 施行初等行变换化为阶梯形矩阵

$$\overline{\boldsymbol{A}} = \begin{pmatrix} 1 & 0 & 1 & \lambda \\ 4 & 1 & 2 & \lambda+2 \\ 6 & 1 & 4 & 2\lambda+3 \end{pmatrix} \to \begin{pmatrix} 1 & 0 & 1 & \lambda \\ 0 & 1 & -2 & 2-3\lambda \\ 0 & 1 & -2 & 3-4\lambda \end{pmatrix} \to \begin{pmatrix} 1 & 0 & 1 & \lambda \\ 0 & 1 & -2 & 2-3\lambda \\ 0 & 0 & 0 & 1-\lambda \end{pmatrix}.$$

当 $\lambda=1$ 时，$\mathrm{r}(\overline{\boldsymbol{A}})=\mathrm{r}(\boldsymbol{A})=2$，此线性方程组有解. 这时原线性方程组为

$$\begin{cases}x_1 \quad\quad + x_3 = 1,\\ 4x_1+x_2+2x_3=3,\\ 6x_1+x_2+4x_3=5.\end{cases} \tag{2.39}$$

线性方程组(2.39)的一般解为

$$\begin{cases}x_1=1-x_3,\\ x_2=-1+2x_3,\end{cases} \quad x_3 \text{ 为自由未知量}.$$

令 $x_3=0$，解出 $\begin{pmatrix}x_1\\x_2\end{pmatrix}=\begin{pmatrix}1\\-1\end{pmatrix}$. 向量 $\boldsymbol{\gamma}_0=\begin{pmatrix}1\\-1\\0\end{pmatrix}$ 为线性方程组(2.39)的一个解. 对应的齐次线性方程组的一般解为

$$\begin{cases}x_1=-x_3,\\ x_2=2x_3.\end{cases}$$

令 $x_3=1$，解出 $\begin{pmatrix}x_1\\x_2\end{pmatrix}=\begin{pmatrix}-1\\2\end{pmatrix}$，则向量 $\boldsymbol{\eta}=\begin{pmatrix}-1\\2\\1\end{pmatrix}$ 为线性方程组(2.39)对应的齐次线性方程组的一个基础解系. 原线性方程组的全部解为

$$\boldsymbol{\gamma}=\boldsymbol{\gamma}_0+k\boldsymbol{\eta}, \quad \text{其中 } k \text{ 为任意常数}.$$

习题 2.7

1. 求下列线性方程组的一个基础解系：

(1) $\begin{cases}2x_1+x_2-2x_3+x_4=0,\\ x_1-2x_2+4x_3-7x_4=0,\\ 3x_1-x_2+2x_3-7x_4=0;\end{cases}$

(2) $\begin{cases}x_1-2x_2+x_3-x_4+x_5=0,\\ 2x_1+x_2-x_3+2x_4-3x_5=0,\\ x_1-2x_2-x_3+x_4-2x_5=0,\\ 2x_1-5x_2+x_3-2x_4+2x_5=0;\end{cases}$

(3) $\begin{cases}x_1-2x_2+x_3+x_4-x_5=0,\\ x_1-x_2-x_3-x_4+x_5=0,\\ x_1+7x_2-5x_3-5x_4+5x_5=0,\\ 3x_1-x_2-3x_3+x_4-x_5=0.\end{cases}$

2. 已知矩阵

$$\begin{pmatrix}1 & -2 & 1 & 0 & 0\\ 1 & -2 & 0 & 1 & 0\\ 0 & 0 & 1 & -1 & 0\\ 1 & -2 & 3 & -2 & 0\end{pmatrix}$$

的各行向量都是齐次线性方程组

$$\begin{cases} x_1+x_2+x_3+x_4+x_5=0, \\ 3x_1+2x_2+x_3+x_4-3x_5=0, \\ x_2+2x_3+2x_4+6x_5=0, \\ 5x_1+4x_2+3x_3+3x_4-x_5=0 \end{cases}$$

的解向量，问这 4 个行向量能否构成基础解系？假如不能，这 4 个行向量是多了还是少了. 假如多了，如何去掉？假如少了又如何补充？

3. 求下列线性方程组的全部解：

(1) $\begin{cases} 2x_1+x_2-x_3=1, \\ x_1-3x_2+4x_3=2, \\ 11x_1-12x_2+17x_3=3; \end{cases}$ (2) $\begin{cases} 2x_1+7x_2+3x_3+x_4=6, \\ 3x_1+5x_2+2x_3+2x_4=4, \\ 9x_1+4x_2+x_3+7x_4=2; \end{cases}$

(3) $x_1-4x_2+2x_3-3x_4+6x_5=4$.

4. 求线性方程组

$$\begin{cases} (\lambda+3)x_1+x_2+2x_3=\lambda, \\ \lambda x_1+(\lambda-1)x_2+x_3=\lambda, \\ 3(\lambda+1)x_1+\lambda x_2+(\lambda+3)x_3=3 \end{cases}$$

有解、无解、有唯一解时 λ 取的值.

5. 试证线性方程组

$$\begin{cases} x_1-x_2=a_1, \\ x_2-x_3=a_2, \\ x_3-x_4=a_3, \\ x_4-x_5=a_4, \\ x_5-x_1=a_5 \end{cases}$$

有解的充要条件是 $\sum_{i=1}^{5} a_i=0$，并且在有解的情况下，求出它的一般解.

第 2 章补充题

1. 设 $\boldsymbol{\alpha}_i=(a_{i1},a_{i2},\cdots,a_{in})(i=1,2,\cdots,n)$. 证明：$|a_{ij}|\neq 0$ 的充要条件是 $\boldsymbol{\alpha}_1,\boldsymbol{\alpha}_2,\cdots,\boldsymbol{\alpha}_n$ 线性无关.

2. 设 $t_1,t_2,\cdots,t_r$ 是互不相同的数，$r\leqslant n$，证明：$\boldsymbol{a}_i=(1,t_i,\cdots,t_i^{n-1})(i=1,2,\cdots,r)$ 是线性无关的.

3. 如果向量 $\boldsymbol{\beta}$ 可以经过向量组 $\boldsymbol{\alpha}_1,\boldsymbol{\alpha}_2,\cdots,\boldsymbol{\alpha}_n$ 线性表出，证明：表示法唯一的充分必要条件是 $\boldsymbol{\alpha}_1,\boldsymbol{\alpha}_2,\cdots,\boldsymbol{\alpha}_n$ 线性无关.

4. 设齐次线性方程组

$$\begin{cases} a_{11}x_1 + a_{12}x_2 + \cdots + a_{1n}x_n = 0, \\ a_{21}x_1 + a_{22}x_2 + \cdots + a_{2n}x_n = 0, \\ \qquad\qquad \vdots \\ a_{s1}x_1 + a_{s2}x_2 + \cdots + a_{sn}x_n = 0 \end{cases}$$

的系数矩阵的秩为 r,证明:此线性方程组的任意 $n-r$ 个线性无关的解都是它的一个基础解系.

5. 设齐次线性方程组

$$\begin{cases} a_{11}x_1 + a_{12}x_2 + \cdots + a_{1n}x_n = 0, \\ a_{21}x_1 + a_{22}x_2 + \cdots + a_{2n}x_n = 0, \\ \qquad\qquad \vdots \\ a_{n1}x_1 + a_{n2}x_2 + \cdots + a_{nn}x_n = 0 \end{cases}$$

的系数行列式等于 0,而其中 a_{kl} 的代数余子式 $A_{kl} \neq 0$. 求证:

$$\boldsymbol{\eta}_1 = (A_{k1}, A_{k2}, \cdots, A_{kn})$$

是此线性方程组的一个基础解系.

6. 试问 λ, μ 取何值时,线性方程组

$$\begin{cases} x_1 + x_2 + x_3 + x_4 = 0, \\ x_1 + x_2 + \lambda x_3 + x_4 = 0, \\ x_1 + \lambda x_2 + x_3 + x_4 = 0, \\ \lambda x_1 + x_2 + x_3 + x_4 = \mu \end{cases}$$

有唯一解、无穷多解、无解?在有无穷多解时,求出其全部解.

7. 已知线性方程组

$$\begin{cases} a_{11}x_1 + a_{12}x_2 + \cdots + a_{1n}x_n = b_1, \\ a_{21}x_1 + a_{22}x_2 + \cdots + a_{2n}x_n = b_2, \\ \qquad\qquad \vdots \\ a_{n1}x_1 + a_{n2}x_2 + \cdots + a_{nn}x_n = b_n \end{cases}$$

的系数矩阵 $\mathbf{A}$ 的秩等于矩阵

$$\begin{pmatrix} a_{11} & a_{12} & \cdots & a_{1n} & b_1 \\ \vdots & \vdots & & \vdots & \vdots \\ a_{n1} & a_{n2} & \cdots & a_{nn} & b_n \\ b_1 & b_2 & \cdots & b_n & 0 \end{pmatrix}$$

的秩,求证此线性方程组有解.

8. 设 $\boldsymbol{\alpha}_1 = (1, -1, 2, 4)$, $\boldsymbol{\alpha}_2 = (0, 3, 1, 2)$, $\boldsymbol{\alpha}_3 = (3, 0, 7, 14)$, $\boldsymbol{\alpha}_4 = (1, -1, 2, 0)$, $\boldsymbol{\alpha}_5 =$

(2,1,5,6).

(1) 证明：$\boldsymbol{\alpha}_1,\boldsymbol{\alpha}_2$ 线性无关；

(2) 把$\boldsymbol{\alpha}_1,\boldsymbol{\alpha}_2$ 扩充成一个极大无关组.

9. 设$\boldsymbol{\eta}_0$ 是线性方程组的一个解，$\boldsymbol{\eta}_1,\boldsymbol{\eta}_2,\cdots,\boldsymbol{\eta}_t$ 是它的导出方程组的一个基础解系，令

$$\boldsymbol{\gamma}_1=\boldsymbol{\eta}_0,\quad \boldsymbol{\gamma}_2=\boldsymbol{\eta}_1+\boldsymbol{\eta}_0,\quad \cdots,\quad \boldsymbol{\gamma}_{t+1}=\boldsymbol{\eta}_t+\boldsymbol{\eta}_0,$$

证明：线性方程组的任一个解$\boldsymbol{\gamma}$都可表示成

$$\boldsymbol{\gamma}=u_1\boldsymbol{\gamma}_1+u_2\boldsymbol{\gamma}_2+\cdots+u_{t+1}\boldsymbol{\gamma}_{t+1},$$

其中 $u_1+u_2+\cdots+u_{t+1}=1$.

*10. 设$\boldsymbol{\alpha}_1,\boldsymbol{\alpha}_2,\cdots,\boldsymbol{\alpha}_s$ 线性无关，而

$$\begin{aligned}\boldsymbol{\beta}_1&=a_{11}\alpha_1+a_{12}\alpha_2+\cdots+a_{1s}\alpha_s,\\ \boldsymbol{\beta}_2&=a_{21}\alpha_1+a_{22}\alpha_2+\cdots+a_{2s}\alpha_s,\\ &\vdots\\ \boldsymbol{\beta}_s&=a_{s1}\alpha_1+a_{s2}\alpha_2+\cdots+a_{ss}\alpha_s.\end{aligned}$$

证明：$\boldsymbol{\beta}_1,\boldsymbol{\beta}_2,\cdots,\boldsymbol{\beta}_s$ 线性无关的充分必要条件是

$$\begin{vmatrix}a_{11}&a_{12}&\cdots&a_{1s}\\ a_{21}&a_{22}&\cdots&a_{2s}\\ \vdots&\vdots&&\vdots\\ a_{s1}&a_{s2}&\cdots&a_{ss}\end{vmatrix}\neq 0.$$

*11. 试证：若两个向量组有相同的秩，并且其中一个向量组可以由另一个向量组线性表出，则这两个向量组等价.

第 3 章

矩　阵

在讨论线性方程组时，我们已经看到矩阵所起的作用.线性方程组的一些重要性质都反映在它的系数矩阵和增广矩阵上，所以我们可以通过矩阵来求解线性方程组，通过矩阵来判断解的情况等.但是矩阵的应用不仅限于线性方程组，而是多方面的.因此矩阵已成为线性代数的主要研究对象之一.

本章我们讨论矩阵的运算及性质，主要是下面的 3 个问题：

(1) 矩阵的加法、乘法和数量乘法等运算以及它们的基本性质；

(2) 逆矩阵存在的充分必要条件及其求法；

(3) 某些重要的特殊矩阵.

3.1 矩阵的概念

在 2.1 节中已给出了矩阵的定义，即由数域 P 中的 $m\times n$ 个数 a_{ij} $(i=1,2,\cdots,m;$ $j=1,2,\cdots,n)$ 排成一个 m 行、n 列的表

$$\begin{pmatrix} a_{11} & a_{12} & \cdots & a_{1n} \\ a_{21} & a_{22} & \cdots & a_{2n} \\ \vdots & \vdots & & \vdots \\ a_{m1} & a_{m2} & \cdots & a_{mn} \end{pmatrix}$$

称为数域 P 上的一个 $m\times n$ 矩阵. a_{ij} 称为第 i 行第 j 列的元素.

矩阵是从许多实际问题中抽象出来的一个数学概念.除了我们所熟知的线性方程组的系数及常数项可用矩阵来表示外，在一些经济活动中，也常常用到矩阵.

例 3.1 某种物资有 3 个产地、4 个销地，调配方案如下表所示：

调运量表　　　　单位：kt

产地＼销地	甲	乙	丙	丁
Ⅰ	1	2	3	4
Ⅱ	3	1	2	0
Ⅲ	4	5	1	2

则表中的数据可构成一个3行4列的矩阵

$$\begin{pmatrix} 1 & 2 & 3 & 4 \\ 3 & 1 & 2 & 0 \\ 4 & 5 & 1 & 2 \end{pmatrix},$$

矩阵中每一个数据(元素)都表示从某个产地运往某个销地的物资的吨数.

以后我们用字母 $\boldsymbol{A},\boldsymbol{B},\boldsymbol{C}$ 等表示矩阵,有时为了表明 $\boldsymbol{A}$ 的行数和列数,可记为 $\boldsymbol{A}_{m\times n}$ 或 $(a_{ij})_{m\times n}$. 为了表明 $\boldsymbol{A}$ 中的元素,可简记为 $\boldsymbol{A}=(a_{ij})$.

当 $m=n$ 时,矩阵

$$\boldsymbol{A}=(a_{ij})_{n\times n}=\begin{pmatrix} a_{11} & a_{12} & \cdots & a_{1n} \\ a_{21} & a_{22} & \cdots & a_{2n} \\ \vdots & \vdots & & \vdots \\ a_{n1} & a_{n2} & \cdots & a_{nn} \end{pmatrix}$$

称为 n 阶矩阵或 n 阶方阵.

当 $m=1$ 时,矩阵 $\boldsymbol{A}=(a_{ij})_{1\times n}=(a_{11},a_{12},\cdots,a_{1n})$(或$(a_{11}\ \ a_{12}\ \ \cdots\ \ a_{1n})$)称为行矩阵.

当 $n=1$ 时,矩阵 $\boldsymbol{A}=(a_{ij})_{m\times 1}=\begin{pmatrix} a_{11} \\ a_{21} \\ \vdots \\ a_{m1} \end{pmatrix}$ 称为列矩阵.

当矩阵中所有元素都是零时,称该矩阵为零矩阵,记作 $\boldsymbol{0}$ 或 $\boldsymbol{0}_{m\times n}$,即

$$\boldsymbol{0}=\begin{pmatrix} 0 & 0 & \cdots & 0 \\ 0 & 0 & \cdots & 0 \\ \vdots & \vdots & & \vdots \\ 0 & 0 & \cdots & 0 \end{pmatrix}_{m\times n}.$$

当 n 阶矩阵的主对角线上的元素 $a_{ii}(i=1,2,\cdots,n)$ 都是1,而其他元素都是零时,称此 n 阶矩阵为单位矩阵,记为 $\boldsymbol{E}$ 或 $\boldsymbol{E}_n$,即

$$\boldsymbol{E}=\begin{pmatrix} 1 & 0 & \cdots & 0 \\ 0 & 1 & \cdots & 0 \\ \vdots & \vdots & & \vdots \\ 0 & 0 & \cdots & 1 \end{pmatrix}.$$

对于矩阵 $\boldsymbol{A}=(a_{ij})_{m\times n}$,称 $(-a_{ij})_{m\times n}$ 为 $\boldsymbol{A}$ 的负矩阵,记为 $-\boldsymbol{A}$,即

$$-\boldsymbol{A}=\begin{pmatrix} -a_{11} & -a_{12} & \cdots & -a_{1n} \\ -a_{21} & -a_{22} & \cdots & -a_{2n} \\ \vdots & \vdots & & \vdots \\ -a_{m1} & -a_{m2} & \cdots & -a_{mn} \end{pmatrix}.$$

注 矩阵和行列式虽然在形式上有些类似,但它们是两个完全不同的概念.一方面行列式的值是一个数,而矩阵只是一个数表;另一方面行列式的行数与列数必须相等,而矩阵的行数与列数可以不等.

定义 3.1 设 $\boldsymbol{A}=(a_{ij})$,$\boldsymbol{B}=(b_{ij})$都是 $m\times n$ 矩阵,若它们的对应元素相等,即

$$a_{ij}=b_{ij},\quad i=1,2,\cdots,m;\ j=1,2,\cdots,n,$$

则称矩阵 $\boldsymbol{A}$ 与 $\boldsymbol{B}$ 相等,记为 $\boldsymbol{A}=\boldsymbol{B}$.

例如,由

$$\begin{pmatrix} 4 & x & 3 \\ -1 & 0 & y \end{pmatrix}=\begin{pmatrix} 4 & 5 & 3 \\ z & 0 & 6 \end{pmatrix},$$

立即可得 $x=5,y=6,z=-1$.

习题 3.1

1. n 阶矩阵与 n 阶行列式有什么区别?
2. 试确定 a,b,c 的值,使得

$$\begin{bmatrix} 2 & -1 & 0 \\ a+b & 3 & 5 \\ 1 & 0 & a \end{bmatrix}=\begin{bmatrix} c & -1 & 0 \\ -2 & 3 & 5 \\ 1 & 0 & 6 \end{bmatrix}.$$

3.2 矩阵的运算

矩阵的运算可以认为是矩阵之间最基本的关系.下面介绍矩阵的加法、乘法、矩阵与数的乘法和矩阵的转置.

3.2.1 矩阵的加法

定义 3.2 设

$$\boldsymbol{A}=\begin{bmatrix} a_{11} & a_{12} & \cdots & a_{1n} \\ a_{21} & a_{22} & \cdots & a_{2n} \\ \vdots & \vdots & & \vdots \\ a_{m1} & a_{m2} & \cdots & a_{mn} \end{bmatrix},\quad \boldsymbol{B}=\begin{bmatrix} b_{11} & b_{12} & \cdots & b_{1n} \\ b_{21} & b_{22} & \cdots & b_{2n} \\ \vdots & \vdots & & \vdots \\ b_{m1} & b_{m2} & \cdots & b_{mn} \end{bmatrix}$$

是两个 $m\times n$ 矩阵,则矩阵

$$\boldsymbol{C}=\begin{bmatrix} c_{11} & c_{12} & \cdots & c_{1n} \\ c_{21} & c_{22} & \cdots & c_{2n} \\ \vdots & \vdots & & \vdots \\ c_{m1} & c_{m2} & \cdots & c_{mn} \end{bmatrix}=\begin{bmatrix} a_{11}+b_{11} & a_{12}+b_{12} & \cdots & a_{1n}+b_{1n} \\ a_{21}+b_{21} & a_{22}+b_{22} & \cdots & a_{2n}+b_{2n} \\ \vdots & \vdots & & \vdots \\ a_{m1}+b_{m1} & a_{m2}+b_{m2} & \cdots & a_{mn}+b_{mn} \end{bmatrix}$$

称为 $\boldsymbol{A}$ 与 $\boldsymbol{B}$ 的和，记为 $\boldsymbol{C}=\boldsymbol{A}+\boldsymbol{B}$.

注 相加的两个矩阵必须具有相同的行数和列数.

例 3.2 某种物资(单位：kt)从两个产地运往三个销地，两次调运方案分别用矩阵 $\boldsymbol{A}$ 和矩阵 $\boldsymbol{B}$ 表示：

$$\boldsymbol{A}=\begin{pmatrix}2&1&4\\0&3&3\end{pmatrix},\quad \boldsymbol{B}=\begin{pmatrix}3&3&1\\4&0&3\end{pmatrix},$$

则从各产地运往各销地两次的物资调运总量为

$$\boldsymbol{A}+\boldsymbol{B}=\begin{pmatrix}2&1&4\\0&3&3\end{pmatrix}+\begin{pmatrix}3&3&1\\4&0&3\end{pmatrix}=\begin{pmatrix}2+3&1+3&4+1\\0+4&3+0&3+3\end{pmatrix}=\begin{pmatrix}5&4&5\\4&3&6\end{pmatrix}.$$

由于矩阵的加法归结为对应元素相加，也就是数的加法，因此容易验证，矩阵的加法具有以下性质.

设 $\boldsymbol{A},\boldsymbol{B},\boldsymbol{C}$ 均为 $m\times n$ 矩阵，则有：

(1) $\boldsymbol{A}+\boldsymbol{B}=\boldsymbol{B}+\boldsymbol{A}$;

(2) $(\boldsymbol{A}+\boldsymbol{B})+\boldsymbol{C}=\boldsymbol{A}+(\boldsymbol{B}+\boldsymbol{C})$;

(3) $\boldsymbol{A}+\boldsymbol{0}=\boldsymbol{A}$;

(4) $\boldsymbol{A}+(-\boldsymbol{A})=\boldsymbol{0}$.

由矩阵的加法和负矩阵的定义，可以定义矩阵的减法为

$$\boldsymbol{A}-\boldsymbol{B}=\boldsymbol{A}+(-\boldsymbol{B}).$$

3.2.2 矩阵的数量乘法

定义 3.3 设有矩阵

$$\boldsymbol{A}=(a_{ij})_{m\times n}=\begin{bmatrix}a_{11}&a_{12}&\cdots&a_{1n}\\a_{21}&a_{22}&\cdots&a_{2n}\\\vdots&\vdots&&\vdots\\a_{m1}&a_{m2}&\cdots&a_{mn}\end{bmatrix},$$

k 是数域 P 中任一个数，则矩阵

$$(ka_{ij})_{m\times n}=\begin{bmatrix}ka_{11}&ka_{12}&\cdots&ka_{1n}\\ka_{21}&ka_{22}&\cdots&ka_{2n}\\\vdots&\vdots&&\vdots\\ka_{m1}&ka_{m2}&\cdots&ka_{mn}\end{bmatrix}$$

称为数 k 与矩阵 $\boldsymbol{A}=(a_{ij})_{m\times n}$ 的数量乘积，记为 $k\boldsymbol{A}$.

注 用数乘一个矩阵，就是把矩阵的每个元素都乘上 k，而不是用 k 乘矩阵的某一行(列).

不难验证,矩阵的数量乘法具有以下性质.

设 $\boldsymbol{A},\boldsymbol{B}$ 都是 $m\times n$ 矩阵,k,l 为数域 P 中的任意数,则有:

(1) $k(\boldsymbol{A}+\boldsymbol{B})=k\boldsymbol{A}+k\boldsymbol{B}$;

(2) $(k+l)\boldsymbol{A}=k\boldsymbol{A}+l\boldsymbol{A}$;

(3) $(kl)\boldsymbol{A}=k(l\boldsymbol{A})=l(k\boldsymbol{A})$;

(4) $1\boldsymbol{A}=\boldsymbol{A},0\boldsymbol{A}=\boldsymbol{0}$.

例 3.3 求矩阵 $\boldsymbol{X}$,使 $2\boldsymbol{A}+3\boldsymbol{X}=2\boldsymbol{B}$,其中

$$\boldsymbol{A}=\begin{pmatrix}2&0&5\\-6&1&0\end{pmatrix},\quad \boldsymbol{B}=\begin{pmatrix}1&3&-1\\0&-2&1\end{pmatrix}.$$

解 由 $2\boldsymbol{A}+3\boldsymbol{X}=2\boldsymbol{B}$ 得

$$3\boldsymbol{X}=2\boldsymbol{B}-2\boldsymbol{A}=2(\boldsymbol{B}-\boldsymbol{A}),$$

于是 $\boldsymbol{X}=\dfrac{2}{3}(\boldsymbol{B}-\boldsymbol{A})$,即

$$\boldsymbol{X}=\frac{2}{3}\left[\begin{pmatrix}1&3&-1\\0&-2&1\end{pmatrix}-\begin{pmatrix}2&0&5\\-6&1&0\end{pmatrix}\right]=\begin{pmatrix}-\dfrac{2}{3}&2&-4\\4&-2&\dfrac{2}{3}\end{pmatrix}.$$

3.2.3 矩阵的乘法

矩阵乘法的定义最初是在研究线性变换时提出来的,为了更好地理解这个定义,我们先看一个例子.

例 3.4 设 y_1,y_2 和 x_1,x_2,x_3 是两组变量,它们之间的关系是

$$\begin{cases}y_1=a_{11}x_1+a_{12}x_2+a_{13}x_3,\\y_2=a_{21}x_1+a_{22}x_2+a_{23}x_3.\end{cases}\tag{3.1}$$

又 t_1,t_2 是第三组变量,它们与 x_1,x_2,x_3 的关系是

$$\begin{cases}x_1=b_{11}t_1+b_{12}t_2,\\x_2=b_{21}t_1+b_{22}t_2,\\x_3=b_{31}t_1+b_{32}t_2.\end{cases}\tag{3.2}$$

我们想用 t_1,t_2 线性地表示出 y_1,y_2,即

$$\begin{cases}y_1=c_{11}t_1+c_{12}t_2,\\y_2=c_{21}t_1+c_{22}t_2,\end{cases}\tag{3.3}$$

则要求出这组系数 $c_{11},c_{12},c_{21},c_{22}$.

事实上,将(3.2)式代入(3.1)式,有

$$y_1 = a_{11}(b_{11}t_1 + b_{12}t_2) + a_{12}(b_{21}t_1 + b_{22}t_2) + a_{13}(b_{31}t_1 + b_{32}t_2)$$
$$= (a_{11}b_{11} + a_{12}b_{21} + a_{13}b_{31})t_1 + (a_{11}b_{12} + a_{12}b_{22} + a_{13}b_{32})t_2,$$
$$y_2 = a_{21}(b_{11}t_1 + b_{12}t_2) + a_{22}(b_{21}t_1 + b_{22}t_2) + a_{23}(b_{31}t_1 + b_{32}t_2)$$
$$= (a_{21}b_{11} + a_{22}b_{21} + a_{23}b_{31})t_1 + (a_{21}b_{12} + a_{22}b_{22} + a_{23}b_{32})t_2,$$

与(3.3)式对照,得

$$\begin{cases} c_{11} = a_{11}b_{11} + a_{12}b_{21} + a_{13}b_{31}, \\ c_{12} = a_{11}b_{12} + a_{12}b_{22} + a_{13}b_{32}, \\ c_{21} = a_{21}b_{11} + a_{22}b_{21} + a_{23}b_{31}, \\ c_{22} = a_{21}b_{12} + a_{22}b_{22} + a_{23}b_{32}. \end{cases}$$

如果用矩阵 A,B,C 分别表示关系式(3.1),(3.2),(3.3)的系数矩阵,即

$$A = \begin{pmatrix} a_{11} & a_{12} & a_{13} \\ a_{21} & a_{22} & a_{23} \end{pmatrix}, \quad B = \begin{pmatrix} b_{11} & b_{12} \\ b_{21} & b_{22} \\ b_{31} & b_{32} \end{pmatrix},$$

$$C = \begin{pmatrix} c_{11} & c_{12} \\ c_{21} & c_{22} \end{pmatrix} = \begin{pmatrix} a_{11}b_{11} + a_{12}b_{21} + a_{13}b_{31} & a_{11}b_{12} + a_{12}b_{22} + a_{13}b_{32} \\ a_{21}b_{11} + a_{22}b_{21} + a_{23}b_{31} & a_{21}b_{12} + a_{22}b_{22} + a_{23}b_{32} \end{pmatrix},$$

我们称 C 是 A 与 B 的乘积,即

$$A_{2\times 3}\, B_{3\times 2} = C_{2\times 2} = (c_{ij})_{2\times 2},$$

其中元素 c_{ij} 等于 A 中的第 i 行的元素与 B 中第 j 列的对应元素的乘积之和.

例 3.5 某地区有四个工厂Ⅰ,Ⅱ,Ⅲ,Ⅳ,生产甲、乙、丙三种产品,矩阵 A 表示一年内各工厂生产各种产品的数量,矩阵 B 表示各种产品的单位价格(元)及单位利润(元),矩阵 C 表示各工厂的总收入及总利润,则

$$A = \begin{pmatrix} a_{11} & a_{12} & a_{13} \\ a_{21} & a_{22} & a_{23} \\ a_{31} & a_{32} & a_{33} \\ a_{41} & a_{42} & a_{43} \end{pmatrix} \begin{matrix} Ⅰ \\ Ⅱ \\ Ⅲ \\ Ⅳ \end{matrix}, \quad B = \begin{pmatrix} b_{11} & b_{12} \\ b_{21} & b_{22} \\ b_{31} & b_{32} \end{pmatrix} \begin{matrix} 甲 \\ 乙 \\ 丙 \end{matrix}, \quad C = \begin{pmatrix} c_{11} & c_{12} \\ c_{21} & c_{22} \\ c_{31} & c_{32} \\ c_{41} & c_{42} \end{pmatrix} \begin{matrix} Ⅰ \\ Ⅱ \\ Ⅲ \\ Ⅳ \end{matrix},$$

甲 乙 丙　　　　单位 单位　　　　总收入 总利润
　　　　　　　　价格 利润

其中 $a_{ik}(i=1,2,3,4;k=1,2,3)$ 是第 i 个工厂生产第 k 种产品的数量,b_{k1},b_{k2} 分别表示第 k 种产品的单位价格及单位利润,c_{i1} 及 c_{i2} 分别是第 i 工厂生产三种产品的总收入及总利润.

如果称矩阵 C 是 A,B 的乘积,从经济意义上讲是极为自然的,并且有关系式

$$\begin{pmatrix} a_{11} & a_{12} & a_{13} \\ a_{21} & a_{22} & a_{23} \\ a_{31} & a_{32} & a_{33} \\ a_{41} & a_{42} & a_{43} \end{pmatrix}_{4\times 3} \begin{pmatrix} b_{11} & b_{12} \\ b_{21} & b_{22} \\ b_{31} & b_{32} \end{pmatrix}_{3\times 2}$$

$$=\begin{pmatrix} a_{11}b_{11}+a_{12}b_{21}+a_{13}b_{31} & a_{11}b_{12}+a_{12}b_{22}+a_{13}b_{32} \\ a_{21}b_{11}+a_{22}b_{21}+a_{23}b_{31} & a_{21}b_{12}+a_{22}b_{22}+a_{23}b_{32} \\ a_{31}b_{11}+a_{32}b_{21}+a_{33}b_{31} & a_{31}b_{12}+a_{32}b_{22}+a_{33}b_{32} \\ a_{41}b_{11}+a_{42}b_{21}+a_{43}b_{31} & a_{41}b_{12}+a_{42}b_{22}+a_{43}b_{32} \end{pmatrix}_{4\times 2}=\begin{pmatrix} c_{11} & c_{12} \\ c_{21} & c_{22} \\ c_{31} & c_{32} \\ c_{41} & c_{42} \end{pmatrix}_{4\times 2},$$

其中矩阵 $\boldsymbol{C}$ 的元素 c_{ij} 等于 $\boldsymbol{A}$ 的第 i 行的元素与 $\boldsymbol{B}$ 的第 j 列的元素的乘积之和.

于是引进矩阵乘积的定义.

定义 3.4 设矩阵 $\boldsymbol{A}=(a_{ik})_{m\times s}$,$\boldsymbol{B}=(b_{kj})_{s\times n}$,则由元素

$$c_{ij}=a_{i1}b_{1j}+a_{i2}b_{2j}+\cdots+a_{is}b_{sj},\quad i=1,2,\cdots,m;\ j=1,2,\cdots,n$$

构成的 $m\times n$ 矩阵 $\boldsymbol{C}=(c_{ij})_{m\times n}$ 称为矩阵 $\boldsymbol{A}$ 与 $\boldsymbol{B}$ 的乘积,记为 $\boldsymbol{C}=\boldsymbol{AB}$.

从这个定义我们可看出,矩阵乘法有以下3个特点:

(1) 左矩阵 $\boldsymbol{A}$ 的列数必须等于右矩阵 $\boldsymbol{B}$ 的行数,矩阵 $\boldsymbol{A}$ 与 $\boldsymbol{B}$ 才可以相乘,即 $\boldsymbol{AB}$ 才有意义;否则 $\boldsymbol{AB}$ 没有意义.

(2) 矩阵 $\boldsymbol{A}$ 与 $\boldsymbol{B}$ 的乘积 $\boldsymbol{C}$ 的第 i 行第 j 列的元素等于左矩阵 $\boldsymbol{A}$ 的第 i 行与右矩阵 $\boldsymbol{B}$ 的第 j 列的对应元素的乘积之和($i=1,2,\cdots,m$; $j=1,2,\cdots,n$).

(3) 在上述条件下,矩阵 $\boldsymbol{A}_{m\times s}$ 与 $\boldsymbol{B}_{s\times m}$ 相乘所得的矩阵 $\boldsymbol{C}$ 的行数等于左矩阵 $\boldsymbol{A}$ 的行数 m,列数等于右矩阵 $\boldsymbol{B}$ 的列数 n,即 $\boldsymbol{A}_{m\times s}\boldsymbol{B}_{s\times n}=\boldsymbol{C}_{m\times n}$.

例 3.6 设 $\boldsymbol{A}=\begin{pmatrix}1 & 2 & 0\\ 2 & 1 & 3\end{pmatrix}$,$\boldsymbol{B}=\begin{pmatrix}2 & 3 & 0\\ 1 & -2 & -1\\ 3 & 1 & 1\end{pmatrix}$,求 $\boldsymbol{AB}$.

解 因为 $\boldsymbol{A}$ 的列数与 $\boldsymbol{B}$ 的行数均为3,所以 $\boldsymbol{AB}$ 有意义,且 $\boldsymbol{AB}$ 为 2×3 矩阵.

$$\boldsymbol{AB}=\begin{pmatrix}1 & 2 & 0\\ 2 & 1 & 3\end{pmatrix}\begin{pmatrix}2 & 3 & 0\\ 1 & -2 & -1\\ 3 & 1 & 1\end{pmatrix}$$

$$=\begin{pmatrix}1\times2+2\times1+0\times3 & 1\times3+2\times(-2)+0\times1 & 1\times0+2\times(-1)+0\times1\\ 2\times2+1\times1+3\times3 & 2\times3+1\times(-2)+3\times1 & 2\times0+1\times(-1)+3\times1\end{pmatrix}$$

$$=\begin{pmatrix}4 & -1 & -2\\ 14 & 7 & 2\end{pmatrix}.$$

如果将矩阵 $\boldsymbol{B}$ 作为左矩阵,$\boldsymbol{A}$ 作为右矩阵相乘,则没有意义,即 $\boldsymbol{BA}$ 没意义,因为 $\boldsymbol{B}$ 的列数为3,而 $\boldsymbol{A}$ 的行数为2.

此例说明 $\boldsymbol{AB}$ 有意义,但 $\boldsymbol{BA}$ 不一定有意义.

例 3.7 设 $\boldsymbol{A}=\begin{pmatrix}a_1\\ a_2\\ \vdots\\ a_n\end{pmatrix}_{n\times 1}$, $\boldsymbol{B}=(b_1,b_2,\cdots,b_n)_{1\times n}$,求 $\boldsymbol{AB}$ 和 $\boldsymbol{BA}$.

解

$$\boldsymbol{AB}=\begin{pmatrix}a_1\\a_2\\\vdots\\a_n\end{pmatrix}(b_1,b_2,\cdots,b_n)=\begin{pmatrix}a_1b_1&a_1b_2&\cdots&a_1b_n\\a_2b_1&a_2b_2&\cdots&a_2b_n\\\vdots&\vdots&&\vdots\\a_nb_1&a_nb_2&\cdots&a_nb_n\end{pmatrix}_{n\times n},$$

$$\boldsymbol{BA}=(b_1,b_2,\cdots,b_n)\begin{pmatrix}a_1\\a_2\\\vdots\\a_n\end{pmatrix}=(b_1a_1+b_2a_2+\cdots+b_na_n)=b_1a_1+b_2a_2+\cdots+b_na_n.$$

注 在运算结果中,我们可以将一阶矩阵看成一个数.此例说明,即使 $\boldsymbol{AB}$ 和 $\boldsymbol{BA}$ 都有意义,$\boldsymbol{AB}$ 和 $\boldsymbol{BA}$ 的行数及列数也不一定相同.

例 3.8 设 $\boldsymbol{A}=\begin{pmatrix}1&1\\-1&-1\end{pmatrix}$,$\boldsymbol{B}=\begin{pmatrix}1&-1\\-1&1\end{pmatrix}$,求 $\boldsymbol{AB}$ 和 $\boldsymbol{BA}$.

解 $\boldsymbol{AB}=\begin{pmatrix}1&1\\-1&-1\end{pmatrix}\begin{pmatrix}1&-1\\-1&1\end{pmatrix}=\begin{pmatrix}0&0\\0&0\end{pmatrix}$,

$\boldsymbol{BA}=\begin{pmatrix}1&-1\\-1&1\end{pmatrix}\begin{pmatrix}1&1\\-1&-1\end{pmatrix}=\begin{pmatrix}2&2\\-2&-2\end{pmatrix}$.

此例说明,即使 $\boldsymbol{AB}$ 和 $\boldsymbol{BA}$ 都有意义且它们的行列数相同,$\boldsymbol{AB}$ 与 $\boldsymbol{BA}$ 也不相等.另外此例还说明两个非零矩阵的乘积可以是零矩阵.

例 3.9 设 $\boldsymbol{A}=\begin{pmatrix}3&1\\4&6\end{pmatrix}$,$\boldsymbol{B}=\begin{pmatrix}2&1\\4&6\end{pmatrix}$,$\boldsymbol{C}=\begin{pmatrix}0&0\\1&1\end{pmatrix}$,求 $\boldsymbol{AC}$ 和 $\boldsymbol{BC}$.

解 $\boldsymbol{AC}=\begin{pmatrix}3&1\\4&6\end{pmatrix}\begin{pmatrix}0&0\\1&1\end{pmatrix}=\begin{pmatrix}1&1\\6&6\end{pmatrix}$, $\boldsymbol{BC}=\begin{pmatrix}2&1\\4&6\end{pmatrix}\begin{pmatrix}0&0\\1&1\end{pmatrix}=\begin{pmatrix}1&1\\6&6\end{pmatrix}$.

此例说明,由 $\boldsymbol{AC}=\boldsymbol{BC}$,$\boldsymbol{C}\neq\boldsymbol{0}$,一般不能推出 $\boldsymbol{A}=\boldsymbol{B}$.

以上几个例子说明了数的乘法运算律不一定都适合矩阵的乘法.对矩阵乘法请注意下述问题:

(1) 矩阵乘法不满足交换律.一般来讲 $\boldsymbol{AB}\neq\boldsymbol{BA}$.

(2) 矩阵乘法不满足消去律.一般来说,当 $\boldsymbol{AB}=\boldsymbol{AC}$ 或 $\boldsymbol{BA}=\boldsymbol{CA}$ 且 $\boldsymbol{A}\neq\boldsymbol{0}$ 时,不一定有 $\boldsymbol{B}=\boldsymbol{C}$.

(3) 两个非零矩阵的乘积,可能是零矩阵.因此,一般不能由 $\boldsymbol{AB}=\boldsymbol{0}$ 推出 $\boldsymbol{A}=\boldsymbol{0}$或 $\boldsymbol{B}=\boldsymbol{0}$.

若矩阵 $\boldsymbol{A}$ 与 $\boldsymbol{B}$ 满足 $\boldsymbol{AB}=\boldsymbol{BA}$,则称 $\boldsymbol{A}$ 与 $\boldsymbol{B}$ 可交换.

根据矩阵乘法定义,还可以直接验证下列性质(假定这些矩阵可以进行有关运算):

(1) 结合律:$(\boldsymbol{AB})\boldsymbol{C}=\boldsymbol{A}(\boldsymbol{BC})$.

(2) 分配律:$\boldsymbol{A}(\boldsymbol{B}+\boldsymbol{C})=\boldsymbol{AB}+\boldsymbol{BC}$,$(\boldsymbol{A}+\boldsymbol{B})\boldsymbol{C}=\boldsymbol{AC}+\boldsymbol{BC}$.

(3) 对任意数 k，有 $k(\boldsymbol{AB})=(k\boldsymbol{A})\boldsymbol{B}=\boldsymbol{A}(k\boldsymbol{B})$.

(4) 设 $\boldsymbol{E}_m,\boldsymbol{E}_n$ 为单位矩阵，对任意矩阵 $\boldsymbol{A}_{m\times n}$，有

$$\boldsymbol{E}_m\boldsymbol{A}_{m\times n}=\boldsymbol{A}_{m\times n},\quad \boldsymbol{A}_{m\times n}\boldsymbol{E}_n=\boldsymbol{A}_{m\times n}.$$

特别地，若 $\boldsymbol{A}$ 是 n 阶矩阵，则有 $\boldsymbol{EA}=\boldsymbol{AE}=\boldsymbol{A}$，即单位矩阵 $\boldsymbol{E}$ 在矩阵乘法中起的作用类似于数 1 在数的乘法中的作用.

利用矩阵的乘法运算，可以使许多问题表达简明.

例 3.10 若记线性方程组

$$\begin{cases} a_{11}x_1+a_{12}x_2+\cdots+a_{1n}x_n=b_1,\\ a_{21}x_1+a_{22}x_2+\cdots+a_{2n}x_n=b_2,\\ \qquad\qquad\vdots\\ a_{m1}x_1+a_{m2}x_2+\cdots+a_{mn}x_n=b_m \end{cases}$$

的系数矩阵为

$$\boldsymbol{A}=\begin{pmatrix} a_{11} & a_{12} & \cdots & a_{1n}\\ a_{21} & a_{22} & \cdots & a_{2n}\\ \vdots & \vdots & & \vdots\\ a_{m1} & a_{m2} & \cdots & a_{mn} \end{pmatrix},$$

并记未知量和常数项矩阵分别为

$$\boldsymbol{x}=\begin{pmatrix} x_1\\ x_2\\ \vdots\\ x_n \end{pmatrix},\quad \boldsymbol{b}=\begin{pmatrix} b_1\\ b_2\\ \vdots\\ b_m \end{pmatrix},$$

则有

$$\boldsymbol{Ax}=\begin{pmatrix} a_{11} & a_{12} & \cdots & a_{1n}\\ a_{21} & a_{22} & \cdots & a_{2n}\\ \vdots & \vdots & & \vdots\\ a_{m1} & a_{m2} & \cdots & a_{mn} \end{pmatrix}\begin{pmatrix} x_1\\ x_2\\ \vdots\\ x_n \end{pmatrix}=\begin{pmatrix} a_{11}x_1+a_{12}x_2+\cdots+a_{1n}x_n\\ a_{21}x_1+a_{22}x_2+\cdots+a_{2n}x_n\\ \vdots\\ a_{m1}x_1+a_{m2}x_2+\cdots+a_{mn}x_n \end{pmatrix},$$

所以上面的线性方程组可以简记为矩阵形式

$$\boldsymbol{Ax}=\boldsymbol{b}.$$

有了矩阵的乘法，可以定义 n 阶方阵的幂.

定义 3.5 设 $\boldsymbol{A}$ 是 n 阶方阵，规定

$$\boldsymbol{A}^0=\boldsymbol{E},\quad \boldsymbol{A}^{k+1}=\boldsymbol{A}^k\boldsymbol{A}\ (k\text{ 为非负整数}).$$

因为矩阵的乘法满足结合律，所以方阵的幂满足

$$\boldsymbol{A}^k\boldsymbol{A}^l=\boldsymbol{A}^{k+l},\quad (\boldsymbol{A}^k)^l=\boldsymbol{A}^{kl},$$

其中 k,l 为非负整数. 又因为矩阵的乘法一般不满足交换律，所以对于两个 n 阶方阵 $\boldsymbol{A}$ 与

$\boldsymbol{B}$一般来说，$(\boldsymbol{AB})^k \neq \boldsymbol{A}^k\boldsymbol{B}^k$. 此外，若 $\boldsymbol{A}^k=\boldsymbol{0}$，也不一定有 $\boldsymbol{A}=\boldsymbol{0}$.

例如 $\boldsymbol{A}=\begin{pmatrix}1 & 1\\ -1 & -1\end{pmatrix}\neq\boldsymbol{0}$，但 $\boldsymbol{A}^2=\begin{pmatrix}1 & 1\\ -1 & -1\end{pmatrix}\begin{pmatrix}1 & 1\\ -1 & -1\end{pmatrix}=\begin{pmatrix}0 & 0\\ 0 & 0\end{pmatrix}$.

例 3.11 设 $\boldsymbol{A},\boldsymbol{B}$ 均为 n 阶方阵，计算$(\boldsymbol{A}+\boldsymbol{B})^2$.

解 $(\boldsymbol{A}+\boldsymbol{B})^2=(\boldsymbol{A}+\boldsymbol{B})(\boldsymbol{A}+\boldsymbol{B})=(\boldsymbol{A}+\boldsymbol{B})\boldsymbol{A}+(\boldsymbol{A}+\boldsymbol{B})\boldsymbol{B}=\boldsymbol{A}^2+\boldsymbol{BA}+\boldsymbol{AB}+\boldsymbol{B}^2$.

3.2.4 矩阵的转置

定义 3.6 设 $m\times n$ 矩阵

$$\boldsymbol{A}=\begin{pmatrix}a_{11} & a_{12} & \cdots & a_{1n}\\ a_{21} & a_{22} & \cdots & a_{2n}\\ \vdots & \vdots & & \vdots\\ a_{m1} & a_{m2} & \cdots & a_{mn}\end{pmatrix}.$$

将 $\boldsymbol{A}$ 的行变成列所得的 $n\times m$ 矩阵

$$\begin{pmatrix}a_{11} & a_{21} & \cdots & a_{m1}\\ a_{12} & a_{22} & \cdots & a_{m2}\\ \vdots & \vdots & & \vdots\\ a_{1n} & a_{2n} & \cdots & a_{mn}\end{pmatrix}$$

称为矩阵 $\boldsymbol{A}$ 的转置矩阵，记为 $\boldsymbol{A}^{\mathrm{T}}$ 或 $\boldsymbol{A}'$.

例如，$\boldsymbol{A}=\begin{pmatrix}1 & 2 & 4 & 0\\ -3 & 5 & 1 & -2\end{pmatrix}$，则 $\boldsymbol{A}^{\mathrm{T}}=\begin{pmatrix}1 & -3\\ 2 & 5\\ 4 & 1\\ 0 & -2\end{pmatrix}$.

矩阵的转置满足以下规律：

(1) $(\boldsymbol{A}^{\mathrm{T}})^{\mathrm{T}}=\boldsymbol{A}$；

(2) $(\boldsymbol{A}+\boldsymbol{B})^{\mathrm{T}}=\boldsymbol{A}^{\mathrm{T}}+\boldsymbol{B}^{\mathrm{T}}$；

(3) $(k\boldsymbol{A})^{\mathrm{T}}=k\boldsymbol{A}^{\mathrm{T}}$（$k$ 为常数）；

(4) $(\boldsymbol{AB})^{\mathrm{T}}=\boldsymbol{B}^{\mathrm{T}}\boldsymbol{A}^{\mathrm{T}}$.

我们只证明(4). 设

$$\boldsymbol{A}=\begin{pmatrix}a_{11} & a_{12} & \cdots & a_{1s}\\ a_{21} & a_{22} & \cdots & a_{2s}\\ \vdots & \vdots & & \vdots\\ a_{m1} & a_{m2} & \cdots & a_{ms}\end{pmatrix},\quad \boldsymbol{B}=\begin{pmatrix}b_{11} & b_{12} & \cdots & b_{1n}\\ b_{21} & b_{22} & \cdots & b_{2n}\\ \vdots & \vdots & & \vdots\\ b_{s1} & b_{s2} & \cdots & b_{sn}\end{pmatrix}.$$

首先容易看出，$(\boldsymbol{AB})^{\mathrm{T}}$ 和 $\boldsymbol{B}^{\mathrm{T}}\boldsymbol{A}^{\mathrm{T}}$ 都是 $n\times m$ 矩阵. 其次，位于$(\boldsymbol{AB})^{\mathrm{T}}$ 的第 i 行第 j 列的

元素就是位于 $\boldsymbol{AB}$ 的第 j 行第 i 列的元素，且等于

$$a_{j1}b_{1i}+a_{j2}b_{2i}+\cdots+a_{js}b_{si}=\sum_{k=1}^{s}a_{jk}b_{ki},$$

而位于 $\boldsymbol{B}^{\mathrm{T}}\boldsymbol{A}^{\mathrm{T}}$ 的第 i 行第 j 列的元素是位于 $\boldsymbol{B}^{\mathrm{T}}$ 的第 i 行与 $\boldsymbol{A}^{\mathrm{T}}$ 的第 j 列对应元素的乘积之和，因而等于 $\boldsymbol{B}$ 的第 i 列的元素与 $\boldsymbol{A}$ 的第 j 行对应元素的乘积之和，即

$$b_{1i}a_{j1}+b_{2i}a_{j2}+\cdots+b_{si}a_{js}=\sum_{k=1}^{s}b_{ki}a_{jk}.$$

上面两个式子显然相等，所以

$$(\boldsymbol{AB})^{\mathrm{T}}=\boldsymbol{B}^{\mathrm{T}}\boldsymbol{A}^{\mathrm{T}}.$$

例 3.12 设 $\boldsymbol{A}=\begin{pmatrix}-1&1&2\\0&1&1\end{pmatrix}$，$\boldsymbol{B}=\begin{pmatrix}-1&0\\1&3\\2&1\end{pmatrix}$，求 $(\boldsymbol{AB})^{\mathrm{T}}$ 和 $\boldsymbol{A}^{\mathrm{T}}\boldsymbol{B}^{\mathrm{T}}$.

解 因为 $\boldsymbol{A}^{\mathrm{T}}=\begin{pmatrix}-1&0\\1&1\\2&1\end{pmatrix}$，$\boldsymbol{B}^{\mathrm{T}}=\begin{pmatrix}-1&1&2\\0&3&1\end{pmatrix}$，所以

$$(\boldsymbol{AB})^{\mathrm{T}}=\boldsymbol{B}^{\mathrm{T}}\boldsymbol{A}^{\mathrm{T}}=\begin{pmatrix}-1&1&2\\0&3&1\end{pmatrix}\begin{pmatrix}1&0\\-1&1\\2&1\end{pmatrix}=\begin{pmatrix}2&3\\-1&4\end{pmatrix},$$

$$\boldsymbol{A}^{\mathrm{T}}\boldsymbol{B}^{\mathrm{T}}=\begin{pmatrix}1&0\\-1&1\\2&1\end{pmatrix}\begin{pmatrix}-1&1&2\\0&3&1\end{pmatrix}=\begin{pmatrix}-1&1&2\\1&2&-1\\-2&5&5\end{pmatrix}.$$

注 一般情况下，$(\boldsymbol{AB})^{\mathrm{T}}\neq\boldsymbol{A}^{\mathrm{T}}\boldsymbol{B}^{\mathrm{T}}$.

显然，矩阵转置的运算规律(2)和(4)可以推广到 n 个矩阵的情形，即

$$(\boldsymbol{A}_1+\boldsymbol{A}_2+\cdots+\boldsymbol{A}_n)^{\mathrm{T}}=\boldsymbol{A}_1^{\mathrm{T}}+\boldsymbol{A}_2^{\mathrm{T}}+\cdots+\boldsymbol{A}_n^{\mathrm{T}},$$

$$(\boldsymbol{A}_1\boldsymbol{A}_2\cdots\boldsymbol{A}_{n-1}\boldsymbol{A}_n)^{\mathrm{T}}=\boldsymbol{A}_n^{\mathrm{T}}\boldsymbol{A}_{n-1}^{\mathrm{T}}\cdots\boldsymbol{A}_2^{\mathrm{T}}\boldsymbol{A}_1^{\mathrm{T}}.$$

3.2.5 方阵的行列式

定义 3.7 由 n 阶方阵 $\boldsymbol{A}=(a_{ij})$ 的元素按原来位置所构成的行列式，称为 n 阶方阵 $\boldsymbol{A}$ 的行列式，记为 $|\boldsymbol{A}|$.

设 $\boldsymbol{A},\boldsymbol{B}$ 是 n 阶方阵，k 是常数，则 n 阶方阵的行列式具有如下性质：

(1) $|\boldsymbol{A}^{\mathrm{T}}|=|\boldsymbol{A}|$；

(2) $|k\boldsymbol{A}|=k^n|\boldsymbol{A}|$；

(3) $|\boldsymbol{AB}|=|\boldsymbol{A}||\boldsymbol{B}|$.

性质(1)，(2)可由行列式的性质直接得到，性质(3)的证明较冗长，此处略去.

把性质(3)推广到 m 个 n 阶方阵相乘的情形,有

$$|\boldsymbol{A}_1\boldsymbol{A}_2\cdots\boldsymbol{A}_m|=|\boldsymbol{A}_1||\boldsymbol{A}_2|\cdots|\boldsymbol{A}_m|.$$

例 3.13 设 $\boldsymbol{A}=\begin{pmatrix}1&0\\-1&2\end{pmatrix}$,$\boldsymbol{B}=\begin{pmatrix}3&1\\1&0\end{pmatrix}$,验证 $|\boldsymbol{A}||\boldsymbol{B}|=|\boldsymbol{AB}|=|\boldsymbol{BA}|$.

证明 显然有 $|\boldsymbol{A}||\boldsymbol{B}|=-2$.因为

$$\boldsymbol{AB}=\begin{pmatrix}1&0\\-1&2\end{pmatrix}\begin{pmatrix}3&1\\1&0\end{pmatrix}=\begin{pmatrix}3&1\\-1&-1\end{pmatrix},\quad |\boldsymbol{AB}|=\begin{vmatrix}3&1\\-1&-1\end{vmatrix}=-2.$$

而

$$\boldsymbol{BA}=\begin{pmatrix}3&1\\1&0\end{pmatrix}\begin{pmatrix}1&0\\-1&2\end{pmatrix}=\begin{pmatrix}2&2\\1&0\end{pmatrix},\quad |\boldsymbol{BA}|=\begin{vmatrix}2&2\\1&0\end{vmatrix}=-2,$$

因此 $|\boldsymbol{A}||\boldsymbol{B}|=|\boldsymbol{AB}|=|\boldsymbol{BA}|$.

定义 3.8 设 $\boldsymbol{A}$ 是 n 阶方阵,当 $|\boldsymbol{A}|\neq0$ 时,称 $\boldsymbol{A}$ 为非奇异的(或非退化的);当 $|\boldsymbol{A}|=0$ 时,称 $\boldsymbol{A}$ 为奇异的(或退化的).

由矩阵的行列式的性质(3)可以得到如下定理.

定理 3.1 设 $\boldsymbol{A},\boldsymbol{B}$ 为 n 阶方阵,则 $\boldsymbol{AB}$ 为非奇异的充分必要条件是 $\boldsymbol{A}$ 与 $\boldsymbol{B}$ 都是非奇异的.

例 3.14 已知 $\boldsymbol{A}$ 为 n 阶方阵,且 $\boldsymbol{AA}^{\mathrm{T}}$ 是非奇异的,证明 $\boldsymbol{A}$ 是非奇异的.

证明 因为 $\boldsymbol{AA}^{\mathrm{T}}$ 非奇异的,所以 $|\boldsymbol{AA}^{\mathrm{T}}|\neq0$,即

$$|\boldsymbol{AA}^{\mathrm{T}}|=|\boldsymbol{A}||\boldsymbol{A}^{\mathrm{T}}|=|\boldsymbol{A}|^2\neq0,$$

从而 $|\boldsymbol{A}|\neq0$,即 $\boldsymbol{A}$ 是非奇异的.

习题 3.2

1. 设矩阵

$$\boldsymbol{A}=\begin{pmatrix}2&-1&0&-3\\3&5&-4&1\\1&0&2&0\end{pmatrix},\quad \boldsymbol{B}=\begin{pmatrix}0&3&-5&1\\1&-4&2&-1\\3&-7&0&3\end{pmatrix},\quad \boldsymbol{C}=\begin{pmatrix}1&2&-5&2\\-6&0&3&4\\4&-1&0&-1\end{pmatrix}.$$

求:(1)$\boldsymbol{A}+\boldsymbol{B}$;(2)$\boldsymbol{A}-\boldsymbol{B}$;(3)$\boldsymbol{A}+2\boldsymbol{B}-3\boldsymbol{C}$;(4)若矩阵 $\boldsymbol{X}$ 满足 $\boldsymbol{X}+\boldsymbol{C}=2\boldsymbol{A}-\boldsymbol{X}$,求 $\boldsymbol{X}$.

2. 求矩阵 $\boldsymbol{X}$,使

$$\begin{pmatrix}-a&b&c\\2a&3c-1&1-b\\1&a+2&3-c\end{pmatrix}+\boldsymbol{X}=\begin{pmatrix}1-a&b+c&c-3\\2a&3c&3\\2&a-1&4c\end{pmatrix}.$$

3. 计算：

(1) $\begin{pmatrix}1&2&3\\-2&1&2\end{pmatrix}\begin{pmatrix}1&2&0\\0&1&1\\3&0&-1\end{pmatrix}$；　(2) $\begin{pmatrix}1&2&3\\2&4&6\\3&6&9\end{pmatrix}\begin{pmatrix}-1&-2&-4\\-1&-2&-4\\1&2&4\end{pmatrix}$；

(3) $\begin{pmatrix}1\\2\\3\end{pmatrix}(1,2,3)$；　(4) $(1,2,3)\begin{pmatrix}1\\2\\3\end{pmatrix}$.

4. 设 $\boldsymbol{A}=\begin{pmatrix}5&-2&1\\3&4&-1\end{pmatrix}$，$\boldsymbol{B}=\begin{pmatrix}-3&2&0\\-2&0&1\end{pmatrix}$，计算 $\boldsymbol{AB}^{\mathrm{T}}$，$\boldsymbol{B}^{\mathrm{T}}\boldsymbol{A}$，$\boldsymbol{A}^{\mathrm{T}}\boldsymbol{A}$.

5. 试求出一个与 $\boldsymbol{A}$ 可交换的矩阵：

(1) $\boldsymbol{A}=\begin{pmatrix}1&0\\1&1\end{pmatrix}$；　(2) $\boldsymbol{A}=\begin{pmatrix}1&1&0\\0&1&1\\0&0&1\end{pmatrix}$.

6. 已知

$$\boldsymbol{A}=\begin{pmatrix}1&0&3\\0&2&1\\0&0&1\end{pmatrix},\quad \boldsymbol{B}=\begin{pmatrix}1&0&0\\0&2&1\\3&0&1\end{pmatrix},$$

求：(1)$(\boldsymbol{A}+\boldsymbol{B})(\boldsymbol{A}-\boldsymbol{B})$；(2)$\boldsymbol{A}^2-\boldsymbol{B}^2$. 比较(1)与(2)的结果，可得出什么结论？

7. 计算(题中的 n 为正整数)：

(1) $\begin{pmatrix}2&1&1\\3&1&0\\0&1&2\end{pmatrix}^2$；　(2) $\begin{pmatrix}0&-1&0\\2&0&1\\0&1&0\end{pmatrix}^4$；　(3) $\begin{pmatrix}1&2\\-2&1\end{pmatrix}^5$；　(4) $\begin{pmatrix}1&3\\0&1\end{pmatrix}^n$

(5) $\begin{pmatrix}1&1\\1&1\end{pmatrix}^n$；　(6) $\begin{pmatrix}1&1&0\\0&1&0\\0&0&1\end{pmatrix}^n$；　(7) $\begin{pmatrix}a&0&0\\0&b&0\\0&0&c\end{pmatrix}^n$.

8. 设 $f(x)=a_2x^2+a_1x+a_0$ 是二次三项式，$\boldsymbol{A}$ 是 n 阶方阵，定义 $f(\boldsymbol{A})=a_2\boldsymbol{A}^2+a_1\boldsymbol{A}+a_0\boldsymbol{E}$，其中 $\boldsymbol{E}$ 是 n 阶单位矩阵.

(1) 如果 $f(x)=x^2+x-1$，$\boldsymbol{A}=\begin{pmatrix}2&1&-1\\1&0&3\\2&-1&-4\end{pmatrix}$，求 $f(\boldsymbol{A})$；

(2) 如果 $f(x)=3x^2-2x+2$，$\boldsymbol{A}=\begin{pmatrix}1&1&0\\0&1&1\\0&0&1\end{pmatrix}$，求 $f(\boldsymbol{A})$.

9. 证明：

(1) 若矩阵 $\boldsymbol{A}_1,\boldsymbol{A}_2$ 都可与 $\boldsymbol{B}$ 交换，则 $k\boldsymbol{A}_1+l\boldsymbol{A}_2,\boldsymbol{A}_1\boldsymbol{A}_2$ 也都与 $\boldsymbol{B}$ 可交换；

(2) 若矩阵 $\boldsymbol{A}$ 与 $\boldsymbol{B}$ 可交换，则 $\boldsymbol{A}$ 的任一多项式 $f(\boldsymbol{A})$ 也与 $\boldsymbol{B}$ 可交换；

(3) 若 $\boldsymbol{A}^2=\boldsymbol{B}^2=\boldsymbol{E}$，则 $(\boldsymbol{AB})^2=\boldsymbol{E}$ 的充分必要条件是 $\boldsymbol{A}$ 与 $\boldsymbol{B}$ 可交换.

3.3 可逆矩阵

在 3.2 节中已详细介绍了矩阵的加法、乘法. 根据加法，我们定义了减法. 因此我们要问有了乘法，能否定义矩阵的除法，即矩阵的乘法是否存在一种逆运算？如果这种逆运算存在，它的存在应该满足什么条件？下面，我们将探索什么样的矩阵存在这种逆运算，以及这种逆运算如何去实施等问题.

我们知道，在数的运算中，对于数 $a\neq0$，总存在唯一的一个数 a^{-1}，使得

$$aa^{-1}=a^{-1}a=1.$$

类似地，在矩阵的运算中也可以考虑，对于矩阵 $\boldsymbol{A}$，是否存在唯一的一个类似于 a^{-1} 的矩阵 $\boldsymbol{B}$，使得

$$\boldsymbol{AB}=\boldsymbol{BA}=\boldsymbol{E}.$$

为此引入逆矩阵的概念.

定义 3.9 对于 n 阶矩阵 $\boldsymbol{A}$，如果存在一个 n 阶矩阵 $\boldsymbol{B}$，使得

$$\boldsymbol{AB}=\boldsymbol{BA}=\boldsymbol{E},$$

则称 $\boldsymbol{A}$ 为可逆矩阵，称 $\boldsymbol{B}$ 为 $\boldsymbol{A}$ 的逆矩阵.

例 3.15 已知矩阵 $\boldsymbol{A}=\begin{pmatrix}2&0\\3&1\end{pmatrix}$，$\boldsymbol{B}=\begin{pmatrix}\frac{1}{2}&0\\-\frac{3}{2}&1\end{pmatrix}$. 因为

$$\boldsymbol{AB}=\begin{pmatrix}2&0\\3&1\end{pmatrix}\begin{pmatrix}\frac{1}{2}&0\\-\frac{3}{2}&1\end{pmatrix}=\begin{pmatrix}1&0\\0&1\end{pmatrix},$$

$$\boldsymbol{BA}=\begin{pmatrix}\frac{1}{2}&0\\-\frac{3}{2}&1\end{pmatrix}\begin{pmatrix}2&0\\3&1\end{pmatrix}=\begin{pmatrix}1&0\\0&1\end{pmatrix},$$

故 $\boldsymbol{A}$ 为可逆矩阵，$\boldsymbol{B}$ 为 $\boldsymbol{A}$ 的逆矩阵.

例 3.16 因为 $\boldsymbol{EE}=\boldsymbol{E}$，所以 $\boldsymbol{E}$ 是可逆矩阵，$\boldsymbol{E}$ 的逆矩阵为其自身.

例 3.17 因为对任何方阵 $\boldsymbol{B}$，都有 $\boldsymbol{B0}=\boldsymbol{0B}=\boldsymbol{0}$，所以零矩阵不是可逆矩阵.

在定义 3.9 中,由于矩阵 $\boldsymbol{A}$ 与 $\boldsymbol{B}$ 在等式 $\boldsymbol{AB}=\boldsymbol{BA}=\boldsymbol{E}$ 中的地位是平等的,所以,若 $\boldsymbol{A}$ 可逆,$\boldsymbol{B}$ 是 $\boldsymbol{A}$ 的逆矩阵,那么 $\boldsymbol{B}$ 也可逆,且 $\boldsymbol{A}$ 是 $\boldsymbol{B}$ 的逆矩阵,即 $\boldsymbol{A},\boldsymbol{B}$ 互为逆矩阵.

可逆矩阵具有下列性质.

性质 3.1 若矩阵 $\boldsymbol{A}$ 可逆,则 $\boldsymbol{A}$ 的逆矩阵是唯一的.

证明 设 $\boldsymbol{B}_1,\boldsymbol{B}_2$ 都是 $\boldsymbol{A}$ 的逆矩阵,则有

$$\boldsymbol{AB}_1=\boldsymbol{B}_1\boldsymbol{A}=\boldsymbol{E},\quad \boldsymbol{AB}_2=\boldsymbol{B}_2\boldsymbol{A}=\boldsymbol{E},$$

于是

$$\boldsymbol{B}_1=\boldsymbol{B}_1\boldsymbol{E}=\boldsymbol{B}_1(\boldsymbol{AB}_2)=(\boldsymbol{B}_1\boldsymbol{A})\boldsymbol{B}_2=\boldsymbol{EB}_2=\boldsymbol{B}_2,$$

所以 $\boldsymbol{A}$ 的逆矩阵是唯一的.

既然可逆矩阵的逆矩阵是唯一的,以后就把 $\boldsymbol{A}$ 的逆矩阵记为 $\boldsymbol{A}^{-1}$,这样在定义 3.9 中,如果 $\boldsymbol{AB}=\boldsymbol{BA}=\boldsymbol{E}$,则有 $\boldsymbol{A}^{-1}=\boldsymbol{B}$ 或 $\boldsymbol{B}^{-1}=\boldsymbol{A}$,且 $\boldsymbol{AA}^{-1}=\boldsymbol{A}^{-1}\boldsymbol{A}=\boldsymbol{E}$,由此可得性质 3.2.

性质 3.2 如果矩阵 $\boldsymbol{A}$ 可逆,则 $\boldsymbol{A}$ 的逆矩阵 $\boldsymbol{A}^{-1}$ 也可逆,且 $(\boldsymbol{A}^{-1})^{-1}=\boldsymbol{A}$.

性质 3.3 如果 $\boldsymbol{A},\boldsymbol{B}$ 是两个同阶可逆矩阵,则 $\boldsymbol{AB}$ 也可逆,且 $(\boldsymbol{AB})^{-1}=\boldsymbol{B}^{-1}\boldsymbol{A}^{-1}$.

证明 因为 $\boldsymbol{A},\boldsymbol{B}$ 都可逆,所以存在 $\boldsymbol{A}^{-1},\boldsymbol{B}^{-1}$,使

$$\boldsymbol{AA}^{-1}=\boldsymbol{A}^{-1}\boldsymbol{A}=\boldsymbol{E},\quad \boldsymbol{BB}^{-1}=\boldsymbol{B}^{-1}\boldsymbol{B}=\boldsymbol{E},$$

于是

$$(\boldsymbol{AB})(\boldsymbol{B}^{-1}\boldsymbol{A}^{-1})=\boldsymbol{A}(\boldsymbol{BB}^{-1})\boldsymbol{A}^{-1}=\boldsymbol{AEA}^{-1}=\boldsymbol{AA}^{-1}=\boldsymbol{E}.$$

$$(\boldsymbol{B}^{-1}\boldsymbol{A}^{-1})(\boldsymbol{AB})=\boldsymbol{B}^{-1}(\boldsymbol{A}^{-1}\boldsymbol{A})\boldsymbol{B}=\boldsymbol{B}^{-1}\boldsymbol{EB}=\boldsymbol{E}.$$

由定义 3.9 知 $\boldsymbol{AB}$ 可逆,且 $(\boldsymbol{AB})^{-1}=\boldsymbol{B}^{-1}\boldsymbol{A}^{-1}$.

此性质可推广到有限个可逆矩阵相乘的情形. 如果 $\boldsymbol{A}_1,\boldsymbol{A}_2,\cdots,\boldsymbol{A}_n$ 为同阶可逆矩阵,则

$$(\boldsymbol{A}_1\boldsymbol{A}_2\cdots\boldsymbol{A}_n)^{-1}=\boldsymbol{A}_n^{-1}\cdots\boldsymbol{A}_2^{-1}\boldsymbol{A}_1^{-1}.$$

性质 3.4 如果 $\boldsymbol{A}$ 可逆,数 $k\neq0$,则 $k\boldsymbol{A}$ 也可逆,且 $(k\boldsymbol{A})^{-1}=\frac{1}{k}\boldsymbol{A}^{-1}$.

证明 因为 $\boldsymbol{A}$ 可逆,由 $\boldsymbol{AA}^{-1}=\boldsymbol{A}^{-1}\boldsymbol{A}=\boldsymbol{E}$,于是

$$(k\boldsymbol{A})\left(\frac{1}{k}\boldsymbol{A}^{-1}\right)=k\cdot\frac{1}{k}(\boldsymbol{AA}^{-1})=\boldsymbol{E},$$

$$\left(\frac{1}{k}\boldsymbol{A}^{-1}\right)(k\boldsymbol{A})=\frac{1}{k}\cdot k(\boldsymbol{A}^{-1}\boldsymbol{A})=\boldsymbol{E},$$

由定义 3.9 知 $k\boldsymbol{A}$ 可逆,且 $(k\boldsymbol{A})^{-1}=\frac{1}{k}\boldsymbol{A}^{-1}$.

性质 3.5 如果矩阵 $\boldsymbol{A}$ 可逆,则 $\boldsymbol{A}$ 的转置矩阵 $\boldsymbol{A}^{\mathrm{T}}$ 也可逆,且 $(\boldsymbol{A}^{\mathrm{T}})^{-1}=(\boldsymbol{A}^{-1})^{\mathrm{T}}$.

证明 由 $\boldsymbol{A}$ 可逆,有 $\boldsymbol{AA}^{-1}=\boldsymbol{A}^{-1}\boldsymbol{A}=\boldsymbol{E}$,于是

$$\boldsymbol{A}^{\mathrm{T}}(\boldsymbol{A}^{-1})^{\mathrm{T}}=(\boldsymbol{A}^{-1}\boldsymbol{A})^{\mathrm{T}}=\boldsymbol{E}^{\mathrm{T}}=\boldsymbol{E},$$

又因为

$$(\boldsymbol{A}^{-1})^{\mathrm{T}}\boldsymbol{A}^{\mathrm{T}} = (\boldsymbol{A}\boldsymbol{A}^{-1})^{\mathrm{T}} = \boldsymbol{E}^{\mathrm{T}} = \boldsymbol{E},$$

由定义 3.9 知 $\boldsymbol{A}^{\mathrm{T}}$ 可逆，且$(\boldsymbol{A}^{\mathrm{T}})^{-1}=(\boldsymbol{A}^{-1})^{\mathrm{T}}$.

对于一个 n 阶矩阵 $\boldsymbol{A}$ 来说，逆矩阵可能存在，也可能不存在. 我们需要研究：在什么条件下 n 阶矩阵 $\boldsymbol{A}$ 可逆？如果可逆，如何求逆矩阵 $\boldsymbol{A}^{-1}$？为此先介绍一个概念.

定义 3.10 设 A_{ij} 是 n 阶方阵 $\boldsymbol{A}=(a_{ij})_{n\times n}$ 的行列式 $|\boldsymbol{A}|$ 中的元素 a_{ij} 的代数余子式，矩阵

$$\boldsymbol{A}^{*} = \begin{pmatrix} A_{11} & A_{21} & \cdots & A_{n1} \\ A_{12} & A_{22} & \cdots & A_{n2} \\ \vdots & \vdots & & \vdots \\ A_{1n} & A_{2n} & \cdots & A_{nn} \end{pmatrix}$$

称为矩阵 $\boldsymbol{A}$ 的伴随矩阵.

例 3.18 设 $\boldsymbol{A}=\begin{pmatrix} 1 & 0 & 2 \\ -1 & 1 & 3 \\ 3 & 1 & 0 \end{pmatrix}$，试求伴随矩阵 $\boldsymbol{A}^{*}$.

解 $A_{11}=\begin{vmatrix} 1 & 3 \\ 1 & 0 \end{vmatrix}=-3,\quad A_{12}=-\begin{vmatrix} -1 & 3 \\ 3 & 0 \end{vmatrix}=9,\quad A_{13}=\begin{vmatrix} -1 & 1 \\ 3 & 1 \end{vmatrix}=-4,$

$A_{21}=-\begin{vmatrix} 0 & 2 \\ 1 & 0 \end{vmatrix}=2,\quad A_{22}=\begin{vmatrix} 1 & 2 \\ 3 & 0 \end{vmatrix}=-6,\quad A_{23}=-\begin{vmatrix} 1 & 0 \\ 3 & 1 \end{vmatrix}=-1,$

$A_{31}=\begin{vmatrix} 0 & 2 \\ 1 & 3 \end{vmatrix}=-2,\quad A_{32}=-\begin{vmatrix} 1 & 2 \\ -1 & 3 \end{vmatrix}=-5,\quad A_{33}=\begin{vmatrix} 1 & 0 \\ -1 & 1 \end{vmatrix}=1,$

所以

$$\boldsymbol{A}^{*} = \begin{pmatrix} -3 & 2 & -2 \\ 9 & -6 & -5 \\ -4 & -1 & 1 \end{pmatrix}.$$

由第 1 章中行列式按一行展开的公式可得

$$\boldsymbol{A}\boldsymbol{A}^{*} = \begin{pmatrix} a_{11} & a_{12} & \cdots & a_{1n} \\ a_{21} & a_{22} & \cdots & a_{2n} \\ \vdots & \vdots & & \vdots \\ a_{n1} & a_{n2} & \cdots & a_{nn} \end{pmatrix} \begin{pmatrix} A_{11} & A_{21} & \cdots & A_{n1} \\ A_{12} & A_{22} & \cdots & A_{n2} \\ \vdots & \vdots & & \vdots \\ A_{1n} & A_{2n} & \cdots & A_{nn} \end{pmatrix} = \begin{pmatrix} |\boldsymbol{A}| & 0 & \cdots & 0 \\ 0 & |\boldsymbol{A}| & \cdots & 0 \\ \vdots & \vdots & & \vdots \\ 0 & 0 & \cdots & |\boldsymbol{A}| \end{pmatrix} = |\boldsymbol{A}|\boldsymbol{E}.$$

同理，利用行列式按列展开公式可得

$$\boldsymbol{A}^{*}\boldsymbol{A} = |\boldsymbol{A}|\boldsymbol{E}.$$

即对任一 n 阶矩阵 $\boldsymbol{A}$，有

$$\boldsymbol{A}\boldsymbol{A}^{*} = \boldsymbol{A}^{*}\boldsymbol{A} = |\boldsymbol{A}|\boldsymbol{E}.$$

若 $|\boldsymbol{A}|\neq 0$，则有

$$A\left(\frac{1}{|A|}A^*\right)=\left(\frac{1}{|A|}A^*\right)A=E.$$

由此我们得到如下定理.

定理 3.2 n 阶矩阵 A 可逆的充分必要条件是 A 是非奇异的，且当 A 可逆时，

$$A^{-1}=\frac{1}{|A|}A^*. \tag{3.4}$$

证明 必要性：设 A 可逆，则存在 A^{-1}，使 $AA^{-1}=E$. 两边取行列式，有 $|AA^{-1}|=|E|=1$，而 $|AA^{-1}|=|A||A^{-1}|$，从而得 $|A||A^{-1}|=1\neq 0$，所以 $|A|\neq 0$，即 A 非奇异.

充分性：设 A 非奇异，则 $|A|\neq 0$，因此，等式

$$A\left(\frac{1}{|A|}A^*\right)=\left(\frac{1}{|A|}A^*\right)A=E$$

成立. 由定义 3.9 知，A 可逆，且 $A^{-1}=\frac{1}{|A|}A^*$.

推论 1 若 A,B 为同阶方阵，且 $AB=E$，则 A,B 都可逆，且 $A^{-1}=B,B^{-1}=A$.

证明 因 $|AB|=|A||B|=|E|=1\neq 0$，所以 $|A|\neq 0,|B|\neq 0$，由定理 3.2 知 A,B 都可逆.

在等式 $AB=E$ 的两边左乘 A^{-1}，有 $A^{-1}(AB)=A^{-1}E$，即得 $B=A^{-1}$，在 $AB=E$ 的两边右乘 B^{-1}，得 $A=B^{-1}$.

推论 2 n 阶矩阵 A 可逆的充分必要条件是 $\mathrm{r}(A)=n$.

证明 A 可逆 $\Leftrightarrow|A|\neq 0\Leftrightarrow A$ 的 n 阶子式不等于零 $\Leftrightarrow \mathrm{r}(A)=n$.

推论 3 n 阶矩阵 A 可逆的充分必要条件是 A 的行(列)向量组线性无关.

证明 A 可逆，$\mathrm{r}(A)=n\Leftrightarrow A$ 的行(列)向量组的秩等于 $n\Leftrightarrow A$ 的行(列)向量组线性无关.

定理 3.2 不但给出了一个矩阵可逆的充分必要条件，同时也给出了求逆矩阵的公式.

例 3.19 设 $A=\begin{pmatrix}a & b\\ c & d\end{pmatrix}$，问：当 a,b,c,d 满足什么条件时，矩阵 A 可逆？当 A 可逆时，求 A^{-1}.

解 $|A|=\begin{vmatrix}a & b\\ c & d\end{vmatrix}=ad-bc.$

当 $ad-bc\neq 0$ 时，$|A|\neq 0$，从而 A 可逆. 此时，

$$A^{-1}=\frac{1}{|A|}A^*=\frac{1}{ad-bc}\begin{pmatrix}d & -b\\ -c & a\end{pmatrix}=\begin{pmatrix}\dfrac{d}{ad-bc} & -\dfrac{b}{ad-bc}\\ -\dfrac{c}{ad-bc} & \dfrac{a}{ad-bc}\end{pmatrix}.$$

当 $ad-bc=0$ 时，$|A|=0$，从而 A 不可逆.

例 3.20 在例 3.18 中的矩阵 $\boldsymbol{A}$ 是否可逆？若可逆，求 $\boldsymbol{A}^{-1}$.

解 经计算可得 $|\boldsymbol{A}|=-11$，所以 $\boldsymbol{A}$ 可逆，而由例 3.18 知，

$$\boldsymbol{A}^{*}=\begin{pmatrix}-3 & 2 & -2\\ 9 & -6 & -5\\ -4 & -1 & 1\end{pmatrix},$$

于是

$$\boldsymbol{A}^{-1}=\frac{1}{|\boldsymbol{A}|}\boldsymbol{A}^{*}=-\frac{1}{11}\begin{pmatrix}-3 & 2 & -2\\ 9 & -6 & -5\\ -4 & -1 & 1\end{pmatrix}=\begin{pmatrix}\frac{3}{11} & -\frac{2}{11} & \frac{2}{11}\\ -\frac{9}{11} & \frac{6}{11} & \frac{5}{11}\\ \frac{4}{11} & \frac{1}{11} & -\frac{1}{11}\end{pmatrix}.$$

习题 3.3

1. 判断下列矩阵是否可逆，如可逆，求其逆矩阵：

(1) $\begin{pmatrix}3 & 1\\ 0 & 2\end{pmatrix}$； (2) $\begin{pmatrix}1 & 0 & 0\\ 1 & 2 & 0\\ 1 & 2 & 3\end{pmatrix}$； (3) $\begin{pmatrix}1 & 2 & 3 & 4\\ 0 & 1 & 2 & 3\\ 0 & 0 & 1 & 2\\ 0 & 0 & 0 & 1\end{pmatrix}$； (4) $\begin{pmatrix}0 & -1 & 0\\ 1 & 0 & 1\\ 1 & 0 & 2\end{pmatrix}$.

2. 试证：若可逆矩阵 $\boldsymbol{A}$ 与矩阵 $\boldsymbol{B}$ 可交换，则 $\boldsymbol{A}^{-1}$ 也与 $\boldsymbol{B}$ 可交换.

3. 设 n 阶矩阵 $\boldsymbol{A}$ 满足 $\boldsymbol{A}\boldsymbol{A}^{\mathrm{T}}=\boldsymbol{E}$，$|\boldsymbol{A}|=-1$，证明矩阵 $\boldsymbol{E}+\boldsymbol{A}$ 是退化的.

4. 设 $\boldsymbol{A}^{k}=\boldsymbol{0}$，$k$ 是某一自然数(这时称 $\boldsymbol{A}$ 为幂零矩阵，使 $\boldsymbol{A}^{k}=\boldsymbol{0}$ 成立的最小正整数 k 称为 $\boldsymbol{A}$ 的幂零指数)，试证 $\boldsymbol{E}-\boldsymbol{A}$ 可逆，且

$$(\boldsymbol{E}-\boldsymbol{A})^{-1}=\boldsymbol{E}+\boldsymbol{A}+\cdots+\boldsymbol{A}^{k-1}.$$

5. 利用第 4 题的结果求矩阵 $\begin{pmatrix}a & b & b\\ 0 & a & b\\ 0 & 0 & a\end{pmatrix}$ $(a\neq 0,b\neq 0)$ 的逆矩阵.

6. 设 $\boldsymbol{A},\boldsymbol{B},\boldsymbol{C}$ 为同阶矩阵，且 $\boldsymbol{C}$ 非奇异，满足 $\boldsymbol{C}^{-1}\boldsymbol{A}\boldsymbol{C}=\boldsymbol{B}$，求证：$\boldsymbol{C}^{-1}\boldsymbol{A}^{m}\boldsymbol{C}=\boldsymbol{B}^{m}$（$m$ 是正整数).

3.4 矩阵的分块

在这一节里，我们将介绍一种在处理阶数较高的矩阵时常用的技巧，即矩阵的分块. 有时，我们把一个大矩阵看成是由一些小矩阵组成的，就如矩阵是由数组成的一样. 特别

是在运算中，把这些小矩阵当作数一样来处理. 这就是所谓的矩阵的分块.

下面通过例子来说明这种方法.

$$\boldsymbol{A}=\left(\begin{array}{ccc:cc}1&0&0&-1&2\\0&1&0&2&3\\0&0&1&5&1\\\hdashline 0&0&0&2&0\\0&0&0&0&2\end{array}\right)=\begin{pmatrix}\boldsymbol{E}_3&\boldsymbol{A}_1\\\boldsymbol{0}&2\boldsymbol{E}_2\end{pmatrix},$$

其中 $\boldsymbol{E}_2,\boldsymbol{E}_3$ 分别表示二阶和三阶单位矩阵，而

$$\boldsymbol{A}_1=\begin{pmatrix}-1&2\\2&3\\5&1\end{pmatrix},\quad \boldsymbol{0}=\begin{pmatrix}0&0&0\\0&0&0\end{pmatrix}.$$

每一个小矩阵称为矩阵 $\boldsymbol{A}$ 的一个子块或子阵，原矩阵分块后就称为分块矩阵.

上述矩阵 $\boldsymbol{A}$ 也可以采用另外的分块方法. 例如：在矩阵 $\boldsymbol{A}$ 中，如果令

$$\boldsymbol{\varepsilon}_1=\begin{pmatrix}1\\0\\0\\0\\0\end{pmatrix},\quad \boldsymbol{\varepsilon}_2=\begin{pmatrix}0\\1\\0\\0\\0\end{pmatrix},\quad \boldsymbol{\varepsilon}_3=\begin{pmatrix}0\\0\\1\\0\\0\end{pmatrix},\quad \boldsymbol{\alpha}_1=\begin{pmatrix}-1\\2\\5\\2\\0\end{pmatrix},\quad \boldsymbol{\alpha}_2=\begin{pmatrix}2\\3\\1\\0\\2\end{pmatrix},$$

则

$$\boldsymbol{A}=\left(\begin{array}{c:c:c:c:c}1&0&0&-1&2\\0&1&0&2&3\\0&0&1&5&1\\0&0&0&2&0\\0&0&0&0&2\end{array}\right)=(\boldsymbol{\varepsilon}_1,\boldsymbol{\varepsilon}_2,\boldsymbol{\varepsilon}_3,\boldsymbol{\alpha}_1,\boldsymbol{\alpha}_2).$$

采用怎样的分块方法，要根据原矩阵的结构特点，既要使子块在参与运算时不失意义，又要为运算的方便考虑，这就是把矩阵分块处理的目的.

3.4.1 分块矩阵的加法和数量乘法

设 $\boldsymbol{A},\boldsymbol{B}$ 是两个 $m\times n$ 矩阵，对 $\boldsymbol{A},\boldsymbol{B}$ 都用同样的方法分块得到分块矩阵

$$\boldsymbol{A}=\begin{pmatrix}\boldsymbol{A}_{11}&\boldsymbol{A}_{12}&\cdots&\boldsymbol{A}_{1t}\\\boldsymbol{A}_{21}&\boldsymbol{A}_{22}&\cdots&\boldsymbol{A}_{2t}\\\vdots&&&\vdots\\\boldsymbol{A}_{s1}&\boldsymbol{A}_{s2}&\cdots&\boldsymbol{A}_{st}\end{pmatrix},\quad \boldsymbol{B}=\begin{pmatrix}\boldsymbol{B}_{11}&\boldsymbol{B}_{12}&\cdots&\boldsymbol{B}_{1t}\\\boldsymbol{B}_{21}&\boldsymbol{B}_{22}&\cdots&\boldsymbol{B}_{2t}\\\vdots&&&\vdots\\\boldsymbol{B}_{s1}&\boldsymbol{B}_{s2}&\cdots&\boldsymbol{B}_{st}\end{pmatrix},$$

则

$$A+B=\begin{pmatrix} A_{11}+B_{11} & A_{12}+B_{12} & \cdots & A_{1t}+B_{1t} \\ A_{21}+B_{21} & A_{22}+B_{22} & \cdots & A_{2t}+B_{2t} \\ \vdots & \vdots & & \vdots \\ A_{s1}+B_{s1} & A_{s2}+B_{s2} & \cdots & A_{st}+B_{st} \end{pmatrix}.$$

$\boldsymbol{A},\boldsymbol{B}$ 分块方法相同是为了保证各对应子块(作为矩阵)可以相加.

设 k 为一个常数,则

$$k\boldsymbol{A}=\begin{pmatrix} k\boldsymbol{A}_{11} & k\boldsymbol{A}_{12} & \cdots & k\boldsymbol{A}_{1t} \\ k\boldsymbol{A}_{21} & k\boldsymbol{A}_{22} & \cdots & k\boldsymbol{A}_{2t} \\ \vdots & \vdots & & \vdots \\ k\boldsymbol{A}_{s1} & k\boldsymbol{A}_{s2} & \cdots & k\boldsymbol{A}_{st} \end{pmatrix},$$

这就是说,两个行数与列数都相同的矩阵 $\boldsymbol{A},\boldsymbol{B}$,按同一种分块方法分块,那么 $\boldsymbol{A}$ 与 $\boldsymbol{B}$ 相加时,只需把对应位置的子块相加;用一个数 k 乘一个分块矩阵时,只需用这个数遍乘各子块.

3.4.2 分块矩阵的乘法

设 $\boldsymbol{A}=(a_{ik})$ 是 $m\times n$ 矩阵,$\boldsymbol{B}=(b_{kj})$ 是 $n\times p$ 矩阵,把 $\boldsymbol{A}$ 和 $\boldsymbol{B}$ 分块,并使 $\boldsymbol{A}$ 的列的分法与 $\boldsymbol{B}$ 的行的分法相同,即

$$\boldsymbol{A}=\begin{array}{c} \begin{matrix} n_1 & n_2 & \cdots & n_s \end{matrix} \\ \begin{pmatrix} \boldsymbol{A}_{11} & \boldsymbol{A}_{12} & \cdots & \boldsymbol{A}_{1s} \\ \boldsymbol{A}_{21} & \boldsymbol{A}_{22} & \cdots & \boldsymbol{A}_{2s} \\ \vdots & \vdots & & \vdots \\ \boldsymbol{A}_{r1} & \boldsymbol{A}_{r2} & \cdots & \boldsymbol{A}_{rs} \end{pmatrix} \end{array} \begin{matrix} m_1 \\ m_2 \\ \vdots \\ m_r \end{matrix}, \quad \boldsymbol{B}=\begin{array}{c} \begin{matrix} p_1 & p_2 & \cdots & p_t \end{matrix} \\ \begin{pmatrix} \boldsymbol{B}_{11} & \boldsymbol{B}_{12} & \cdots & \boldsymbol{B}_{1t} \\ \boldsymbol{B}_{21} & \boldsymbol{B}_{22} & \cdots & \boldsymbol{B}_{2t} \\ \vdots & \vdots & & \vdots \\ \boldsymbol{B}_{s1} & \boldsymbol{B}_{s2} & \cdots & \boldsymbol{B}_{st} \end{pmatrix} \end{array} \begin{matrix} n_1 \\ n_2 \\ \vdots \\ n_s \end{matrix},$$

其中 m_i,n_j 分别为 $\boldsymbol{A}$ 的子块 $\boldsymbol{A}_{ij}$ 的行数与列数,n_i,p_l 分别为 $\boldsymbol{B}$ 的子块 $\boldsymbol{B}_{il}$ 的行数与列数,且 $\sum\limits_{i=1}^{r}m_i=m,\sum\limits_{j=1}^{s}n_j=n,\sum\limits_{l=1}^{t}p_l=p$,则

$$\boldsymbol{C}=\boldsymbol{AB}=\begin{array}{c} \begin{matrix} p_1 & p_2 & \cdots & p_t \end{matrix} \\ \begin{pmatrix} \boldsymbol{C}_{11} & \boldsymbol{C}_{12} & \cdots & \boldsymbol{C}_{1t} \\ \boldsymbol{C}_{21} & \boldsymbol{C}_{22} & \cdots & \boldsymbol{C}_{2t} \\ \vdots & \vdots & & \vdots \\ \boldsymbol{C}_{r1} & \boldsymbol{C}_{r2} & \cdots & \boldsymbol{C}_{rt} \end{pmatrix} \end{array} \begin{matrix} m_1 \\ m_2 \\ \vdots \\ m_r \end{matrix},$$

其中

$$C_{ij}=A_{i1}B_{1j}+A_{i2}B_{2j}+\cdots+A_{is}B_{sj}.$$

由此可以看出，要使矩阵的分块乘法能够进行，在对矩阵分块时必须满足：

(1) 以子块为元素时，两矩阵可乘，即左矩阵的列块数应等于右矩阵的行块数；

(2) 相应地需做乘法的子块也应可乘，即左子块的列数应等于右子块的行数.

例 3.21 设

$$A=\begin{pmatrix}1&0&0&0\\0&1&0&0\\-1&3&1&0\end{pmatrix},\quad B=\begin{pmatrix}4&1&0\\3&4&1\\0&-1&3\\1&0&-1\end{pmatrix}.$$

对 A,B 作如下分块：

$$A=\left(\begin{array}{cc|cc}1&0&0&0\\0&1&0&0\\\hline -1&3&1&0\end{array}\right)=\begin{pmatrix}A_{11}&A_{12}\\A_{21}&A_{22}\end{pmatrix},$$

$$B=\left(\begin{array}{c|cc}4&1&0\\3&4&1\\\hline 0&-1&3\\1&0&-1\end{array}\right)=\begin{pmatrix}B_{11}&B_{12}\\B_{21}&B_{22}\end{pmatrix},$$

则

$$AB=\begin{pmatrix}A_{11}&A_{12}\\A_{21}&A_{22}\end{pmatrix}\begin{pmatrix}B_{11}&B_{12}\\B_{21}&B_{22}\end{pmatrix}=\begin{pmatrix}A_{11}B_{11}+A_{12}B_{21}&A_{11}B_{12}+A_{12}B_{22}\\A_{21}B_{11}+A_{22}B_{21}&A_{21}B_{12}+A_{22}B_{22}\end{pmatrix},$$

$$A_{11}B_{11}+A_{12}B_{21}=\begin{pmatrix}1&0\\0&1\end{pmatrix}\begin{pmatrix}4\\3\end{pmatrix}+\begin{pmatrix}0&0\\0&0\end{pmatrix}\begin{pmatrix}0\\1\end{pmatrix}=\begin{pmatrix}4\\3\end{pmatrix},$$

$$A_{11}B_{12}+A_{12}B_{22}=\begin{pmatrix}1&0\\0&1\end{pmatrix}\begin{pmatrix}1&0\\4&1\end{pmatrix}+\begin{pmatrix}0&0\\0&0\end{pmatrix}\begin{pmatrix}-1&3\\0&-1\end{pmatrix}=\begin{pmatrix}1&0\\4&1\end{pmatrix},$$

$$A_{21}B_{11}+A_{22}B_{21}=(-1\quad 3)\begin{pmatrix}4\\3\end{pmatrix}+(1\quad 0)\begin{pmatrix}0\\1\end{pmatrix}=(5),$$

$$A_{21}B_{12}+A_{22}B_{22}=(-1\quad 3)\begin{pmatrix}1&0\\4&1\end{pmatrix}+(1\quad 0)\begin{pmatrix}-1&3\\0&-1\end{pmatrix}=(10\quad 6),$$

$$AB=\begin{pmatrix}4&1&0\\3&4&1\\5&10&6\end{pmatrix}.$$

若将 A,B 直接相乘，可得同样的结果.

例 3.22 利用分块矩阵求矩阵

$$D=\begin{pmatrix} a_{11} & \cdots & a_{1k} & 0 & \cdots & 0 \\ \vdots & & \vdots & \vdots & & \vdots \\ a_{k1} & \cdots & a_{kk} & 0 & \cdots & 0 \\ c_{11} & \cdots & c_{1k} & b_{11} & \cdots & b_{1r} \\ \vdots & & \vdots & \vdots & & \vdots \\ c_{r1} & \cdots & c_{rk} & b_{r1} & \cdots & b_{rr} \end{pmatrix}=\begin{pmatrix} \boldsymbol{A} & \boldsymbol{0} \\ \boldsymbol{C} & \boldsymbol{B} \end{pmatrix}$$

的逆矩阵,其中 $\boldsymbol{A},\boldsymbol{B}$ 分别是 k 阶和 r 阶的可逆矩阵,$\boldsymbol{C}$ 是 $r\times k$ 矩阵,$\boldsymbol{0}$ 是 $k\times r$ 零矩阵.

解 由例 1.23 的结论得 $|\boldsymbol{D}|=|\boldsymbol{A}||\boldsymbol{B}|$,所以当 $\boldsymbol{A},\boldsymbol{B}$ 可逆时,$\boldsymbol{D}$ 也可逆.设

$$\boldsymbol{D}^{-1}=\begin{pmatrix} \boldsymbol{X}_{11} & \boldsymbol{X}_{12} \\ \boldsymbol{X}_{21} & \boldsymbol{X}_{22} \end{pmatrix},$$

则

$$\begin{pmatrix} \boldsymbol{A} & \boldsymbol{0} \\ \boldsymbol{C} & \boldsymbol{B} \end{pmatrix}\begin{pmatrix} \boldsymbol{X}_{11} & \boldsymbol{X}_{12} \\ \boldsymbol{X}_{21} & \boldsymbol{X}_{22} \end{pmatrix}=\begin{pmatrix} \boldsymbol{E}_k & \boldsymbol{0} \\ \boldsymbol{0} & \boldsymbol{E}_r \end{pmatrix},$$

这里 $\boldsymbol{E}_k$ 和 $\boldsymbol{E}_r$ 分别表示 k 阶和 r 阶单位矩阵.

由分块矩阵的乘法得

$$\begin{pmatrix} \boldsymbol{A}\boldsymbol{X}_{11} & \boldsymbol{A}\boldsymbol{X}_{12} \\ \boldsymbol{C}\boldsymbol{X}_{11}+\boldsymbol{B}\boldsymbol{X}_{21} & \boldsymbol{C}\boldsymbol{X}_{12}+\boldsymbol{B}\boldsymbol{X}_{22} \end{pmatrix}=\begin{pmatrix} \boldsymbol{E}_k & \boldsymbol{0} \\ \boldsymbol{0} & \boldsymbol{E}_r \end{pmatrix}.$$

根据矩阵相等的定义,有

$$\boldsymbol{A}\boldsymbol{X}_{11}=\boldsymbol{E}_k, \tag{3.5}$$

$$\boldsymbol{C}\boldsymbol{X}_{11}+\boldsymbol{B}\boldsymbol{X}_{21}=\boldsymbol{0}, \tag{3.6}$$

$$\boldsymbol{A}\boldsymbol{X}_{12}=\boldsymbol{0}, \tag{3.7}$$

$$\boldsymbol{C}\boldsymbol{X}_{12}+\boldsymbol{B}\boldsymbol{X}_{22}=\boldsymbol{E}_r. \tag{3.8}$$

由(3.5)式和(3.7)式得 $\boldsymbol{X}_{11}=\boldsymbol{A}^{-1},\quad \boldsymbol{X}_{12}=\boldsymbol{A}^{-1}\boldsymbol{0}=\boldsymbol{0}.$

代入(3.8)式得 $\boldsymbol{X}_{22}=\boldsymbol{B}^{-1}\boldsymbol{E}_r=\boldsymbol{B}^{-1}.$

代入(3.6)式得 $\boldsymbol{B}\boldsymbol{X}_{21}=-\boldsymbol{C}\boldsymbol{X}_{11}=-\boldsymbol{C}\boldsymbol{A}^{-1}$,所以,$\boldsymbol{X}_{21}=-\boldsymbol{B}^{-1}\boldsymbol{C}\boldsymbol{A}^{-1}$.因此

$$\boldsymbol{D}^{-1}=\begin{pmatrix} \boldsymbol{A}^{-1} & \boldsymbol{0} \\ -\boldsymbol{B}^{-1}\boldsymbol{C}\boldsymbol{A}^{-1} & \boldsymbol{B}^{-1} \end{pmatrix}.$$

特别地,当 $\boldsymbol{C}=\boldsymbol{0}$ 时,有

$$\begin{pmatrix} \boldsymbol{A} & \boldsymbol{0} \\ \boldsymbol{0} & \boldsymbol{B} \end{pmatrix}^{-1}=\begin{pmatrix} \boldsymbol{A}^{-1} & \boldsymbol{0} \\ \boldsymbol{0} & \boldsymbol{B}^{-1} \end{pmatrix}.$$

例 3.23 证明：秩$(\boldsymbol{AB})\leqslant\min\{$秩$(\boldsymbol{A})$，秩$(\boldsymbol{B})\}$.

证明 设

$$\boldsymbol{A}=\begin{pmatrix} a_{11} & a_{12} & \cdots & a_{1n} \\ a_{21} & a_{22} & \cdots & a_{2n} \\ \vdots & \vdots & & \vdots \\ a_{m1} & a_{m2} & \cdots & a_{mn} \end{pmatrix},\quad \boldsymbol{B}=\begin{pmatrix} b_{11} & b_{12} & \cdots & b_{1s} \\ b_{21} & b_{22} & \cdots & b_{2s} \\ \vdots & \vdots & & \vdots \\ b_{n1} & b_{n2} & \cdots & b_{ns} \end{pmatrix},$$

将 $\boldsymbol{A}$ 分块成以列向量为子块的 $1\times n$ 分块矩阵

$$\boldsymbol{A}=(\boldsymbol{\alpha}_1,\boldsymbol{\alpha}_1,\cdots,\boldsymbol{\alpha}_n).$$

于是由分块矩阵的乘法得

$$\begin{aligned}\boldsymbol{AB}&=(\boldsymbol{\alpha}_1,\boldsymbol{\alpha}_2,\cdots,\boldsymbol{\alpha}_n)\begin{pmatrix} b_{11} & b_{12} & \cdots & b_{1s} \\ b_{21} & b_{22} & \cdots & b_{2s} \\ \vdots & \vdots & & \vdots \\ b_{n1} & b_{n2} & \cdots & b_{ns} \end{pmatrix}\\ &=(b_{11}\boldsymbol{\alpha}_1+b_{21}\boldsymbol{\alpha}_2+\cdots+b_{n1}\boldsymbol{\alpha}_n,b_{12}\boldsymbol{\alpha}_1+b_{22}\boldsymbol{\alpha}_2\\ &\quad+\cdots+b_{n2}\boldsymbol{\alpha}_n,\cdots,b_{1s}\boldsymbol{\alpha}_1+b_{2s}\boldsymbol{\alpha}_2+\cdots+b_{ns}\boldsymbol{\alpha}_n).\end{aligned}$$

因而 $\boldsymbol{AB}$ 的列向量组是

$$\begin{aligned}\boldsymbol{\gamma}_1&=b_{11}\boldsymbol{\alpha}_1+b_{21}\boldsymbol{\alpha}_2+\cdots+b_{n1}\boldsymbol{\alpha}_n,\\ \boldsymbol{\gamma}_2&=b_{12}\boldsymbol{\alpha}_1+b_{22}\boldsymbol{\alpha}_2+\cdots+b_{n2}\boldsymbol{\alpha}_n,\\ &\vdots\\ \boldsymbol{\gamma}_s&=b_{1s}\boldsymbol{\alpha}_1+b_{2s}\boldsymbol{\alpha}_2+\cdots+b_{ns}\boldsymbol{\alpha}_n.\end{aligned}$$

这表明 $\boldsymbol{AB}$ 的列向量$\boldsymbol{\gamma}_1,\boldsymbol{\gamma}_2,\cdots,\boldsymbol{\gamma}_s$ 可由 $\boldsymbol{A}$ 的列向量组$\boldsymbol{\alpha}_1,\boldsymbol{\alpha}_2,\cdots,\boldsymbol{\alpha}_n$ 线性表出，因此

$$\text{秩}(\boldsymbol{\gamma}_1,\boldsymbol{\gamma}_2,\cdots,\boldsymbol{\gamma}_s)\leqslant\text{秩}(\boldsymbol{\alpha}_1,\boldsymbol{\alpha}_2,\cdots,\boldsymbol{\alpha}_n),$$

从而，秩$(\boldsymbol{AB})\leqslant$秩$(\boldsymbol{A})$.

再证秩$(\boldsymbol{AB})\leqslant$秩$(\boldsymbol{B})$，这是因为

$$\text{秩}(\boldsymbol{AB})=\text{秩}[(\boldsymbol{AB})^{\mathrm{T}}]=\text{秩}(\boldsymbol{B}^{\mathrm{T}}\boldsymbol{A}^{\mathrm{T}})\leqslant\text{秩}(\boldsymbol{B}^{\mathrm{T}})=\text{秩}(\boldsymbol{B}).$$

综上所述，即有

$$\text{秩}(\boldsymbol{AB})\leqslant\min\{\text{秩}(\boldsymbol{A}),\text{秩}(\boldsymbol{B})\}.$$

例 3.24 试证：$\boldsymbol{AB}=\boldsymbol{0}$的充要条件是 $\boldsymbol{B}$ 的每个列向量都是齐次线性方程组 $\boldsymbol{Ax}=\boldsymbol{0}$ 的解.

证明 不妨设 $\boldsymbol{A}$ 为 $m\times n$ 矩阵，$\boldsymbol{B}$ 为 $n\times s$ 矩阵. 把 $\boldsymbol{B}$ 按列向量分块为 $1\times s$ 分块矩阵 $\boldsymbol{B}=(\boldsymbol{\beta}_1,\boldsymbol{\beta}_2,\cdots,\boldsymbol{\beta}_s)$，$\boldsymbol{A}$ 视为以 $\boldsymbol{A}$ 为子块的 1×1 分块矩阵，则由矩阵的分块乘法有

$$\boldsymbol{AB}=\boldsymbol{A}(\boldsymbol{\beta}_1,\boldsymbol{\beta}_2,\cdots,\boldsymbol{\beta}_s)=(\boldsymbol{A\beta}_1,\boldsymbol{A\beta}_2,\cdots,\boldsymbol{A\beta}_s),$$

于是

$$\begin{aligned} \boldsymbol{AB}=\boldsymbol{0} &\Leftrightarrow (\boldsymbol{A\beta}_1,\boldsymbol{A\beta}_2,\cdots,\boldsymbol{A\beta}_s)=(\boldsymbol{0},\boldsymbol{0},\cdots,\boldsymbol{0}) \\ &\Leftrightarrow \boldsymbol{A\beta}_1=\boldsymbol{0},\boldsymbol{A\beta}_2=\boldsymbol{0},\cdots,\boldsymbol{A\beta}_s=\boldsymbol{0} \\ &\Leftrightarrow \boldsymbol{\beta}_1,\boldsymbol{\beta}_2,\cdots,\boldsymbol{\beta}_s \text{ 都是齐次线性方程组 } \boldsymbol{Ax}=\boldsymbol{0} \text{ 的解.} \end{aligned}$$

3.4.3 分块矩阵的转置

设分块矩阵为

$$\boldsymbol{A}=\begin{pmatrix} \boldsymbol{A}_{11} & \boldsymbol{A}_{12} & \cdots & \boldsymbol{A}_{1t} \\ \boldsymbol{A}_{21} & \boldsymbol{A}_{22} & \cdots & \boldsymbol{A}_{2t} \\ \vdots & \vdots & & \vdots \\ \boldsymbol{A}_{s1} & \boldsymbol{A}_{s2} & \cdots & \boldsymbol{A}_{st} \end{pmatrix},$$

则有

$$\boldsymbol{A}^{\mathrm{T}}=\begin{pmatrix} \boldsymbol{A}_{11}^{\mathrm{T}} & \boldsymbol{A}_{21}^{\mathrm{T}} & \cdots & \boldsymbol{A}_{s1}^{\mathrm{T}} \\ \boldsymbol{A}_{12}^{\mathrm{T}} & \boldsymbol{A}_{22}^{\mathrm{T}} & \cdots & \boldsymbol{A}_{s2}^{\mathrm{T}} \\ \vdots & \vdots & & \vdots \\ \boldsymbol{A}_{1t}^{\mathrm{T}} & \boldsymbol{A}_{2t}^{\mathrm{T}} & \cdots & \boldsymbol{A}_{st}^{\mathrm{T}} \end{pmatrix},$$

即分块矩阵转置时，不仅要把当作元素看待的子块行列互换，而且要把每个子块内部的元素也行列互换.

习题 3.4

1. 用分块矩阵的乘法求下列矩阵的乘积：

(1) $\boldsymbol{A}=\begin{pmatrix} 3 & 0 & 0 & 0 \\ 0 & 3 & 0 & 0 \\ -1 & 2 & 1 & 0 \\ 4 & 1 & 0 & 1 \end{pmatrix}$，$\boldsymbol{B}=\begin{pmatrix} 1 & 2 & 0 & 0 \\ 0 & 1 & 0 & 0 \\ 5 & 4 & 2 & 0 \\ 7 & 9 & 0 & 3 \end{pmatrix}$；

(2) $\boldsymbol{A}=\begin{pmatrix} 1 & 2 & 0 & 0 & 1 \\ -2 & 1 & 0 & 0 & 1 \\ 0 & 0 & 3 & 1 & 0 \\ 0 & 0 & 0 & 1 & 0 \\ 0 & 0 & 0 & 0 & 4 \\ 0 & 0 & 0 & 0 & 1 \end{pmatrix}$，$\boldsymbol{B}=\begin{pmatrix} 0 \\ 0 \\ 1 \\ -2 \\ -1 \end{pmatrix}$.

2. 利用矩阵分块的方法求下列矩阵的逆矩阵：

(1) $\begin{pmatrix} 1 & 2 & 2 & 4 \\ 0 & 1 & 2 & 3 \\ 0 & 0 & 1 & 2 \\ 0 & 0 & 1 & 1 \end{pmatrix}$； (2) $\begin{pmatrix} 3 & 0 & 0 & 0 & 0 \\ 0 & 3 & 0 & 0 & 0 \\ 0 & 0 & 3 & 0 & 0 \\ 0 & 0 & 0 & -1 & 3 \\ 0 & 0 & 0 & -2 & 5 \end{pmatrix}$.

3. 设 $\boldsymbol{D}=\begin{pmatrix} \boldsymbol{A} & \boldsymbol{C} \\ \boldsymbol{0} & \boldsymbol{B} \end{pmatrix}$为分块矩阵，其中 $\boldsymbol{A}$ 是 k 阶方阵，$\boldsymbol{B}$ 是 r 阶方阵. 证明 $|\boldsymbol{D}|=|\boldsymbol{A}||\boldsymbol{B}|$.

4. 已知 $\boldsymbol{D}=\begin{pmatrix} \boldsymbol{0} & \boldsymbol{A} \\ \boldsymbol{B} & \boldsymbol{0} \end{pmatrix}$，其中 $\boldsymbol{A},\boldsymbol{B}$ 为可逆方阵. 证明：$\boldsymbol{D}$ 可逆，且

$$\boldsymbol{D}^{-1}=\begin{pmatrix} \boldsymbol{0} & \boldsymbol{B}^{-1} \\ \boldsymbol{A}^{-1} & \boldsymbol{0} \end{pmatrix}.$$

5. 设 $\boldsymbol{A},\boldsymbol{B}$ 均为 n 阶方阵，试证：若 $\boldsymbol{AB}=\boldsymbol{0}$，则 $\mathrm{r}(\boldsymbol{A})+\mathrm{r}(\boldsymbol{B})\leqslant n$.

3.5 初等矩阵

在 3.3 节中给出了矩阵可逆的充分必要条件，并同时给出了求逆矩阵的一种方法，即伴随矩阵法. 但是利用伴随矩阵法求逆矩阵，当矩阵的阶数较高时计算量是很大的. 这一节将介绍求逆矩阵的另一种方法，即初等变换法. 为此我们先介绍初等矩阵的概念，并建立矩阵的初等变换与矩阵乘法的联系.

3.5.1 初等矩阵的定义

定义 3.11 由单位矩阵 $\boldsymbol{E}$ 经过一次初等变换得到的矩阵称为初等矩阵.

显然，初等矩阵都是方阵，并且每个初等变换都有一个与之相应的初等矩阵.

(1) 互换矩阵 $\boldsymbol{E}$ 的第 i 行(列)与第 j 行(列)的位置，得

$$\boldsymbol{P}(i,j)=\begin{pmatrix} 1 & & & & & & & & & & \\ & \ddots & & & & & & & & & \\ & & 1 & & & & & & & & \\ & & & 0 & & & & 1 & & & \\ & & & & 1 & & & & & & \\ & & & & & \ddots & & & & & \\ & & & & & & 1 & & & & \\ & & & 1 & & & & 0 & & & \\ & & & & & & & & 1 & & \\ & & & & & & & & & \ddots & \\ & & & & & & & & & & 1 \end{pmatrix} \begin{matrix} \\ \\ \\ i\text{ 行} \\ \\ \\ \\ j\text{ 行} \\ \\ \\ \\ \end{matrix}.$$

$\qquad\qquad\qquad\qquad\qquad\qquad i$ 列 $\qquad\qquad\qquad j$ 列

（2）用非零数 c 乘 $\boldsymbol{E}$ 的第 i 行(列)，得

$$\boldsymbol{P}(i(c))=\begin{pmatrix}1&&&&&&\\&\ddots&&&&&\\&&1&&&&\\&&&c&&&\\&&&&1&&\\&&&&&\ddots&\\&&&&&&1\end{pmatrix}\begin{matrix}\\\\\\i\text{行}.\\\\\\\\\end{matrix}$$

$$\qquad\qquad i\text{列}$$

（3）将 $\boldsymbol{E}$ 的第 j 行的 k 倍加到第 i 行上，得

$$\boldsymbol{P}(i,j(k))=\begin{pmatrix}1&&&&&\\&\ddots&&&&\\&&1&\cdots&k&&\\&&&\ddots&\vdots&&\\&&&&1&&\\&&&&&\ddots&\\&&&&&&1\end{pmatrix}\begin{matrix}\\\\i\text{行}\\\\j\text{行}\\\\\\\end{matrix}.$$

$$\qquad\qquad i\text{列}\qquad j\text{列}$$

该矩阵也是 $\boldsymbol{E}$ 的第 i 列的 k 倍加到第 j 列所得的初等矩阵.

显然，上述三种初等矩阵就是全部的初等矩阵.

初等矩阵具有下列性质：

（1）初等矩阵都是可逆的. 这是因为

$$|\boldsymbol{P}(i,j)|=-1\neq0,\quad |\boldsymbol{P}(i(c))|=c\neq0,\quad |\boldsymbol{P}(i,j(k))|=1\neq0.$$

（2）初等矩阵的逆矩阵仍是同类型的初等矩阵，且有

$$\boldsymbol{P}(i,j)^{-1}=\boldsymbol{P}(i,j),$$

$$\boldsymbol{P}(i(c))^{-1}=\boldsymbol{P}\left(i\left(\frac{1}{c}\right)\right),$$

$$\boldsymbol{P}(i,j(k))^{-1}=\boldsymbol{P}(i,j(-k)).$$

利用定理 3.2 的推论 1 可以证明.

（3）初等矩阵的转置仍是同类型的初等矩阵，且有

$$\boldsymbol{P}(i,j)^{\mathrm{T}}=\boldsymbol{P}(i,j),$$

$$\boldsymbol{P}(i(c))^{\mathrm{T}}=\boldsymbol{P}(i(c)),$$

$$\boldsymbol{P}(i,j(k))^{\mathrm{T}}=\boldsymbol{P}(j,i(k)).$$

引入初等矩阵后，使得矩阵的初等变换可用初等矩阵与该矩阵的乘积来实现. 先看下面的例子.

设

$$A=\begin{pmatrix} a_1 & a_2 & a_3 & a_4 \\ b_1 & b_2 & b_3 & b_4 \\ c_1 & c_2 & c_3 & c_4 \end{pmatrix},$$

则

$$P(1,3)A=\begin{pmatrix} 0 & 0 & 1 \\ 0 & 1 & 0 \\ 1 & 0 & 0 \end{pmatrix}\begin{pmatrix} a_1 & a_2 & a_3 & a_4 \\ b_1 & b_2 & b_3 & b_4 \\ c_1 & c_2 & c_3 & c_4 \end{pmatrix}=\begin{pmatrix} c_1 & c_2 & c_3 & c_4 \\ b_1 & b_2 & b_3 & b_4 \\ a_1 & a_2 & a_3 & a_4 \end{pmatrix},$$

这相当于把 A 的第 1,3 行互换；而

$$AP(1,3)=\begin{pmatrix} a_1 & a_2 & a_3 & a_4 \\ b_1 & b_2 & b_3 & b_4 \\ c_1 & c_2 & c_3 & c_4 \end{pmatrix}\begin{pmatrix} 0 & 0 & 1 & 0 \\ 0 & 1 & 0 & 0 \\ 1 & 0 & 0 & 0 \\ 0 & 0 & 0 & 1 \end{pmatrix}=\begin{pmatrix} a_3 & a_2 & a_1 & a_4 \\ b_3 & b_2 & b_1 & b_4 \\ c_3 & c_2 & c_1 & c_4 \end{pmatrix},$$

这相当于把 A 的第 1,3 列互换.

定理 3.3 对一个 $m\times n$ 矩阵 A 施行一次初等行变换就相当于对 A 左乘一个相应的 m 阶初等矩阵；对 A 施行一次初等列变换就相当于对 A 右乘一个相应的 n 阶初等矩阵.

证明 只对行变换的情形给予证明,列变换的情形可同样证明.

设 A 的行向量组是 $A_1,A_2,\cdots,A_m$. 因为

$$A\xrightarrow{(i)+(j)k}\begin{pmatrix} A_1 \\ \vdots \\ A_i+kA_j \\ \vdots \\ A_j \\ \vdots \\ A_m \end{pmatrix},$$

$$P(i,j(k))A=\begin{pmatrix} 1 & 0 & \cdots & 0 & \cdots & 0 & \cdots & 0 \\ \vdots & \vdots & & \vdots & & \vdots & & \vdots \\ 0 & 0 & \cdots & 1 & \cdots & k & \cdots & 0 \\ \vdots & \vdots & & \vdots & & \vdots & & \vdots \\ 0 & 0 & \cdots & 0 & \cdots & 1 & \cdots & 0 \\ \vdots & \vdots & & \vdots & & \vdots & & \vdots \\ 0 & 0 & \cdots & 0 & \cdots & 0 & \cdots & 1 \end{pmatrix}\begin{pmatrix} A_1 \\ \vdots \\ A_i \\ \vdots \\ A_j \\ \vdots \\ A_m \end{pmatrix}=\begin{pmatrix} A_1 \\ \vdots \\ A_i+kA_j \\ \vdots \\ A_j \\ \vdots \\ A_m \end{pmatrix},$$

这说明：把 $\boldsymbol{A}$ 的第 j 行的 k 倍加到第 i 行上就相当于在 $\boldsymbol{A}$ 的左边乘上一个相应的初等矩阵 $\boldsymbol{P}(i,j(k))$.

其他两种初等行变换可类似证明.

3.5.2 利用初等变换求矩阵的逆

利用矩阵的初等变换，可以把任一矩阵化为最简单的形式.

定理 3.4 任意一个 $m\times n$ 矩阵 $\boldsymbol{A}$ 经过一系列初等变换，总可以化成形如

$$\boldsymbol{D}=\begin{pmatrix}1&&&&&\\&\ddots&&&&\\&&1&&&\\&&&0&&\\&&&&\ddots&\\&&&&&0\end{pmatrix}=\begin{pmatrix}\boldsymbol{E}_r&\boldsymbol{0}\\\boldsymbol{0}&\boldsymbol{0}\end{pmatrix}$$

的矩阵，$\boldsymbol{D}$ 称为矩阵 $\boldsymbol{A}$ 的初等变换标准形.

证明 设

$$\boldsymbol{A}=\begin{pmatrix}a_{11}&a_{12}&\cdots&a_{1n}\\a_{21}&a_{22}&\cdots&a_{2n}\\\vdots&\vdots&&\vdots\\a_{m1}&a_{m2}&\cdots&a_{mn}\end{pmatrix}.$$

如果 $\boldsymbol{A}=\boldsymbol{0}$，则它已经是标准形了(此时 $r=0$). 如果 $\boldsymbol{A}\neq\boldsymbol{0}$，即 $\boldsymbol{A}$ 中至少有一个元素不等于零，不妨假设 $a_{11}\neq 0$(若不然，可以对 $\boldsymbol{A}$ 施行第一种初等变换，使左上角元素不等于零).

用 $-\dfrac{a_{i1}}{a_{11}}$ 乘所得矩阵的第 1 行加到第 i 行上($i=2,\cdots,m$)，所得到的矩阵第 1 列除 $a_{11}\neq 0$ 外，其余各元素都为零.

再用 $-\dfrac{a_{1j}}{a_{11}}$ 乘所得矩阵的第 1 列加到第 j 列上($j=2,\cdots,n$)，此时，矩阵的第 1 行除 $a_{11}\neq 0$ 外，其余元素都为零. 然后用 $\dfrac{1}{a_{11}}$ 乘第 1 行，于是矩阵 $\boldsymbol{A}$ 化为

$$\boldsymbol{A}\rightarrow\begin{pmatrix}1&0&\cdots&0\\0&a'_{22}&\cdots&a'_{2n}\\\vdots&\vdots&&\vdots\\0&a'_{m2}&\cdots&a'_{mn}\end{pmatrix}=\begin{pmatrix}\boldsymbol{E}_1&\boldsymbol{0}\\\boldsymbol{0}&\boldsymbol{A}_1\end{pmatrix},$$

$\boldsymbol{A}_1$ 为一个 $(m-1)\times(n-1)$ 矩阵. 若 $\boldsymbol{A}_1=\boldsymbol{0}$，则 $\boldsymbol{A}$ 已是标准形了；若 $\boldsymbol{A}_1\neq\boldsymbol{0}$，即 $\boldsymbol{A}_1$ 中至少有

一个元素不等于零，那么按上述方法继续下去，最后可以把 $\boldsymbol{A}$ 化成 $\boldsymbol{D}$ 的形式.

例 3.25　把下列矩阵化为标准形式：

$$(1)\ \boldsymbol{A}=\begin{pmatrix}2&1&2&3\\4&1&3&5\\2&0&1&2\end{pmatrix};\quad (2)\ \boldsymbol{A}=\begin{pmatrix}1&0&1\\2&1&0\\-3&2&5\end{pmatrix}.$$

解　(1)

$$\boldsymbol{A}=\begin{pmatrix}2&1&2&3\\4&1&3&5\\2&0&1&2\end{pmatrix}\begin{matrix}\times(-2)\ \times(-1)\\ \\ \\ \end{matrix}\rightarrow\begin{pmatrix}2&1&2&3\\0&-1&-1&-1\\0&-1&-1&-1\end{pmatrix}$$

（第 1 列分别 $\times\left(-\frac{1}{2}\right)$、$\times(-1)$、$\times\left(-\frac{3}{2}\right)$ 加到第 2、3、4 列）

$$\rightarrow\begin{pmatrix}2&0&0&0\\0&-1&-1&-1\\0&-1&-1&-1\end{pmatrix}\begin{matrix}\times\frac{1}{2}\\ \times(-1)\\ \\ \end{matrix}\rightarrow\begin{pmatrix}1&0&0&0\\0&-1&-1&-1\\0&0&0&0\end{pmatrix}$$

$$\rightarrow\begin{pmatrix}1&0&0&0\\0&-1&0&0\\0&0&0&0\end{pmatrix}\rightarrow\begin{pmatrix}1&0&0&0\\0&1&0&0\\0&0&0&0\end{pmatrix}.$$

$$(2)\ \boldsymbol{A}=\begin{pmatrix}1&0&1\\2&1&0\\-3&2&5\end{pmatrix}\rightarrow\begin{pmatrix}1&0&1\\0&1&-2\\0&2&8\end{pmatrix}\rightarrow\begin{pmatrix}1&0&0\\0&1&-2\\0&2&8\end{pmatrix}$$

$$\rightarrow\begin{pmatrix}1&0&0\\0&1&-2\\0&0&12\end{pmatrix}\rightarrow\begin{pmatrix}1&0&0\\0&1&0\\0&0&1\end{pmatrix}.$$

根据定理 3.3，对于一个矩阵 $\boldsymbol{A}$ 作初等行(列)变换就相当于用相应的初等矩阵去左(右)乘这个矩阵. 因此，矩阵与它的标准形 $\boldsymbol{D}$ 有如下关系：

$$\boldsymbol{D}=\boldsymbol{P}_s\cdots\boldsymbol{P}_2\boldsymbol{P}_1\boldsymbol{A}\boldsymbol{Q}_1\boldsymbol{Q}_2\cdots\boldsymbol{Q}_t,\tag{3.9}$$

其中 $\boldsymbol{P}_1,\boldsymbol{P}_2,\cdots,\boldsymbol{P}_s$ 和 $\boldsymbol{Q}_1,\boldsymbol{Q}_2,\cdots,\boldsymbol{Q}_t$ 是初等矩阵.

由于初等矩阵都是可逆的，所以(3.9)式又可写成

$$\boldsymbol{A}=\boldsymbol{P}_1^{-1}\boldsymbol{P}_2^{-1}\cdots\boldsymbol{P}_s^{-1}\boldsymbol{D}\boldsymbol{Q}_t^{-1}\cdots\boldsymbol{Q}_2^{-1}\boldsymbol{Q}_1^{-1}.\tag{3.10}$$

推论 n 阶方阵 $\boldsymbol{A}$ 可逆的充分必要条件是 $\boldsymbol{A}$ 的标准形为单位矩阵 $\boldsymbol{E}$.

证明 必要性：设 $\boldsymbol{A}$ 可逆，$\boldsymbol{D}$ 为 $\boldsymbol{A}$ 的标准形，由(3.9)式知，$\boldsymbol{D}$ 可逆，即 $|\boldsymbol{D}|\neq 0$. 于是 $\boldsymbol{D}$ 不能有任何一行(列)的元素全为零. 因此，$\boldsymbol{D}$ 必等于 $\boldsymbol{E}$.

由(3.10)式知，充分性是显然的.

定理 3.5 n 阶方阵 $\boldsymbol{A}$ 可逆的充分必要条件是 $\boldsymbol{A}$ 可以表示成一些初等矩阵的乘积，即

$$\boldsymbol{A}=\boldsymbol{Q}_1\boldsymbol{Q}_2\cdots\boldsymbol{Q}_m, \tag{3.11}$$

这里 $\boldsymbol{Q}_1,\boldsymbol{Q}_2,\cdots,\boldsymbol{Q}_m$ 为初等矩阵.

证明 必要性：由定理 3.4 的推论知，如果 $\boldsymbol{A}$ 可逆，则 $\boldsymbol{A}$ 的标准形为 $\boldsymbol{E}$，由(3.10)式可得

$$\boldsymbol{A}=\boldsymbol{P}_1^{-1}\boldsymbol{P}_2^{-1}\cdots\boldsymbol{P}_s^{-1}\boldsymbol{E}\boldsymbol{Q}_t^{-1}\cdots\boldsymbol{Q}_2^{-1}\boldsymbol{Q}_1^{-1}=\boldsymbol{P}_1^{-1}\boldsymbol{P}_2^{-1}\cdots\boldsymbol{P}_s^{-1}\boldsymbol{Q}_t^{-1}\cdots\boldsymbol{Q}_2^{-1}\boldsymbol{Q}_1^{-1},$$

而初等矩阵的逆矩阵仍为初等矩阵，因此 $\boldsymbol{A}$ 可表示成一些初等矩阵的乘积.

由于初等矩阵都是可逆的，所以充分性是显然的.

把(3.11)式改写一下，得

$$\boldsymbol{Q}_m^{-1}\cdots\boldsymbol{Q}_2^{-1}\boldsymbol{Q}_1^{-1}\boldsymbol{A}=\boldsymbol{E}. \tag{3.12}$$

因为初等矩阵 $\boldsymbol{Q}_i(i=1,2,\cdots,m)$ 的逆矩阵仍是初等矩阵，同时在矩阵 $\boldsymbol{A}$ 的左边乘初等矩阵就相当于对 $\boldsymbol{A}$ 作初等行变换，所以(3.12)式说明以下推论.

推论 若 n 阶方阵 $\boldsymbol{A}$ 可逆，则总可以经过一系列初等行变换将 $\boldsymbol{A}$ 化成单位矩阵.

以上的讨论提供了一个求逆矩阵的方法. 设 $\boldsymbol{A}$ 为一个 n 阶可逆矩阵，由上述推论，存在一系列初等矩阵 $\boldsymbol{P}_1,\boldsymbol{P}_2,\cdots,\boldsymbol{P}_m$，使得

$$\boldsymbol{P}_m\cdots\boldsymbol{P}_2\boldsymbol{P}_1\boldsymbol{A}=\boldsymbol{E}. \tag{3.13}$$

由(3.13)式右乘 $\boldsymbol{A}^{-1}$，得

$$\boldsymbol{A}^{-1}=\boldsymbol{P}_m\cdots\boldsymbol{P}_2\boldsymbol{P}_1\boldsymbol{E}. \tag{3.14}$$

(3.13)式，(3.14)式说明，如果用一系列初等行变换将可逆矩阵 $\boldsymbol{A}$ 化成单位矩阵，那么同样地用这一系列初等行变换就可将单位矩阵 $\boldsymbol{E}$ 化成 $\boldsymbol{A}^{-1}$. 于是得到了一个求逆矩阵的方法：作 $n\times 2n$ 矩阵$(\boldsymbol{A}\,\vdots\,\boldsymbol{E})$，对此矩阵作初等行变换，使左边子块 $\boldsymbol{A}$ 化为 $\boldsymbol{E}$，同时右边子块 $\boldsymbol{E}$ 就化成了 $\boldsymbol{A}^{-1}$. 简示为

$$(\boldsymbol{A}\,\vdots\,\boldsymbol{E})\xrightarrow{\text{初等行变换}}(\boldsymbol{E}\,\vdots\,\boldsymbol{A}^{-1}).$$

例 3.26 设 $\boldsymbol{A}=\begin{pmatrix}4&2&3\\3&1&2\\2&1&1\end{pmatrix}$，求 $\boldsymbol{A}^{-1}$.

解 对矩阵 $(\boldsymbol{A} \vdots \boldsymbol{E})$ 施以初等行变换:

$$(\boldsymbol{A} \vdots \boldsymbol{E})=\left(\begin{array}{ccc:ccc}4 & 2 & 3 & 1 & 0 & 0\\3 & 1 & 2 & 0 & 1 & 0\\2 & 1 & 1 & 0 & 0 & 1\end{array}\right)\to\left(\begin{array}{ccc:ccc}1 & 1 & 1 & 1 & -1 & 0\\3 & 1 & 2 & 0 & 1 & 0\\2 & 1 & 1 & 0 & 0 & 1\end{array}\right)$$

$$\to\left(\begin{array}{ccc:ccc}1 & 1 & 1 & 1 & -1 & 0\\0 & -2 & -1 & -3 & 4 & 0\\0 & -1 & -1 & -2 & 2 & 1\end{array}\right)\to\left(\begin{array}{ccc:ccc}1 & 0 & 0 & -1 & 1 & 1\\0 & 0 & 1 & 1 & 0 & -2\\0 & 1 & 1 & 2 & -2 & -1\end{array}\right)$$

$$\to\left(\begin{array}{ccc:ccc}1 & 0 & 0 & -1 & 1 & 1\\0 & 1 & 0 & 1 & -2 & 1\\0 & 0 & 1 & 1 & 0 & -2\end{array}\right),$$

所以

$$\boldsymbol{A}^{-1}=\begin{pmatrix}-1 & 1 & 1\\1 & -2 & 1\\1 & 0 & -2\end{pmatrix}.$$

根据定理3.4的推论,若 $\boldsymbol{A}$ 不能化为单位矩阵 $\boldsymbol{E}$,说明 $\boldsymbol{A}$ 不可逆.

用同样的方法可以证明,可逆矩阵可经过一系列的初等列变换化为单位矩阵,即存在初等矩阵 $\boldsymbol{Q}_1,\boldsymbol{Q}_2,\cdots,\boldsymbol{Q}_s$,使得

$$\boldsymbol{A}\boldsymbol{Q}_1\boldsymbol{Q}_2\cdots\boldsymbol{Q}_s=\boldsymbol{E}. \tag{3.15}$$

两边左乘 $\boldsymbol{A}^{-1}$ 得

$$\boldsymbol{E}\boldsymbol{Q}_1\boldsymbol{Q}_2\cdots\boldsymbol{Q}_s=\boldsymbol{A}^{-1}. \tag{3.16}$$

由这两个式子可得到用初等列变换求逆矩阵的方法,对 $2n\times n$ 矩阵 $\begin{pmatrix}\boldsymbol{A}\\ \hdashline \boldsymbol{E}\end{pmatrix}$ 施行初等列变换,即

$$\begin{pmatrix}\boldsymbol{A}\\ \hdashline \boldsymbol{E}\end{pmatrix}\xrightarrow{\text{初等列变换}}\begin{pmatrix}\boldsymbol{E}\\ \hdashline \boldsymbol{A}^{-1}\end{pmatrix}.$$

下面介绍一种利用矩阵求逆来解简单的矩阵方程的方法.

设矩阵方程为

$$\boldsymbol{A}_{n\times n}\boldsymbol{X}_{n\times m}=\boldsymbol{B}_{n\times m},$$

其中 $\boldsymbol{X}_{n\times m}$ 是未知矩阵,即其元素为未知数.

若 $\boldsymbol{A}_{n\times n}$ 可逆,则在方程两边左乘 $\boldsymbol{A}_{n\times n}^{-1}$,就可求得未知矩阵

$$\boldsymbol{X}_{n\times m}=\boldsymbol{A}_{n\times n}^{-1}\boldsymbol{B}_{n\times m}.$$

利用这种方法就是先求出 $\boldsymbol{A}^{-1}$ 后,再计算 $\boldsymbol{A}^{-1}$ 与 $\boldsymbol{B}$ 的乘积 $\boldsymbol{A}^{-1}\boldsymbol{B}$,而计算两个矩阵积是比较麻烦的.下面介绍一种较简便的方法,就是利用初等变换直接求出 $\boldsymbol{A}^{-1}\boldsymbol{B}$.

若 $\boldsymbol{A}$ 可逆，由定理 3.5 的推论知，存在初等矩阵 $\boldsymbol{P}_1,\boldsymbol{P}_2,\cdots,\boldsymbol{P}_m$，使

$$\boldsymbol{P}_m\cdots\boldsymbol{P}_2\boldsymbol{P}_1\boldsymbol{A}=\boldsymbol{E}. \tag{3.17}$$

在(3.17)式两边右乘 $\boldsymbol{A}^{-1}\boldsymbol{B}$，得

$$\boldsymbol{P}_m\cdots\boldsymbol{P}_2\boldsymbol{P}_1\boldsymbol{B}=\boldsymbol{A}^{-1}\boldsymbol{B}. \tag{3.18}$$

(3.17)式，(3.18)式说明，如果用一系列初等行变换把 $\boldsymbol{A}$ 化为单位矩阵，那么用同样的初等行变换就可把矩阵 $\boldsymbol{B}$ 化成 $\boldsymbol{A}^{-1}\boldsymbol{B}$，即所求矩阵方程的解.

由此，我们得到了一个用初等行变换求矩阵方程的解 $\boldsymbol{A}^{-1}\boldsymbol{B}$ 的方法：作矩阵 $(\boldsymbol{A}\mid\boldsymbol{B})$，对此矩阵作初等行变换，使左边子块 $\boldsymbol{A}$ 化为 $\boldsymbol{E}$，这时右边的子块就化成了 $\boldsymbol{A}^{-1}\boldsymbol{B}$. 即

$$(\boldsymbol{A}\mid\boldsymbol{B})\xrightarrow{\text{初等行变换}}(\boldsymbol{E}\mid\boldsymbol{A}^{-1}\boldsymbol{B}).$$

例 3.27 求矩阵方程 $\boldsymbol{AX}=\boldsymbol{B}$ 的解，其中

$$\boldsymbol{A}=\begin{pmatrix}0&1&-1\\1&1&2\\0&-1&0\end{pmatrix},\quad \boldsymbol{B}=\begin{pmatrix}-2&0\\-3&2\\3&-1\end{pmatrix}.$$

解法 1 因为 $|\boldsymbol{A}|=\begin{vmatrix}0&1&-1\\1&1&2\\0&-1&0\end{vmatrix}=1\neq0$，所以 $\boldsymbol{A}$ 可逆. 先求 $\boldsymbol{A}^{-1}$.

$$(\boldsymbol{A}\mid\boldsymbol{E})=\left(\begin{array}{ccc|ccc}0&1&-1&1&0&0\\1&1&2&0&1&0\\0&-1&0&0&0&1\end{array}\right)\to\left(\begin{array}{ccc|ccc}1&1&2&0&1&0\\0&1&-1&1&0&0\\0&-1&0&0&0&1\end{array}\right)$$

$$\to\left(\begin{array}{ccc|ccc}1&0&2&0&1&1\\0&0&-1&1&0&1\\0&-1&0&0&0&1\end{array}\right)\to\left(\begin{array}{ccc|ccc}1&0&2&0&1&1\\0&-1&0&0&0&1\\0&0&-1&1&0&1\end{array}\right)$$

$$\to\left(\begin{array}{ccc|ccc}1&0&0&2&1&3\\0&1&0&0&0&-1\\0&0&1&-1&0&-1\end{array}\right),$$

所以

$$\boldsymbol{A}^{-1}=\begin{pmatrix}2&1&3\\0&0&-1\\-1&0&-1\end{pmatrix}.$$

所以

$$\boldsymbol{X}=\boldsymbol{A}^{-1}\boldsymbol{B}=\begin{pmatrix}2&1&3\\0&0&-1\\-1&0&-1\end{pmatrix}\begin{pmatrix}-2&0\\-3&2\\3&-1\end{pmatrix}=\begin{pmatrix}2&-1\\-3&1\\-1&1\end{pmatrix}.$$

解法 2

$$(\boldsymbol{A} \vdots \boldsymbol{B})=\left(\begin{array}{ccc:cc}0 & 1 & -1 & -2 & 0 \\ 1 & 1 & 2 & -3 & 2 \\ 0 & -1 & 0 & 3 & -1\end{array}\right) \rightarrow\left(\begin{array}{ccc:cc}1 & 1 & 2 & -3 & 2 \\ 0 & 1 & -1 & -2 & 0 \\ 0 & -1 & 0 & 3 & -1\end{array}\right)$$

$$\rightarrow\left(\begin{array}{ccc:cc}1 & 0 & 0 & 2 & -1 \\ 0 & 1 & 0 & -3 & 1 \\ 0 & 0 & -1 & 1 & -1\end{array}\right) \rightarrow\left(\begin{array}{ccc:cc}1 & 0 & 0 & 2 & -1 \\ 0 & 1 & 0 & -3 & 1 \\ 0 & 0 & 1 & -1 & 1\end{array}\right),$$

得矩阵方程的解

$$\boldsymbol{X}=\boldsymbol{A}^{-1} \boldsymbol{B}=\begin{pmatrix}2 & -1 \\ -3 & 1 \\ -1 & 1\end{pmatrix}.$$

同理,利用初等列变换,也可求解矩阵方程 $\boldsymbol{XA}=\boldsymbol{B}$. 即当 $\boldsymbol{A}$ 可逆时,作矩阵 $\begin{pmatrix}\boldsymbol{A} \\ \hdashline \boldsymbol{B}\end{pmatrix}$,用初等列变换把它化成 $\begin{pmatrix}\boldsymbol{E} \\ \hdashline \boldsymbol{BA}^{-1}\end{pmatrix}$,此时 $\boldsymbol{X}=\boldsymbol{BA}^{-1}$ 就是矩阵方程 $\boldsymbol{XA}=\boldsymbol{B}$ 的解.

习题 3.5

1. 用初等变换把下列矩阵化为标准形:

(1) $\begin{pmatrix}1 & -1 & 2 \\ 3 & 2 & 1 \\ 1 & -2 & 0\end{pmatrix}$; (2) $\begin{pmatrix}1 & -1 & 2 \\ 3 & -3 & 1 \\ -2 & 2 & -4\end{pmatrix}$; (3) $\begin{pmatrix}1 & -1 & 2 \\ 3 & -3 & 1\end{pmatrix}$;

(4) $\begin{pmatrix}1 & 3 \\ -1 & -3 \\ 2 & 1\end{pmatrix}$; (5) $\begin{pmatrix}1 & 2 & -1 & 2 & 1 \\ 2 & 3 & 1 & 4 & 4 \\ -3 & -5 & 4 & -6 & -3 \\ 5 & 9 & 0 & 8 & 5\end{pmatrix}$.

2. 用初等变换求下列矩阵的逆矩阵:

(1) $\begin{pmatrix}1 & 2 & 3 \\ 2 & 1 & 2 \\ 1 & 3 & 4\end{pmatrix}$; (2) $\begin{pmatrix}1 & 2 & 1 & 3 \\ 0 & 1 & 1 & -2 \\ 0 & 0 & 1 & -1 \\ 0 & 0 & 0 & 1\end{pmatrix}$; (3) $\begin{pmatrix}2 & 1 & 3 \\ 1 & -1 & 1 \\ -1 & 2 & 1\end{pmatrix}$.

3. 解下列矩阵方程：

(1) $\begin{pmatrix}3&5\\1&2\end{pmatrix}\boldsymbol{X}=\begin{pmatrix}4&-1&2\\3&0&-1\end{pmatrix}$；

(2) $\begin{pmatrix}2&1\\-2&3\end{pmatrix}\boldsymbol{X}\begin{pmatrix}-2&-1\\1&1\end{pmatrix}=\begin{pmatrix}-2&3\\-6&1\end{pmatrix}$；

(3) $\boldsymbol{X}\begin{pmatrix}1&0&5\\1&1&2\\1&2&5\end{pmatrix}=\begin{pmatrix}1&1&2\\0&0&-6\end{pmatrix}$；

(4) $\boldsymbol{AX}+\boldsymbol{B}=\boldsymbol{X}$，其中

$$\boldsymbol{A}=\begin{pmatrix}0&1&0\\-1&1&1\\-1&0&-1\end{pmatrix},\quad \boldsymbol{B}=\begin{pmatrix}1&-1\\2&0\\5&-3\end{pmatrix}.$$

4. 已知 n 阶矩阵 $\boldsymbol{A}$ 满足 $\boldsymbol{A}^2-3\boldsymbol{A}-2\boldsymbol{E}=\boldsymbol{0}$，试证 $\boldsymbol{A}$ 可逆，并求 $\boldsymbol{A}^{-1}$.

3.6 几种常用的特殊矩阵

本节介绍几种特殊且常用的矩阵及这些特殊矩阵的运算性质.

3.6.1 对角矩阵

定义 3.12 如果 n 阶方阵 $\boldsymbol{A}=(a_{ij})$ 中的元素满足 $a_{ij}=0,i\neq j(i,j=1,2,\cdots,n)$，则称 $\boldsymbol{A}$ 为对角矩阵，即

$$\boldsymbol{A}=\begin{pmatrix}a_{11}&0&\cdots&0\\0&a_{22}&\cdots&0\\\vdots&\vdots&&\vdots\\0&0&\cdots&a_{nn}\end{pmatrix},$$

可简记为

$$\begin{pmatrix}a_{11}&&&\\&a_{22}&&\\&&\ddots&\\&&&a_{nn}\end{pmatrix}$$

或 $\operatorname{diag}(a_{11},a_{22},\cdots,a_{nn})$.

对角矩阵的运算有下列性质：

(1) 同阶对角矩阵的和以及数与对角矩阵的乘积仍是对角矩阵.

(2) 对角矩阵 $\boldsymbol{A}$ 的转置 $\boldsymbol{A}^{\mathrm{T}}$ 仍是对角矩阵，且 $\boldsymbol{A}^{\mathrm{T}}=\boldsymbol{A}$.

(3) 任意两个同阶对角矩阵的乘积仍是对角矩阵，且它们是可交换的，即若

$$\boldsymbol{A}=\begin{pmatrix} a_1 & & & \\ & a_2 & & \\ & & \ddots & \\ & & & a_n \end{pmatrix},\quad \boldsymbol{B}=\begin{pmatrix} b_1 & & & \\ & b_2 & & \\ & & \ddots & \\ & & & b_n \end{pmatrix},$$

则

$$\boldsymbol{AB}=\begin{pmatrix} a_1b_1 & & & \\ & a_2b_2 & & \\ & & \ddots & \\ & & & a_nb_n \end{pmatrix},$$

并且有 $\boldsymbol{AB}=\boldsymbol{BA}$.

(4) 对角矩阵可逆的充分必要条件是它的主对角线元素都不等于零,且

$$\boldsymbol{A}=\begin{pmatrix} a_1 & & & \\ & a_2 & & \\ & & \ddots & \\ & & & a_n \end{pmatrix}$$

可逆时,有

$$\boldsymbol{A}^{-1}=\begin{pmatrix} a_1^{-1} & & & \\ & a_2^{-1} & & \\ & & \ddots & \\ & & & a_n^{-1} \end{pmatrix}.$$

性质(1),(2),(3)可直接验证,下面只证性质(4).

因矩阵 $\boldsymbol{A}$ 可逆$\Leftrightarrow|\boldsymbol{A}|\neq 0$. 对于对角矩阵而言,

$$|\boldsymbol{A}|\neq 0\Leftrightarrow a_1a_2\cdots a_n\neq 0\Leftrightarrow a_1\neq 0,\quad a_2\neq 0,\quad \cdots,\quad a_n\neq 0,$$

即主对角线元素都不为零.

当主对角线元素都不为零时,有

$$\begin{pmatrix} a_1 & & & \\ & a_2 & & \\ & & \ddots & \\ & & & a_n \end{pmatrix}\begin{pmatrix} a_1^{-1} & & & \\ & a_2^{-1} & & \\ & & \ddots & \\ & & & a_n^{-1} \end{pmatrix}=\begin{pmatrix} 1 & & & \\ & 1 & & \\ & & \ddots & \\ & & & 1 \end{pmatrix},$$

于是

$$\boldsymbol{A}^{-1}=\begin{pmatrix} a_1^{-1} & & & \\ & a_2^{-1} & & \\ & & \ddots & \\ & & & a_n^{-1} \end{pmatrix}.$$

特别地,当 $a_1=a_2=\cdots=a_n=k$ 时,对角矩阵

$$\begin{pmatrix} k & & & \\ & k & & \\ & & \ddots & \\ & & & k \end{pmatrix}$$

称为 n 阶数量矩阵，记作 $k\boldsymbol{E}$.

数量矩阵具有以下性质：用数量矩阵左乘或右乘（如果可乘）一个矩阵 $\boldsymbol{B}$，其乘积等于用数 k 乘矩阵 $\boldsymbol{B}$，即若 $k\boldsymbol{E}_l$ 是一个 l 阶数量矩阵，$\boldsymbol{B}$ 是一个 $n\times s$ 矩阵，则 $(k\boldsymbol{E}_n)\boldsymbol{B}=\boldsymbol{B}(k\boldsymbol{E}_s)=k\boldsymbol{B}$.

3.6.2 准对角矩阵

定义 3.13 形如

$$\begin{pmatrix} \boldsymbol{A}_1 & \boldsymbol{0} & \cdots & \boldsymbol{0} \\ \boldsymbol{0} & \boldsymbol{A}_2 & \cdots & \boldsymbol{0} \\ \vdots & \vdots & & \vdots \\ \boldsymbol{0} & \boldsymbol{0} & \cdots & \boldsymbol{A}_s \end{pmatrix}$$

的分块矩阵，称为准对角矩阵，其中主对角线上的 $\boldsymbol{A}_1,\boldsymbol{A}_2,\cdots,\boldsymbol{A}_s$ 都是小方阵，其余子块全是零，可简记为

$$\begin{pmatrix} \boldsymbol{A}_1 & & & \\ & \boldsymbol{A}_2 & & \\ & & \ddots & \\ & & & \boldsymbol{A}_s \end{pmatrix}.$$

对角矩阵可作为准对角矩阵的特殊情形. 如

$$\boldsymbol{A}=\left(\begin{array}{cc:cc:ccc} 1 & 0 & 0 & 0 & 0 & 0 & 0 \\ 2 & 3 & 0 & 0 & 0 & 0 & 0 \\ \hdashline 0 & 0 & 2 & 1 & 0 & 0 & 0 \\ 0 & 0 & 3 & 4 & 0 & 0 & 0 \\ \hdashline 0 & 0 & 0 & 0 & 5 & 3 & 2 \\ 0 & 0 & 0 & 0 & 0 & 1 & 0 \\ 0 & 0 & 0 & 0 & 0 & 0 & 2 \end{array}\right)=\begin{pmatrix} \boldsymbol{A}_1 & \boldsymbol{0} & \boldsymbol{0} \\ \boldsymbol{0} & \boldsymbol{A}_2 & \boldsymbol{0} \\ \boldsymbol{0} & \boldsymbol{0} & \boldsymbol{A}_3 \end{pmatrix},$$

$$\boldsymbol{B}=\left(\begin{array}{cc:cc} 2 & 0 & 0 & 0 \\ 1 & 2 & 0 & 0 \\ \hdashline 0 & 0 & 3 & 0 \\ 0 & 0 & 1 & 3 \end{array}\right)=\begin{pmatrix} \boldsymbol{B}_1 & \boldsymbol{0} \\ \boldsymbol{0} & \boldsymbol{B}_2 \end{pmatrix},\quad \boldsymbol{C}=\left(\begin{array}{c:cc} 2 & 0 & 0 \\ \hdashline 0 & 3 & 1 \\ 0 & 0 & 3 \end{array}\right)=\begin{pmatrix} \boldsymbol{C}_1 & \boldsymbol{0} \\ \boldsymbol{0} & \boldsymbol{C}_2 \end{pmatrix}$$

都是准对角矩阵.

准对角矩阵具有下列运算性质:

(1) 两个具有相同分块的准对角矩阵的和、乘积仍是准对角矩阵,数与准对角矩阵的乘积以及准对角矩阵的转置仍是准对角矩阵.即对于两个有相同分块的准对角矩阵

$$\boldsymbol{A}=\begin{pmatrix}\boldsymbol{A}_1 & & & \\ & \boldsymbol{A}_2 & & \\ & & \ddots & \\ & & & \boldsymbol{A}_s\end{pmatrix},\quad \boldsymbol{B}=\begin{pmatrix}\boldsymbol{B}_1 & & & \\ & \boldsymbol{B}_2 & & \\ & & \ddots & \\ & & & \boldsymbol{B}_s\end{pmatrix}.$$

若它们的对应分块是同阶的,则有

$$\boldsymbol{A}+\boldsymbol{B}=\begin{pmatrix}\boldsymbol{A}_1+\boldsymbol{B}_1 & & & \\ & \boldsymbol{A}_2+\boldsymbol{B}_2 & & \\ & & \ddots & \\ & & & \boldsymbol{A}_s+\boldsymbol{B}_s\end{pmatrix},\quad \boldsymbol{A}\boldsymbol{B}=\begin{pmatrix}\boldsymbol{A}_1\boldsymbol{B}_1 & & & \\ & \boldsymbol{A}_2\boldsymbol{B}_2 & & \\ & & \ddots & \\ & & & \boldsymbol{A}_s\boldsymbol{B}_s\end{pmatrix},$$

$$k\boldsymbol{A}=\begin{pmatrix}k\boldsymbol{A}_1 & & & \\ & k\boldsymbol{A}_2 & & \\ & & \ddots & \\ & & & k\boldsymbol{A}_s\end{pmatrix},\quad \boldsymbol{A}^{\mathrm{T}}=\begin{pmatrix}\boldsymbol{A}_1^{\mathrm{T}} & & & \\ & \boldsymbol{A}_2^{\mathrm{T}} & & \\ & & \ddots & \\ & & & \boldsymbol{A}_s^{\mathrm{T}}\end{pmatrix}.$$

(2) 准对角矩阵 $\boldsymbol{A}$ 可逆的充分必要条件是 $\boldsymbol{A}_1,\boldsymbol{A}_2,\cdots,\boldsymbol{A}_s$ 都可逆,并且当 $\boldsymbol{A}$ 可逆时,有

$$\boldsymbol{A}^{-1}=\begin{pmatrix}\boldsymbol{A}_1^{-1} & & & \\ & \boldsymbol{A}_2^{-1} & & \\ & & \ddots & \\ & & & \boldsymbol{A}_s^{-1}\end{pmatrix}.$$

证明 $\boldsymbol{A}$ 可逆

$$\Leftrightarrow\begin{vmatrix}\boldsymbol{A}_1 & & & \\ & \boldsymbol{A}_2 & & \\ & & \ddots & \\ & & & \boldsymbol{A}_s\end{vmatrix}=|\boldsymbol{A}_1|\begin{vmatrix}\boldsymbol{A}_2 & & & \\ & \boldsymbol{A}_3 & & \\ & & \ddots & \\ & & & \boldsymbol{A}_s\end{vmatrix}=|\boldsymbol{A}_1||\boldsymbol{A}_2|\cdots|\boldsymbol{A}_s|\neq 0$$

$\Leftrightarrow |\boldsymbol{A}_1|\neq 0,\ |\boldsymbol{A}_2|\neq 0,\cdots,\ |\boldsymbol{A}_s|\neq 0$

$\Leftrightarrow \boldsymbol{A}_1,\boldsymbol{A}_2,\cdots,\boldsymbol{A}_s$ 都可逆.

当 $\boldsymbol{A}$ 可逆时,有

$$\begin{pmatrix}\boldsymbol{A}_1 & & & \\ & \boldsymbol{A}_2 & & \\ & & \ddots & \\ & & & \boldsymbol{A}_s\end{pmatrix}\begin{pmatrix}\boldsymbol{A}_1^{-1} & & & \\ & \boldsymbol{A}_2^{-1} & & \\ & & \ddots & \\ & & & \boldsymbol{A}_s^{-1}\end{pmatrix}=\boldsymbol{E},$$

所以

$$A^{-1}=\begin{pmatrix} A_1^{-1} & & & \\ & A_2^{-1} & & \\ & & \ddots & \\ & & & A_s^{-1} \end{pmatrix}.$$

如果一个阶数较高的可逆矩阵能分块为准对角矩阵,那么利用准对角矩阵的运算性质(2)就可将原矩阵求逆问题转化成一些小方阵的求逆问题.

例 3.28 试判断矩阵 $A=\begin{pmatrix} 3 & 0 & 0 & 0 \\ 0 & 1 & 2 & 0 \\ 0 & 1 & 3 & 0 \\ 0 & 0 & 0 & 5 \end{pmatrix}$是否可逆?若可逆,求出 A^{-1},并计算 A^2.

解 将 A 分块为

$$A=\left(\begin{array}{c:cc:c} 3 & 0 & 0 & 0 \\ \hdashline 0 & 1 & 2 & 0 \\ 0 & 1 & 3 & 0 \\ \hdashline 0 & 0 & 0 & 5 \end{array}\right)=\begin{pmatrix} A_1 & \mathbf{0} & \mathbf{0} \\ \mathbf{0} & A_2 & \mathbf{0} \\ \mathbf{0} & \mathbf{0} & A_3 \end{pmatrix},$$

则 A 为一准对角矩阵,因为 $|A_1|=3$,$|A_2|=\begin{vmatrix} 1 & 2 \\ 1 & 3 \end{vmatrix}=1$,$|A_3|=5$ 都不为零,所以 A_1,A_2,A_3 都可逆,从而 A 可逆. 又因为 $A_1^{-1}=\dfrac{1}{3}$,$A_2^{-1}=\begin{pmatrix} 3 & -2 \\ -1 & 1 \end{pmatrix}$,$A_3^{-1}=\dfrac{1}{5}$,所以

$$A^{-1}=\begin{pmatrix} A_2^{-1} & & \\ & A_2^{-1} & \\ & & A_3^{-1} \end{pmatrix}=\begin{pmatrix} \frac{1}{3} & 0 & 0 & 0 \\ 0 & 3 & -2 & 0 \\ 0 & -1 & 1 & 0 \\ 0 & 0 & 0 & \frac{1}{5} \end{pmatrix}.$$

再计算 A^2.

$$A^2=\begin{pmatrix} A_1 & & \\ & A_2 & \\ & & A_3 \end{pmatrix}\begin{pmatrix} A_1 & & \\ & A_2 & \\ & & A_3 \end{pmatrix}=\begin{pmatrix} A_1^2 & & \\ & A_2^2 & \\ & & A_3^2 \end{pmatrix},$$

而 $A_1^2=9$,$A_2^2=\begin{pmatrix} 1 & 2 \\ 1 & 3 \end{pmatrix}^2=\begin{pmatrix} 3 & 8 \\ 4 & 11 \end{pmatrix}$,$A_3^2=25$,因此

$$A^2=\begin{pmatrix} 9 & 0 & 0 & 0 \\ 0 & 3 & 8 & 0 \\ 0 & 4 & 11 & 0 \\ 0 & 0 & 0 & 25 \end{pmatrix}.$$

3.6.3 三角矩阵

定义 3.14 形如

$$\begin{pmatrix} a_{11} & a_{12} & \cdots & a_{1n} \\ & a_{22} & \cdots & a_{2n} \\ & & \ddots & \vdots \\ & & & a_{nn} \end{pmatrix}, \quad \begin{pmatrix} a_{11} & & & \\ a_{21} & a_{22} & & \\ \vdots & \vdots & \ddots & \\ a_{n1} & a_{n2} & \cdots & a_{nn} \end{pmatrix}$$

的 n 阶方阵,即主对角线下(上)方的元素全为零的方阵分别称为上(下)三角矩阵.

上(下)三角矩阵具有下述性质:

(1) 若 $\boldsymbol{A},\boldsymbol{B}$ 是两个同阶的上(下)三角矩阵,则 $\boldsymbol{A}+\boldsymbol{B},k\boldsymbol{A},\boldsymbol{AB}$ 仍为上(下)三角矩阵;如

$$\boldsymbol{A}=\begin{pmatrix} a_{11} & a_{12} & \cdots & a_{1n} \\ & a_{22} & \cdots & a_{2n} \\ & & \ddots & \vdots \\ & & & a_{nn} \end{pmatrix}, \quad \boldsymbol{B}=\begin{pmatrix} b_{11} & b_{12} & \cdots & b_{1n} \\ & b_{22} & \cdots & b_{2n} \\ & & \ddots & \vdots \\ & & & b_{nn} \end{pmatrix},$$

则

$$\boldsymbol{AB}=\begin{pmatrix} a_{11} & a_{12} & \cdots & a_{1n} \\ & a_{22} & \cdots & a_{2n} \\ & & \ddots & \vdots \\ & & & a_{nn} \end{pmatrix}\begin{pmatrix} b_{11} & b_{12} & \cdots & b_{1n} \\ & b_{22} & \cdots & b_{2n} \\ & & \ddots & \vdots \\ & & & b_{nn} \end{pmatrix}=\begin{pmatrix} a_{11}b_{11} & & & * \\ & a_{22}b_{22} & & \\ & & \ddots & \\ 0 & & & a_{nn}b_{nn} \end{pmatrix},$$

其中 $*$ 表示主对角线上方的元素;0 表示主对角线下方的元素全为零.

(2) 上(下)三角矩阵可逆的充分必要条件是它的主对角线元素都不为零.当上(下)三角矩阵可逆时,其逆矩阵仍为上(下)三角矩阵.

如 $\boldsymbol{A}=\begin{pmatrix} a_{11} & a_{12} & \cdots & a_{1n} \\ & a_{22} & \cdots & a_{2n} \\ & & \ddots & \vdots \\ & & & a_{nn} \end{pmatrix}$,则 $\boldsymbol{A}^{-1}=\begin{pmatrix} a_{11}^{-1} & & & * \\ & a_{22}^{-1} & & \\ & & \ddots & \\ & & & a_{nn}^{-1} \end{pmatrix}$.

3.6.4 对称矩阵与反对称矩阵

定义 3.15 如果 n 阶矩阵 $\boldsymbol{A}$ 满足 $\boldsymbol{A}^{\mathrm{T}}=\boldsymbol{A}$,则称 $\boldsymbol{A}$ 为对称矩阵.

由定义知,对称矩阵 $\boldsymbol{A}=(a_{ij})$ 中的元素 $a_{ij}=a_{ji}\,(i,j=1,2,\cdots,n)$,因此,对称矩阵的形式为

$$\begin{bmatrix} a_{11} & a_{12} & \cdots & a_{1n} \\ a_{12} & a_{22} & \cdots & a_{2n} \\ \vdots & \vdots & & \vdots \\ a_{1n} & a_{2n} & \cdots & a_{nn} \end{bmatrix}.$$

如

$$\begin{bmatrix} 1 & 2 & -1 \\ 2 & 3 & 0 \\ -1 & 0 & 5 \end{bmatrix}, \quad \begin{pmatrix} 1 & -2 \\ -2 & 0 \end{pmatrix}$$

均为对称矩阵.

对称矩阵有以下性质：

(1) 如果 $\boldsymbol{A},\boldsymbol{B}$ 是同阶对称矩阵，则 $\boldsymbol{A}+\boldsymbol{B},k\boldsymbol{A}$ 也是对称矩阵.

证明 因为 $\boldsymbol{A}^{\mathrm{T}}=\boldsymbol{A},\boldsymbol{B}^{\mathrm{T}}=\boldsymbol{B}$，所以 $(\boldsymbol{A}+\boldsymbol{B})^{\mathrm{T}}=\boldsymbol{A}^{\mathrm{T}}+\boldsymbol{B}^{\mathrm{T}}=\boldsymbol{A}+\boldsymbol{B}$，即 $\boldsymbol{A}+\boldsymbol{B}$ 是对称矩阵.

(2) 可逆对称矩阵 $\boldsymbol{A}$ 的逆矩阵 $\boldsymbol{A}^{-1}$ 仍是对称矩阵.

证明 因为 $\boldsymbol{A}^{\mathrm{T}}=\boldsymbol{A}$，所以 $(\boldsymbol{A}^{-1})^{\mathrm{T}}=(\boldsymbol{A}^{\mathrm{T}})^{-1}=\boldsymbol{A}^{-1}$，因此 $\boldsymbol{A}^{-1}$ 为对称矩阵.

但要注意：两个对称矩阵的乘积不一定是对称矩阵. 例如

$$\boldsymbol{A}=\begin{pmatrix} 1 & -1 \\ -1 & 0 \end{pmatrix}, \quad \boldsymbol{B}=\begin{pmatrix} 0 & 1 \\ 1 & 0 \end{pmatrix}$$

均为对称矩阵，但 $\boldsymbol{AB}=\begin{pmatrix} 1 & -1 \\ -1 & 0 \end{pmatrix}\begin{pmatrix} 0 & 1 \\ 1 & 0 \end{pmatrix}=\begin{pmatrix} -1 & 1 \\ 0 & -1 \end{pmatrix}$ 不是对称矩阵.

定义 3.16 如果 n 阶方阵 $\boldsymbol{A}$ 满足 $\boldsymbol{A}^{\mathrm{T}}=-\boldsymbol{A}$，则称 $\boldsymbol{A}$ 为反对称矩阵.

由定义知，反对称矩阵 $\boldsymbol{A}=(a_{ij})$ 中的元素满足 $a_{ij}=-a_{ji}(i,j=1,2,\cdots,n)$. 因此，反对称矩阵主对角线上的元素一定为零，即反对称矩阵的形式为

$$\boldsymbol{A}=\begin{bmatrix} 0 & a_{12} & \cdots & a_{1n} \\ -a_{12} & 0 & \cdots & a_{2n} \\ \vdots & \vdots & & \vdots \\ -a_{1n} & -a_{2n} & \cdots & 0 \end{bmatrix}.$$

例如

$$\begin{bmatrix} 0 & -3 & 1 \\ 3 & 0 & -2 \\ -1 & 2 & 0 \end{bmatrix}, \quad \begin{pmatrix} 0 & 2 \\ -2 & 0 \end{pmatrix}$$

均为反对称矩阵.

根据反对称矩阵的定义，容易证明以下性质：

(1) 若 $\boldsymbol{A},\boldsymbol{B}$ 是同阶反对称矩阵，则 $\boldsymbol{A}+\boldsymbol{B},k\boldsymbol{A},\boldsymbol{A}^{\mathrm{T}}$ 仍是反对称矩阵；

(2) 可逆的反对称矩阵的逆矩阵仍是反对称矩阵；

(3) 奇数阶反对称矩阵不可逆，因为奇数阶的反对称矩阵的行列式等于 0.

注 两个反对称矩阵的乘积不一定是反对称矩阵.

例 3.29 对任意 $m\times n$ 矩阵,证明 $\boldsymbol{AA}^{\mathrm{T}}$ 和 $\boldsymbol{A}^{\mathrm{T}}\boldsymbol{A}$ 都是对称矩阵.

证明 因为 $\boldsymbol{AA}^{\mathrm{T}}$ 是 $m\times m$ 方阵,且 $(\boldsymbol{AA}^{\mathrm{T}})^{\mathrm{T}}=(\boldsymbol{A}^{\mathrm{T}})^{\mathrm{T}}\boldsymbol{A}^{\mathrm{T}}=\boldsymbol{AA}^{\mathrm{T}}$,所以由定义知,$\boldsymbol{AA}^{\mathrm{T}}$ 是对称矩阵.

同理,$\boldsymbol{A}^{\mathrm{T}}\boldsymbol{A}$ 是 n 阶方阵,且 $(\boldsymbol{A}^{\mathrm{T}}\boldsymbol{A})^{\mathrm{T}}=\boldsymbol{A}^{\mathrm{T}}(\boldsymbol{A}^{\mathrm{T}})^{\mathrm{T}}=\boldsymbol{A}^{\mathrm{T}}\boldsymbol{A}$,所以 $\boldsymbol{A}^{\mathrm{T}}\boldsymbol{A}$ 也是对称矩阵.

例 3.30 已知 $\boldsymbol{A}$ 是 n 阶对称矩阵,$\boldsymbol{B}$ 是 n 阶反对称矩阵,证明 $\boldsymbol{AB}+\boldsymbol{BA}$ 是反对称矩阵.

证明 $\boldsymbol{AB}+\boldsymbol{BA}$ 显然是 n 阶方阵,且由对称矩阵和反对称矩阵的定义,有 $\boldsymbol{A}^{\mathrm{T}}=\boldsymbol{A}$,$\boldsymbol{B}^{\mathrm{T}}=-\boldsymbol{B}$,于是

$$(\boldsymbol{AB}+\boldsymbol{BA})^{\mathrm{T}}=(\boldsymbol{AB})^{\mathrm{T}}+(\boldsymbol{BA})^{\mathrm{T}}=\boldsymbol{B}^{\mathrm{T}}\boldsymbol{A}^{\mathrm{T}}+\boldsymbol{A}^{\mathrm{T}}\boldsymbol{B}^{\mathrm{T}}=(-\boldsymbol{B})\boldsymbol{A}+\boldsymbol{A}(-\boldsymbol{B})=-(\boldsymbol{AB}+\boldsymbol{BA}).$$

由反对称矩阵的定义知,$\boldsymbol{AB}+\boldsymbol{BA}$ 是反对称矩阵.

习题 3.6

1. 设矩阵 $\boldsymbol{B}=(b_{ij})_{m\times n}$,对角矩阵

$$\boldsymbol{A}=\begin{pmatrix} a_1 & & & \\ & a_2 & & \\ & & \ddots & \\ & & & a_m \end{pmatrix},\quad \boldsymbol{C}=\begin{pmatrix} c_1 & & & \\ & c_2 & & \\ & & \ddots & \\ & & & c_n \end{pmatrix}.$$

试计算 $\boldsymbol{AB}$ 和 $\boldsymbol{BC}$,由计算结果,你可以得出什么结论?

2. 验证上(下)三角矩阵的运算性质(1),(2).

3. 试证:对任意一个 $s\times n$ 矩阵 $\boldsymbol{A}$,都有 $\boldsymbol{AA}^{\mathrm{T}}$ 是对称矩阵.

4. 试证:对任意一个方阵 $\boldsymbol{A}$,都有 $\boldsymbol{A}+\boldsymbol{A}^{\mathrm{T}}$ 是对称矩阵,$\boldsymbol{A}-\boldsymbol{A}^{\mathrm{T}}$ 是反对称矩阵.

5. 设 $\boldsymbol{A},\boldsymbol{B}$ 是两个反对称矩阵,试证:

(1)$\boldsymbol{A}^2$ 是对称矩阵;(2)$\boldsymbol{AB}-\boldsymbol{BA}$ 是反对称矩阵.

6. 试证:设 $\boldsymbol{A}$ 与 $\boldsymbol{B}$ 都是 n 级对称矩阵,则 $\boldsymbol{AB}$ 为对称矩阵的充分必要条件是 $\boldsymbol{A}$ 与 $\boldsymbol{B}$ 可交换.

*3.7 投入产出分析介绍

投入产出分析是分析各产业实际的投入量和产出量所表现的产业间关联的理论,它是由美国经济学家列昂节夫在 20 世纪 30 年代首先提出的.它是通过编制投入产出表,并运用矩阵工具组成的数学模型,再通过计算机的运算,来揭示国民生产部门、再生产各环节间的内在联系.所以它是一种进行经济分析,加强综合平衡,以及改进计划编制方法的重要工具.由于投入产出分析方法是以表格形式反映经济问题,比较直观,便于推广应用,因此,已成为目前我国应用较广泛的一种数量分析方法,无论是国家、地区、部门还是企业都可以应用.

投入产出模型是一种进行综合平衡的经济数学模型,它是研究某一经济系统中各部

门之间的“投入”与“产出”关系的线性模型，它是通过投入产出表来反映经济系统中各部门之间的数量依存关系.

3.7.1 投入产出表

投入产出分析的投入是指产品生产所消耗的原材料、燃料、动力、固定资产折旧和劳动力等；它的产出是指产品生产出来以后所分配的去向和数量.无论生产什么产品都必须消耗一定数量的其他产品，消耗一定数量的劳动力；而无论哪一种产品生产出来以后，都不可能完全被自身所消耗，必须供给其他部门作生产消费，或作为生活消费与积累.这样，把各部门产品生产所需要的各种投入和生产出来的产品的分配去向有规律的排列在一张表上，就构成了一张纵横交错的棋盘式表格，即投入产出表.

投入产出表可按计量单位分为价值型和实物型两类.在价值型投入产出表中，所有的数值都按价值单位计量，这里我们仅介绍价值型投入产出表.

设整个国民经济分为 n 个物质生产部门，并按一定顺序排成如下的一张棋盘式表格（见表 3.1）.

表 3.1 价值型投入产出表

产出/投入		中间产品					最终产品				总产值
		1	2	…	n	小计	消费	积累	出口	小计	
生产资料补偿价值	1	x_{11}	x_{12}	…	x_{1n}	$\sum_{j=1}^{n} x_{1j}$				y_1	x_1
	2	x_{21}	x_{22}	…	x_{2n}	$\sum_{j=1}^{n} x_{2j}$				y_2	x_2
	⋮	⋮	⋮		⋮	⋮				⋮	⋮
	n	x_{n1}	x_{n2}	…	x_{nn}	$\sum_{j=1}^{n} x_{nj}$				y_n	x_n
	小计	$\sum_{i=1}^{n} x_{i1}$	$\sum_{i=1}^{n} x_{i2}$	…	$\sum_{i=1}^{n} x_{in}$						
	固定资产折旧	d_1	d_2	…	d_n						
新创造价值	劳动报酬	v_1	v_2	…	v_n						
	纯收入	m_1	m_2	…	m_n						
	小计	z_1	z_2	…	z_n						
总收入		x_1	x_2	…	x_n						

表 3.1 中 $x_i(i=1,2,\cdots,n)$ 表示第 i 个生产部门的总产值，如 x_2 是第 2 个部门的总产值；x_{ij} 表示第 j 生产部门在生产过程中消耗第 i 生产部门的产品数量，换句话说，是第

i 部门分配给第 j 生产部门的产品数量，叫做部门间的流量，如 x_{12} 表示第 2 部门在生产过程中消耗第 1 部门的产品数量，即第 1 部门分配给第 2 生产部门的产品数量；$y_i(i=1,2,\cdots,n)$ 表示第 i 部门最终产品量；$d_j,v_j,m_j(j=1,2,\cdots,n)$ 分别表示第 j 部门的固定资产折旧、劳动报酬、纯收入价值；$z_j(j=1,2,\cdots,n)$ 表示第 j 部门的新创造价值，即 $z_j=v_j+m_j(j=1,2,\cdots,n)$.

在表 3.1 中，由双线将表分成四部分，按照左上、右上、左下、右下的顺序，分别称为第一象限、第二象限、第三象限和第四象限.

第一象限由 n 个生产部门纵横交叉组成，它反映了国民经济各部门之间的生产技术联系，特别是反映了各部门之间相互提供产品供生产过程消耗的情况，它的行数必须与列数相等，换句话说，该象限必须是一个方阵.

第二象限反映了各生产部门从总产品扣除补偿生产消耗后的余量，即不参加本周期生产过程的最终产品分配情况.

第三象限包括了各生产部门的固定资产折旧和新创造价值两部分，它反映了国民收入的初次分配情况.

第四象限从理论上讲应当反映国民收入的再分配过程，但由于它在经济内容上更为复杂，因此，在编表时常常略去.

3.7.2 平衡方程

在表 3.1 中，由第一与第二象限组成了一个横向(水平方向)长方形表，由第一与第三象限组成了一个竖向(垂直方向)长方形表. 横向的长方形表的每一行都表示一个等式，即每一个生产部门分配给各部门作为生产的投入产品数量与作为最终产品使用的产品数量之和等于该部门的投入的总产品数量，即

$$\begin{cases} x_1 = x_{11} + x_{12} + \cdots + x_{1n} + y_1, \\ x_2 = x_{21} + x_{22} + \cdots + x_{2n} + y_2, \\ \quad\vdots \\ x_n = x_{n1} + x_{n2} + \cdots + x_{nn} + y_n, \end{cases} \tag{3.19}$$

或简写为

$$x_i = \sum_{j=1}^{n} x_{ij} + y_i, \quad i = 1,2,\cdots,n, \tag{3.20}$$

其中 $\sum_{j=1}^{n} x_{ij}$ 表示第 i 部门分配给各部门生产过程中消耗的产品总和，(3.19)式称为分配平衡方程组.

竖直长方形的每一列也都表示一个等式，即在某一生产部门中，各部门对它投入产品数量与该部门的固定资产折旧、新创造价值之和等于它的总产品数量，即

$$\begin{cases} x_1 = x_{11} + x_{21} + \cdots + x_{n1} + d_1 + z_1, \\ x_2 = x_{12} + x_{22} + \cdots + x_{n2} + d_2 + z_2, \\ \quad\vdots \\ x_n = x_{1n} + x_{2n} + \cdots + x_{nn} + d_n + z_n, \end{cases} \tag{3.21}$$

或简写为

$$x_j = \sum_{i=1}^{n} x_{ij} + d_j + z_j \quad (j = 1,2,\cdots,n), \tag{3.22}$$

其中 $\sum\limits_{i=1}^{n} x_{ij}$ 表示第 j 部门生产过程中消耗各部门的产品总和,(3.21) 式称为消耗平衡方程组.

由(3.21)式和(3.22)式可得

$$\sum_{j=1}^{n} x_{sj} + y_s = \sum_{i=1}^{n} x_{is} + d_s + z_s, \quad s = 1,2,\cdots,n. \tag{3.23}$$

对(3.23)式两边求和,并统一变量的下标,有

$$\sum_{i=1}^{n} y_i = \sum_{j=1}^{n} (d_j + z_j),$$

(3.23)式表示各部门最终产品价值之和等于它们的固定资产折旧与新创造价值之和.

例 3.31 已知某经济系统在一个生产周期内产品的生产与分配情况如表 3.2 所示.

表 3.2 单位:亿元

投入 \ 产出		中间产品 1	中间产品 2	中间产品 3	最终产品	总产品
生产资料补偿价值	1	20	20	0	y_1	100
	2	20	80	30	y_2	200
	3	0	20	10	y_3	100
	折旧	5	10	5		
新创造价值		z_1	z_2	z_3		
总产值		100	200	100		

求:(1)各部门最终产品 y_1, y_2, y_3;(2)各部门新创造价值 z_1, z_2, z_3.

解 (1) 由分配平衡方程组

$$\begin{cases} x_1 = x_{11} + x_{12} + x_{13} + y_1, \\ x_2 = x_{21} + x_{22} + x_{23} + y_2, \\ x_3 = x_{31} + x_{32} + x_{33} + y_3, \end{cases}$$

即

$$\begin{cases} y_1 = x_1 - (x_{11} + x_{12} + x_{13}), \\ y_2 = x_2 - (x_{21} + x_{22} + x_{23}), \\ y_3 = x_3 - (x_{31} + x_{32} + x_{33}), \end{cases}$$

将 $x_j(j=1,2,3)$，$x_{ij}(i,j=1,2,3)$的数值代入上式，得

$$\begin{cases} y_1 = 100 - 20 - 20 - 0 = 60, \\ y_2 = 200 - 20 - 80 - 30 = 70, \\ y_3 = 100 - 0 - 20 - 10 = 70. \end{cases}$$

(2) 由消耗平衡方程组

$$\begin{cases} x_1 = x_{11} + x_{12} + x_{13} + d_1 + z_1, \\ x_2 = x_{21} + x_{22} + x_{23} + d_2 + z_2, \\ x_3 = x_{31} + x_{32} + x_{33} + d_3 + z_3, \end{cases}$$

即

$$\begin{cases} z_1 = x_1 - (x_{11} + x_{12} + x_{13} + d_1), \\ z_2 = x_2 - (x_{21} + x_{22} + x_{23} + d_2), \\ z_3 = x_3 - (x_{31} + x_{32} + x_{33} + d_3), \end{cases}$$

将 $x_i(i=1,2,3)$，$x_{ij}(i,j=1,2,3)$的数值代入，得

$$\begin{cases} z_1 = 100 - 20 - 20 - 0 - 5 = 55, \\ z_2 = 200 - 20 - 80 - 30 - 10 = 60, \\ z_3 = 100 - 0 - 20 - 10 - 5 = 65. \end{cases}$$

3.7.3 直接消耗系数

为了进一步反映各部门之间在生产技术上的数量依存关系，我们将引入部门之间的直接消耗系数和完全消耗系数.

定义 3.17 第 j 部门生产单位产品直接消耗第 i 部门的产品数量，称为第 j 部门对第 i 部门的直接消耗系数，以 a_{ij} 表示，即

$$a_{ij} = \frac{x_{ij}}{x_j}, \quad i,j = 1,2,\cdots,n. \tag{3.24}$$

在例 3.31 中第 3 部门的总产品价值为 100 亿元，即 $x_3=100$，而在第 3 部门生产过程中消耗本部门 10 亿元的产品，即 $x_{33}=10$ 亿元. 这说明第 3 部门每生产价值 1 元的产品，需要直接消耗本部门$\frac{10}{100}=0.1$ 元产品，此外，在第 3 部门的生产过程中还消耗了第 2 部门 30 亿元的产品，即 $x_{23}=30$，这也就是说第 3 部门每生产价值 1 元的产品，需要直接消耗第 2 部门$\frac{30}{100}=0.3$ 元的产品. 比值 0.1 和 0.3 就是第 3 部门在生产过程中对本部门和

第 2 部门的直接消耗系数，即

$$a_{23}=\frac{x_{23}}{x_3}=\frac{30}{100}=0.3,\quad a_{33}=\frac{x_{33}}{x_3}=\frac{10}{100}=0.1.$$

如果我们求出所有部门之间的直接消耗系数 $a_{ij}(i,j=1,2,\cdots,n)$，便得到了一个 n 阶方阵，记作 $\boldsymbol{A}$，

$$\boldsymbol{A}=\begin{pmatrix} a_{11} & a_{12} & \cdots & a_{1n} \\ a_{21} & a_{22} & \cdots & a_{2n} \\ \vdots & \vdots & & \vdots \\ a_{n1} & a_{n2} & \cdots & a_{nn} \end{pmatrix}.$$

由(3.24)式有 $x_{ij}=a_{ij}x_j$，代入分配平衡方程组(3.19)，得

$$\begin{cases} a_{11}x_1+a_{12}x_2+\cdots+a_{1n}x_n+y_1=x_1, \\ a_{21}x_1+a_{22}x_2+\cdots+a_{2n}x_n+y_1=x_2, \\ \qquad\vdots \\ a_{n1}x_1+a_{n2}x_2+\cdots+a_{nn}x_n+y_n=x_n; \end{cases}$$

它可以写成矩阵的形式

$$\boldsymbol{Ax}+\boldsymbol{y}=\boldsymbol{x}, \tag{3.25}$$

其中

$$\boldsymbol{A}=\begin{pmatrix} a_{11} & a_{12} & \cdots & a_{1n} \\ a_{21} & a_{22} & \cdots & a_{2n} \\ \vdots & \vdots & & \vdots \\ a_{n1} & a_{n2} & \cdots & a_{nn} \end{pmatrix},\quad \boldsymbol{y}=\begin{pmatrix} y_1 \\ y_2 \\ \vdots \\ y_n \end{pmatrix},\quad \boldsymbol{x}=\begin{pmatrix} x_1 \\ x_2 \\ \vdots \\ x_n \end{pmatrix}.$$

$\boldsymbol{A}$ 是直接消耗系数，$\boldsymbol{y}$ 是最终产品列向量，$\boldsymbol{x}$ 是总产品列向量.

(3.25)式可以写成

$$(\boldsymbol{E}-\boldsymbol{A})\boldsymbol{x}=\boldsymbol{y}, \tag{3.26}$$

这是水平方向的分配平衡方程组的矩阵形式.

将 $x_{ji}=a_{ji}x_i$ 代入消耗方程组(3.21)式，得

$$\begin{cases} a_{11}x_1+a_{21}x_1+\cdots+a_{n1}x_1+z_1=x_1, \\ a_{12}x_2+a_{22}x_2+\cdots+a_{n2}x_2+z_2=x_2, \\ \qquad\vdots \\ a_{1n}x_n+a_{2n}x_n+\cdots+a_{nn}x_n+z_n=x_n, \end{cases}$$

即

$$
\begin{cases}
\left(\sum_{i=1}^{n} a_{i1}\right)x_1 + z_1 = x_1, \\
\left(\sum_{i=1}^{n} a_{i2}\right)x_2 + z_2 = x_2, \\
\qquad\vdots \\
\left(\sum_{i=1}^{n} a_{in}\right)x_n + z_n = x_n.
\end{cases}
$$

于是将对角矩阵

$$
\boldsymbol{C} = \begin{pmatrix}
\sum_{i=1}^{n} a_{i1} & 0 & \cdots & 0 \\
0 & \sum_{i=1}^{n} a_{i2} & \cdots & 0 \\
\vdots & \vdots & & \vdots \\
0 & 0 & \cdots & \sum_{i=1}^{n} a_{in}
\end{pmatrix}
$$

称为投入系数矩阵,其中的每一个元素 $c_j = \sum_{i=1}^{n} a_{ij}\ (j=1,2,\cdots,n)$ 反映第 j 部门每生产价值1元的产品需要直接消耗各部门产品价值的总和.

由上面的线性方程组,有

$$\boldsymbol{Cx} + \boldsymbol{z} = \boldsymbol{x}, \tag{3.27}$$

即

$$(\boldsymbol{E} - \boldsymbol{C})\boldsymbol{x} = \boldsymbol{z}, \tag{3.28}$$

这是竖直方向的消耗平衡方程组.

直接消耗系数矩阵 $\boldsymbol{A}$ 有如下性质: (1)所有元素均为非负; (2)各列元素之和小于1. 根据这两条性质,易于证明投入产出数学模型

$$(\boldsymbol{E} - \boldsymbol{A})\boldsymbol{x} = \boldsymbol{y}$$

中矩阵 $\boldsymbol{E}-\boldsymbol{A}$ 是非奇异矩阵,即 $\boldsymbol{E}-\boldsymbol{A}$ 可逆,于是可有

$$\boldsymbol{x} = (\boldsymbol{E} - \boldsymbol{A})^{-1}\boldsymbol{y}. \tag{3.29}$$

当已知最终产品列向量后,可用(3.19)式求出各部门总产品向量 $\boldsymbol{x}$,进而可利用

$$x_{ij} = a_{ij}x_j$$

计算出各部门间中间产品的流量.

3.7.4 完全消耗系数

除了直接消耗系数外,还有完全消耗系数的概念.

国民经济各部门间的生产消耗中,除了直接消耗系数外还有间接消耗系数,例如,第 j 部门生产产品直接消耗第 i 部门的产品称为第 j 部门对第 i 部门直接消耗;第 j 部门生产产品时,通过一个间接环节(也就是通过某一中间部门)间接地消耗第 i 部门的产品称为第 j 部门对第 i 部门的第一次间接消耗;第 j 部门生产产品时,通过第二个间接环节消耗第 i 部门的产品称为第 j 部门对第 i 部门的第二次间接消耗……第 j 部门生产产品通过 n 个环节间接消耗第 i 部门的产品称为第 j 部门对第 i 部门的第 n 次的间接消耗……简单地说,就是第 j 部门生产产品时通过其他部门(包括第 j 部门)间接消耗第 i 部门的产品称为第 j 部门对第 i 部门的间接消耗.我们把直接消耗与间接消耗之和称为完全消耗.

定义 3.18 第 j 部门生产单位产品时对第 i 部门完全消耗的产品量称为第 j 部门对第 i 部门的完全消耗系数,记作 b_{ij},即

$$b_{ij}=a_{ij}+\sum_{r=1}^{n}a_{ir}a_{rj}+\sum_{s=1}^{n}\sum_{r=1}^{n}a_{is}a_{sr}a_{rj}+\sum_{t=1}^{n}\sum_{s=1}^{n}\sum_{r=1}^{n}a_{it}a_{ts}a_{sr}a_{rj}+\cdots,\quad i,j=1,2,\cdots,n, \tag{3.30}$$

或

$$b_{ij}=a_{ij}+\sum_{r=1}^{n}b_{ir}a_{rj},\quad i,j=1,2,\cdots,n, \tag{3.31}$$

其中 $\sum\limits_{r=1}^{n}b_{ir}a_{rj}$ 表示间接消耗总和.

全体完全消耗系数 $b_{ji}(i,j=1,2,\cdots,n)$ 组成完全消耗系数矩阵

$$\boldsymbol{B}=\begin{pmatrix}b_{11}&b_{12}&\cdots&b_{1n}\\b_{21}&b_{22}&\cdots&b_{2n}\\\vdots&\vdots&&\vdots\\b_{n1}&b_{n2}&\cdots&b_{nn}\end{pmatrix}.$$

于是可将(3.31)式写成矩阵形式

$$\boldsymbol{B}=\boldsymbol{A}+\boldsymbol{BA},$$

即

$$(\boldsymbol{E}-\boldsymbol{A})\boldsymbol{B}=\boldsymbol{A}.$$

因为 $\boldsymbol{E}-\boldsymbol{A}$ 是可逆矩阵,于是

$$\boldsymbol{B}=(\boldsymbol{E}-\boldsymbol{A})^{-1}\boldsymbol{A}$$

$$
\begin{aligned}
&= (\boldsymbol{E}-\boldsymbol{A})^{-1}[\boldsymbol{E}-(\boldsymbol{E}-\boldsymbol{A})] \\
&= (\boldsymbol{E}-\boldsymbol{A})^{-1}-\boldsymbol{E},
\end{aligned} \tag{3.32}
$$

(3.32)式就是完全消耗系数矩阵的计算公式.

例 3.32 求例 3.31 经济系统的直接消耗系数矩阵 $\boldsymbol{A}$ 和完全消耗系数矩阵 $\boldsymbol{B}$.

解 由(3.24)式有

$$
\begin{aligned}
&a_{11}=\frac{x_{11}}{x_1}=\frac{20}{100}=0.2, \quad a_{12}=\frac{x_{12}}{x_2}=\frac{20}{200}=0.1, \\
&a_{13}=\frac{x_{13}}{x_3}=\frac{0}{100}=0, \quad a_{21}=\frac{x_{21}}{x_1}=\frac{20}{100}=0.2, \\
&a_{22}=\frac{x_{22}}{x_2}=\frac{80}{200}=0.4, \quad a_{23}=\frac{x_{23}}{x_3}=\frac{30}{100}=0.3, \\
&a_{31}=\frac{x_{31}}{x_1}=\frac{0}{100}=0, \quad a_{32}=\frac{x_{32}}{x_2}=\frac{30}{100}=0.3, \\
&a_{33}=\frac{x_{33}}{x_3}=\frac{10}{100}=0.1,
\end{aligned}
$$

于是

$$
\boldsymbol{A}=\begin{pmatrix} 0.2 & 0.1 & 0 \\ 0.2 & 0.4 & 0.3 \\ 0 & 0.1 & 0.1 \end{pmatrix}.
$$

由(3.32)式有

$$
\boldsymbol{B}=(\boldsymbol{E}-\boldsymbol{A})^{-1}-\boldsymbol{E}=\begin{pmatrix} 0.8 & -0.1 & 0 \\ -0.2 & 0.6 & -0.3 \\ 0 & -0.1 & 0.9 \end{pmatrix}^{-1}-\begin{pmatrix} 1 & 0 & 0 \\ 0 & 1 & 0 \\ 0 & 0 & 1 \end{pmatrix}
$$

$$
=\begin{pmatrix} 0.3077 & 0.2308 & 0.0769 \\ 0.4615 & 0.8462 & 0.6154 \\ 0.0513 & 0.2051 & 0.1796 \end{pmatrix}.
$$

投入产出法在经济管理中的应用,是借助于投入产出表和直接消耗系数、完全消耗系数对经济活动进行分析、计划和控制等,主要包括以下几个方面.

(1) 在计划工作中从最终产品出发编制各部门计划方案

这实际上是编制一张计划期投入产出表.为此,应当有一张报告期投入产出表为基础.

例 3.33 表 3.3 是某时期的一张投入产出表,试以它为报告期投入产出表,编制出计划期的各部门计划方案.这里知道在计划期中,农业、工业和其他这三个部门的最终产品(即计划期中三部门的产品需求量)分别为 630 亿元,770 亿元,730 亿元.

首先计算出报告期的直接消耗系数矩阵 $\boldsymbol{A}$,即

$$A=\begin{pmatrix}0.2 & 0.1 & 0\\ 0.2 & 0.4 & 0.3\\ 0 & 0.2 & 0.1\end{pmatrix}.$$

进一步还需要计算出$(\boldsymbol{E}-\boldsymbol{A})^{-1}$，得

$$(\boldsymbol{E}-\boldsymbol{A})^{-1}=\begin{pmatrix}1.308 & 0.2031 & 0.077\\ 0.462 & 1.846 & 0.615\\ 0.051 & 0.205 & 1.79\end{pmatrix}.$$

表 3.3 单位：亿元

投入 \ 产出		中间产品			最终产品	总产品
		1. 农业	2. 工业	3. 其他		
生产资料补偿价值	1. 农业	200	200	0	600	1000
	2. 工业	200	800	300	700	2000
	3. 其他	0	200	100	700	1000
新创造价值		600	800	600	—	—
总产品价值		1000	2000	1000	—	—

已知计划期最终产品列向量为

$$\boldsymbol{y}^*=\begin{pmatrix}630\\ 770\\ 730\end{pmatrix},$$

这时，可先利用公式 $\boldsymbol{x}^*=(\boldsymbol{E}-\boldsymbol{A})\boldsymbol{y}^*$，计算出计划期总产品列向量 $\boldsymbol{x}^*$，得

$$\boldsymbol{x}^*=\begin{pmatrix}1.308 & 0.231 & 0.077\\ 0.462 & 1.846 & 0.615\\ 0.051 & 0.205 & 1.79\end{pmatrix}\begin{pmatrix}630\\ 770\\ 730\end{pmatrix}=\begin{pmatrix}1057.7\\ 2161.5\\ 1051.28\end{pmatrix},$$

即可知计划期农业、工业和其他三个部门的总产量分别为

$$x_1^*=1057.7,\quad x_2^*=2161.5,\quad x_3^*=1051.28.$$

再利用公式 $x_{ij}^*=a_{ij}x_j^*$ 计算出计划期各部门间产品流量 $x_{ij}^*(i,j=1,2,3)$.

$$x_{11}^*=a_{11}x_1^*=0.2\times1057.7=211.54,$$

$$x_{12}^*=a_{12}x_2^*=0.1\times2161.5=216.15,$$

$$x_{13}^*=a_{13}x_3^*=0\times1051.28=0,$$

$$x_{21}^*=a_{21}x_1^*=0.2\times1057.7=211.54,$$

$$x_{22}^*=a_{22}x_2^*=0.4\times2161.5=864.59,$$

$$x_{23}^*=a_{23}x_3^*=0.3\times1051.28=315.37,$$

$$x_{31}^*=a_{31}x_1^*=0\times1057.7=0,$$

$$x_{32}^* = a_{32}x_2^* = 0.1 \times 2161.5 = 216.15,$$
$$x_{33}^* = a_{33}x_3^* = 0.1 \times 1051.28 = 105.128.$$

最后，根据竖直方向的消耗平衡方程，还可以算出农业、工业和其他三个部门的新创造价值.

$$\begin{aligned} z_1^* &= x_1^* - (x_{11}^* + x_{21}^* + x_{31}^*) \\ &= 1057.7 - (211.54 + 216.15 + 0) = 634.61, \\ z_2^* &= x_2^* - (x_{12}^* + x_{22}^* + x_{32}^*) \\ &= 2161.5 - (216.15 + 864.59 + 126.15) = 864.61, \\ z_3^* &= x_3^* - (x_{13}^* + x_{23}^* + x_{33}^*) \\ &= 1051.28 - (0 + 315.37 + 105.128) = 630.782. \end{aligned}$$

这样，便得到计划期投入产出表(如表 3.4 所示).

表 3.4　　　　单位：亿元

投入 \ 产出		中间产品			最终产品	总产品
		1. 农业	2. 工业	3. 其他		
生产资料补偿价值	1. 农业	211.54	216.15	0	630	1057.7
	2. 工业	211.54	864.59	315.37	770	2161.5
	3. 其他	0	216.15	105.128	770	1051.28
新创造价值		634.61	864.61	630.782	—	—
总产品价值		1057.7	2161.5	1051.28	—	—

(2) 在计划编制和计划执行中解决缺口问题

在计划工作中，会有编制计划或执行计划中发现某类产品出现缺口，即求大于供的情况. 这时，就需要对原计划进行调整，以弥补缺口.

例 3.34 在例 3.33 中的报告期投入产出表中，如在计划中出现工业品有 100 亿元的缺口，即 $\sigma_2 = -100$.

这时，为弥补缺口，仅增加生产工业品 100 亿元是不行的，因为整个工业、农业和其他三个部门是相互依存、相互关联的.

可用如下公式来计算这三个弥补工业品 100 亿元缺口的量.

$$\Delta \boldsymbol{x} = -(\boldsymbol{E} - \boldsymbol{A})^{-1}\boldsymbol{\sigma},$$

$$\Delta \boldsymbol{x} = \begin{pmatrix} \Delta x_1 \\ \Delta x_2 \\ \vdots \\ \Delta x_n \end{pmatrix}, \quad \boldsymbol{\sigma} = \begin{pmatrix} \sigma_1 \\ \sigma_2 \\ \vdots \\ \sigma_n \end{pmatrix}.$$

Δx_i 是第 i 部门总产量的增量，σ_i 是第 i 部门出现的缺口($i=1,2,\cdots,n$).

在本例中，$\sigma_1=\sigma_3=0$，$\sigma_2=-100$，故有

$$\Delta \boldsymbol{x}=\begin{pmatrix}\Delta x_1\\ \Delta x_2\\ \Delta x_3\end{pmatrix}=-(\boldsymbol{E}-\boldsymbol{A})^{-1}\begin{pmatrix}\sigma_1\\ \sigma_2\\ \sigma_3\end{pmatrix}$$

$$=-\begin{pmatrix}1.308 & 0.2031 & 0.077\\ 0.462 & 1.846 & 0.615\\ 0.051 & 0.205 & 10179\end{pmatrix}\begin{pmatrix}0\\ -100\\ 0\end{pmatrix}=\begin{pmatrix}23.1\\ 184.6\\ 20.5\end{pmatrix},$$

即知为了弥补工业部门 100 亿元的缺口，农业部门总产值应增加 23.1 亿元，工业部门增加 184.6 亿元，其他部门增加 20.5 亿元.

(3) 在经济活动分析中研究工资(税收)变动对各部门价格的影响

设 $\Delta \boldsymbol{v}$ 是各部门单位产品工资变动列向量，即

$$\Delta \boldsymbol{v}=\begin{pmatrix}\Delta v_1\\ \Delta v_2\\ \vdots\\ \Delta v_n\end{pmatrix},$$

$\Delta \boldsymbol{p}$ 是各部门产品价格变动列向量，即

$$\Delta \boldsymbol{p}=\begin{pmatrix}\Delta p_1\\ \Delta p_2\\ \vdots\\ \Delta p_n\end{pmatrix},$$

则可由下式来计算工资变动对产品价格变动的影响：

$$\Delta \boldsymbol{p}=(\boldsymbol{E}-\boldsymbol{A}^{\mathrm{T}})^{-1}\Delta \boldsymbol{v}.$$

例 3.35 在例 3.33 中，如其他部门的工资增加 5 亿元，问三个部门产品价格如何变化?

解 因为 $(\boldsymbol{E}-\boldsymbol{A}^{\mathrm{T}})^{-1}=[(\boldsymbol{E}-\boldsymbol{A}^{\mathrm{T}})]^{-1}=[(\boldsymbol{E}-\boldsymbol{A})^{-1}]^{\mathrm{T}}$，所以

$$\Delta \boldsymbol{p}=\begin{pmatrix}\Delta p_1\\ \Delta p_2\\ \Delta p_n\end{pmatrix}=[(\boldsymbol{E}-\boldsymbol{A})^{-1}]^{\mathrm{T}}\begin{pmatrix}\Delta v_1\\ \Delta v_2\\ \Delta v_n\end{pmatrix}=-\begin{pmatrix}1.308 & 0.462 & 0.051\\ 0.2031 & 1.846 & 0.205\\ 0.077 & 0.615 & 10179\end{pmatrix}\begin{pmatrix}0\\ 0\\ 5\end{pmatrix}=\begin{pmatrix}0.255\\ 1.025\\ 5.895\end{pmatrix},$$

即知此时农业部门、工业部门和其他部门产品的价格应分别提高 0.255 亿元、1.025 亿元、5.895 亿元.

如将工资变动 $\Delta \boldsymbol{v}$ 改为税收变动 $\Delta \boldsymbol{t}$，也可由下式计算税收变动对产品价格变动的影响：

$$\Delta \bar{\boldsymbol{p}}=(\boldsymbol{E}-\boldsymbol{A}^{\mathrm{T}})^{-1}\Delta \boldsymbol{t}.$$

(4) 在经济活动分析中研究一个部门价格变动对另外一些部门的影响

设第 n 个部门价格变动为 Δp_n，它对其他 $n-1$ 个部门的价格有什么影响呢？

用 $\Delta\bar{p}$ 来表示其他 $n-1$ 个部门的价格变动，即

$$\Delta\bar{p}=\begin{pmatrix}\Delta p_1\\ \Delta p_2\\ \vdots\\ \Delta p_{n-1}\end{pmatrix},$$

则可用如下公式来计算一个部门价格变动 Δp_n 对其他部门价格变动的影响：

$$\Delta\bar{p}=D_{21}^{\mathrm{T}}\frac{\Delta p_n}{d_{nn}},$$

其中 D_{21} 和 d_{nn} 为如下分块矩阵中的子矩阵块：

$$(E-A)^{-1}=\begin{pmatrix}D_{11} & D_{12}\\ D_{21} & D_{22}\end{pmatrix}=\left(\begin{array}{cccc|c}d_{11} & d_{12} & \cdots & d_{1,n-1} & d_{1n}\\ d_{21} & d_{22} & \cdots & d_{2,n-1} & d_{2n}\\ \vdots & \vdots & & \vdots & \vdots\\ d_{n-1,1} & d_{n-1,2} & \cdots & d_{n-1,n-1} & d_{n-1,n}\\ \hline d_{n1} & d_{n2} & \cdots & d_{n,n-1} & d_{nn}\end{array}\right).$$

例 3.36　例 3.33 中如其他部门价格提高 10，则对另两个部门(农业、工业)的价格影响如何？

解　$$\Delta\bar{p}=\begin{pmatrix}\Delta p_1\\ \Delta p_2\end{pmatrix}=D_{21}^{\mathrm{T}}\frac{\Delta p_3}{d_{33}}=\begin{pmatrix}0.051\\ 0.205\end{pmatrix}\frac{10}{1.179}=\begin{pmatrix}0.433\\ 1.739\end{pmatrix},$$

即知如其他部门价格提高 10，则农业部门价格要提高 0.433，工业部门要提高 1.739.

第3章补充题

1. 证明：如果方阵 A,B 满足 $AB+BA=E$，且 $A^2=0$(或 $B^2=0$)，则 $(AB)^2=AB$.

2. 证明：如果 A,B 是两个同阶可逆矩阵，则矩阵方程 $C+(AB^{\mathrm{T}})XB=D$ 的解为 $X=(B^{-1})^{\mathrm{T}}A^{-1}(D-C)B^{-1}$.

3. 设

$$A=\begin{pmatrix}a_1 & & & \\ & a_2 & & \\ & & \ddots & \\ & & & a_n\end{pmatrix},$$

其中 $a_i\neq a_j(i\neq j)$. 证明与 A 可交换的矩阵只能是对角矩阵.

4. 试证：对任意方阵 A 有 $|A^*|=|A|^{n-1}$.

5. 设 $\boldsymbol{A},\boldsymbol{B}$ 为 n 阶方阵，且 $\boldsymbol{A}=\dfrac{1}{2}(\boldsymbol{B}+\boldsymbol{E})$，试证：$\boldsymbol{A}^2=\boldsymbol{A}$ 成立的充要条件是 $\boldsymbol{B}^2=\boldsymbol{E}$.

6. 试证：若 $\boldsymbol{A}$ 是实对称矩阵，并且 $\boldsymbol{A}^2=\boldsymbol{0}$，则 $\boldsymbol{A}=\boldsymbol{0}$.

7. 设 $\boldsymbol{A}$ 是三阶矩阵，$|\boldsymbol{A}|=\dfrac{1}{2}$，试求 $|(3\boldsymbol{A})^{-1}-2\boldsymbol{A}^*|$ 的值.

8. 设 $\boldsymbol{A}$ 是可逆矩阵，试证：(1)$\boldsymbol{A}^*$ 可逆，且$(\boldsymbol{A}^*)^{-1}=\dfrac{1}{|\boldsymbol{A}|}\boldsymbol{A}$；(2)$(\boldsymbol{A}^{-1})^*=(\boldsymbol{A}^*)^{-1}$.

9. 设 $\boldsymbol{A}$ 为一个 s 阶矩阵，$\boldsymbol{B}$ 为一个 $s\times n$ 矩阵，且秩$(\boldsymbol{B})=s$. 证明：(1)若 $\boldsymbol{AB}=\boldsymbol{0}$，则 $\boldsymbol{A}=\boldsymbol{0}$；(2)若 $\boldsymbol{AB}=\boldsymbol{B}$，则 $\boldsymbol{A}=\boldsymbol{E}$.

10. 设

$$\boldsymbol{X}=\begin{pmatrix} 0 & a_1 & 0 & \cdots & 0 & 0 \\ 0 & 0 & a_2 & \cdots & 0 & 0 \\ \vdots & \vdots & \vdots & & \vdots & \vdots \\ 0 & 0 & 0 & \cdots & 0 & a_{n-1} \\ a_n & 0 & 0 & \cdots & 0 & 0 \end{pmatrix},$$

其中 $a_i\neq 0(i=1,2,\cdots,n)$. 求 $\boldsymbol{X}^{-1}$.

11. 试证：若 n 阶方阵 $\boldsymbol{A}$ 满足 $\boldsymbol{A}^2=\boldsymbol{E}$，则

$$秩(\boldsymbol{E}+\boldsymbol{A})+秩(\boldsymbol{E}-\boldsymbol{A})=n.$$

12. 设 n 阶矩阵 $\boldsymbol{A}$ 和 $\boldsymbol{B}$ 满足条件 $\boldsymbol{A}+\boldsymbol{B}=\boldsymbol{AB}$，试证：$\boldsymbol{A}-\boldsymbol{E}$ 为可逆矩阵.

第 4 章 向量空间

空间的概念在数学中起着重要的作用，所谓空间就是在其元素之间以公理形式给出了某些关系的非空集合. 我们所学习的向量空间是定义了加法与数量乘法两种运算的集合，运算具有某些性质. 空间是线性代数中较为重要的概念之一. 为了进一步研究实矩阵，本章中我们把三维几何中向量的内积及正交性等概念推广到 n 维实向量空间$\mathbb{R}^n$，因此，本章所讨论的数均为实数.

4.1 n 维向量空间$\mathbb{R}^n$

本节主要讨论 n 维向量空间$\mathbb{R}^n$ 中基底、坐标和基底间的过渡矩阵等概念及性质.

为了简单明了，$\mathbb{R}^n$ 指列向量 $\begin{pmatrix} a_1 \\ a_2 \\ \vdots \\ a_n \end{pmatrix}$ 构成的集合. 但所讲述的所有概念及结论对行向量也适合.

定义 4.1 $\mathbb{R}^n$ 中任意 n 个线性无关的向量称为一个基底，简称为基.

例 4.1 向量组

$$\boldsymbol{\varepsilon}_1 = \begin{pmatrix} 1 \\ 0 \\ \vdots \\ 0 \end{pmatrix}, \quad \boldsymbol{\varepsilon}_2 = \begin{pmatrix} 0 \\ 1 \\ \vdots \\ 0 \end{pmatrix}, \quad \cdots, \quad \boldsymbol{\varepsilon}_n = \begin{pmatrix} 0 \\ 0 \\ \vdots \\ 1 \end{pmatrix}$$

是$\mathbb{R}^n$ 的一个基底；向量组

$$\boldsymbol{e}_1 = \begin{pmatrix} 1 \\ 0 \\ \vdots \\ 0 \end{pmatrix}, \quad \boldsymbol{e}_2 = \begin{pmatrix} 1 \\ 1 \\ \vdots \\ 0 \end{pmatrix}, \quad \cdots, \quad \boldsymbol{e}_n = \begin{pmatrix} 1 \\ 1 \\ \vdots \\ 1 \end{pmatrix}$$

也是$\mathbb{R}^n$ 的一个基底.

定义 4.2 设$\boldsymbol{\alpha}_1,\boldsymbol{\alpha}_2,\cdots,\boldsymbol{\alpha}_n$是$\mathbb{R}^n$的一个基底,则对于任意的$\boldsymbol{\alpha}\in\mathbb{R}^n$,均有$\boldsymbol{\alpha}=k_1\boldsymbol{\alpha}_1+k_2\boldsymbol{\alpha}_2+\cdots+k_n\boldsymbol{\alpha}_n$,其中$k_i\in\mathbb{R}$,而且表示系数是唯一的.称有序数组$(k_1,k_2,\cdots,k_n)$为向量$\boldsymbol{\alpha}$在基底$\boldsymbol{\alpha}_1,\boldsymbol{\alpha}_2,\cdots,\boldsymbol{\alpha}_n$下的坐标.

类似于三维几何空间,不难理解:同一个向量$\boldsymbol{\alpha}$在不同基底下的坐标一般是不同的.

例 4.2 容易看出向量$\boldsymbol{\alpha}=\begin{pmatrix}a_1\\a_2\\\vdots\\a_n\end{pmatrix}$在基底$\boldsymbol{\varepsilon}_1,\boldsymbol{\varepsilon}_2,\cdots,\boldsymbol{\varepsilon}_n$下的坐标为$(a_1,a_2,\cdots,a_n)$.

为了求出向量$\boldsymbol{\alpha}$在基底$\boldsymbol{e}_1,\boldsymbol{e}_2,\cdots,\boldsymbol{e}_n$下的坐标,我们可以利用解线性方程组的方法.当然也可以利用两个基底间的关系式来得到它.实事上,$\boldsymbol{\varepsilon}_1=\boldsymbol{e}_1,\boldsymbol{\varepsilon}_2=\boldsymbol{e}_2-\boldsymbol{e}_1,\cdots,\boldsymbol{\varepsilon}_n=\boldsymbol{e}_n-\boldsymbol{e}_{n-1}$.所以

$$\begin{aligned}\boldsymbol{\alpha}&=a_1\boldsymbol{\varepsilon}_1+a_2\boldsymbol{\varepsilon}_2+\cdots+a_n\boldsymbol{\varepsilon}_n=a_1\boldsymbol{e}_1+a_2(\boldsymbol{e}_2-\boldsymbol{e}_1)+\cdots+a_n(\boldsymbol{e}_n-\boldsymbol{e}_{n-1})\\&=(a_1-a_2)\boldsymbol{e}_1+(a_2-a_3)\boldsymbol{e}_2+\cdots+a_n\boldsymbol{e}_n,\end{aligned}$$

即向量$\boldsymbol{\alpha}$在基底$\boldsymbol{e}_1,\boldsymbol{e}_2,\cdots,\boldsymbol{e}_n$下的坐标为$(a_1-a_2,a_2-a_3,\cdots,a_n)$.由此可见,讨论两个基底之间的关系是有必要的.

定义 4.3 设$\boldsymbol{\alpha}_1,\boldsymbol{\alpha}_2,\cdots,\boldsymbol{\alpha}_n$和$\boldsymbol{\beta}_1,\boldsymbol{\beta}_2,\cdots,\boldsymbol{\beta}_n$是$\mathbb{R}^n$的两个基底,于是有关系式:

$$\begin{cases}\boldsymbol{\beta}_1=a_{11}\boldsymbol{\alpha}_1+a_{21}\boldsymbol{\alpha}_2+\cdots+a_{n1}\boldsymbol{\alpha}_n,\\\boldsymbol{\beta}_2=a_{12}\boldsymbol{\alpha}_1+a_{22}\boldsymbol{\alpha}_2+\cdots+a_{n2}\boldsymbol{\alpha}_n,\\\quad\vdots\\\boldsymbol{\beta}_n=a_{1n}\boldsymbol{\alpha}_1+a_{2n}\boldsymbol{\alpha}_2+\cdots+a_{nn}\boldsymbol{\alpha}_n.\end{cases}\tag{4.1}$$

矩阵

$$\boldsymbol{A}=\begin{pmatrix}a_{11}&a_{12}&\cdots&a_{1n}\\a_{21}&a_{22}&\cdots&a_{2n}\\\vdots&\vdots&&\vdots\\a_{n1}&a_{n2}&\cdots&a_{nn}\end{pmatrix}$$

称为由基底$\boldsymbol{\alpha}_1,\boldsymbol{\alpha}_2,\cdots,\boldsymbol{\alpha}_n$到$\boldsymbol{\beta}_1,\boldsymbol{\beta}_2,\cdots,\boldsymbol{\beta}_n$的过渡矩阵.(4.1)式可以写成矩阵的形式:$(\boldsymbol{\beta}_1,\boldsymbol{\beta}_2,\cdots,\boldsymbol{\beta}_n)=(\boldsymbol{\alpha}_1,\boldsymbol{\alpha}_2,\cdots,\boldsymbol{\alpha}_n)\boldsymbol{A}$.从而不难看出$\boldsymbol{A}$一定是可逆矩阵.值得注意的是:过渡矩阵$\boldsymbol{A}$是(4.1)式系数矩阵的转置矩阵.

设向量$\boldsymbol{\alpha}$在基底$\boldsymbol{\alpha}_1,\boldsymbol{\alpha}_2,\cdots,\boldsymbol{\alpha}_n$下的坐标为$(x_1,x_2,\cdots,x_n)$,$\boldsymbol{\alpha}$在基底$\boldsymbol{\beta}_1,\boldsymbol{\beta}_2,\cdots,\boldsymbol{\beta}_n$下的坐标为$(y_1,y_2,\cdots,y_n)$.设由$\boldsymbol{\alpha}_1,\boldsymbol{\alpha}_2,\cdots,\boldsymbol{\alpha}_n$到$\boldsymbol{\beta}_1,\boldsymbol{\beta}_2,\cdots,\boldsymbol{\beta}_n$的过渡矩阵是$\boldsymbol{A}$,则有如下关系式:

$$\boldsymbol{\alpha}=(\boldsymbol{\alpha}_1,\boldsymbol{\alpha}_2,\cdots,\boldsymbol{\alpha}_n)\begin{pmatrix}x_1\\x_2\\\vdots\\x_n\end{pmatrix};\quad\boldsymbol{\alpha}=(\boldsymbol{\beta}_1,\boldsymbol{\beta}_2,\cdots,\boldsymbol{\beta}_n)\begin{pmatrix}y_1\\y_2\\\vdots\\y_n\end{pmatrix}.$$

于是

$$\boldsymbol{\alpha}=(\boldsymbol{\beta}_1,\boldsymbol{\beta}_2,\cdots,\boldsymbol{\beta}_n)\begin{pmatrix}y_1\\y_2\\\vdots\\y_n\end{pmatrix}=(\boldsymbol{\alpha}_1,\boldsymbol{\alpha}_2,\cdots,\boldsymbol{\alpha}_n)\boldsymbol{A}\begin{pmatrix}y_1\\y_2\\\vdots\\y_n\end{pmatrix}=(\boldsymbol{\alpha}_1,\boldsymbol{\alpha}_2,\cdots,\boldsymbol{\alpha}_n)\begin{pmatrix}x_1\\x_2\\\vdots\\x_n\end{pmatrix}.$$

由坐标的唯一性得

$$\begin{pmatrix}x_1\\x_2\\\vdots\\x_n\end{pmatrix}=\boldsymbol{A}\begin{pmatrix}y_1\\y_2\\\vdots\\y_n\end{pmatrix}$$

等价于

$$\begin{pmatrix}y_1\\y_2\\\vdots\\y_n\end{pmatrix}=\boldsymbol{A}^{-1}\begin{pmatrix}x_1\\x_2\\\vdots\\x_n\end{pmatrix}. \tag{4.2}$$

(4.2)式即为$\boldsymbol{\alpha}$在两个不同基底下的坐标变换公式.

下面我们进一步来举例说明基底、坐标、过渡矩阵的关系及用法.

例 4.3 设$\mathbb{R}^3$中的向量$\boldsymbol{\alpha}=\begin{pmatrix}4\\12\\6\end{pmatrix}$,求$\boldsymbol{\alpha}$在基底$\boldsymbol{\alpha}_1=\begin{pmatrix}-2\\1\\3\end{pmatrix}$,$\boldsymbol{\alpha}_2=\begin{pmatrix}-1\\0\\1\end{pmatrix}$,$\boldsymbol{\alpha}_3=\begin{pmatrix}-2\\-5\\-1\end{pmatrix}$下的坐标$(y_1,y_2,y_3)$.

解 因为$\boldsymbol{\alpha}$在基底$\boldsymbol{\varepsilon}_1,\boldsymbol{\varepsilon}_2,\boldsymbol{\varepsilon}_3$下的坐标为$(4,12,6)$,而由$\boldsymbol{\varepsilon}_1,\boldsymbol{\varepsilon}_2,\boldsymbol{\varepsilon}_3$到$\boldsymbol{\alpha}_1,\boldsymbol{\alpha}_2,\boldsymbol{\alpha}_3$的过渡矩阵为$\boldsymbol{A}=(\boldsymbol{\alpha}_1,\boldsymbol{\alpha}_2,\boldsymbol{\alpha}_3)=\begin{pmatrix}-2&-1&-2\\1&0&-5\\3&1&-1\end{pmatrix}$,所以$\begin{pmatrix}y_1\\y_2\\y_3\end{pmatrix}=\boldsymbol{A}^{-1}\begin{pmatrix}4\\12\\6\end{pmatrix}=\begin{pmatrix}7\\-16\\-1\end{pmatrix}$.即$\boldsymbol{\alpha}$在基底$\boldsymbol{\alpha}_1$,$\boldsymbol{\alpha}_2,\boldsymbol{\alpha}_3$下的坐标是$(y_1,y_2,y_3)=(7,-16,-1)$.

例 4.4 在$\mathbb{R}^4$中,求由基底$\boldsymbol{\alpha}_1,\boldsymbol{\alpha}_2,\boldsymbol{\alpha}_3,\boldsymbol{\alpha}_4$到基底$\boldsymbol{\beta}_1,\boldsymbol{\beta}_2,\boldsymbol{\beta}_3,\boldsymbol{\beta}_4$的过渡矩阵,并求向量$\boldsymbol{\xi}=(1,0,0,0)^{\mathrm{T}}$在基底$\boldsymbol{\alpha}_1,\boldsymbol{\alpha}_2,\boldsymbol{\alpha}_3,\boldsymbol{\alpha}_4$下的坐标$(y_1,y_2,y_3,y_4)$.其中

$$\begin{cases}\boldsymbol{\alpha}_1^{\mathrm{T}}=(1,2,-1,0),\\\boldsymbol{\alpha}_2^{\mathrm{T}}=(1,-1,1,1),\\\boldsymbol{\alpha}_3^{\mathrm{T}}=(-1,2,1,1),\\\boldsymbol{\alpha}_4^{\mathrm{T}}=(-1,-1,0,1);\end{cases}\qquad\begin{cases}\boldsymbol{\beta}_1^{\mathrm{T}}=(2,1,0,1),\\\boldsymbol{\beta}_2^{\mathrm{T}}=(0,1,2,2),\\\boldsymbol{\beta}_3^{\mathrm{T}}=(-2,1,1,2),\\\boldsymbol{\beta}_4^{\mathrm{T}}=(1,3,1,2).\end{cases}$$

解 因为$(\boldsymbol{\beta}_1,\boldsymbol{\beta}_2,\boldsymbol{\beta}_3,\boldsymbol{\beta}_4)=(\boldsymbol{\alpha}_1,\boldsymbol{\alpha}_2,\boldsymbol{\alpha}_3,\boldsymbol{\alpha}_4)(\boldsymbol{\alpha}_1,\boldsymbol{\alpha}_2,\boldsymbol{\alpha}_3,\boldsymbol{\alpha}_4)^{-1}(\boldsymbol{\beta}_1,\boldsymbol{\beta}_2,\boldsymbol{\beta}_3,\boldsymbol{\beta}_4)$,所以由基底

$\boldsymbol{\alpha}_1,\boldsymbol{\alpha}_2,\boldsymbol{\alpha}_3,\boldsymbol{\alpha}_4$ 到基底$\boldsymbol{\beta}_1,\boldsymbol{\beta}_2,\boldsymbol{\beta}_3,\boldsymbol{\beta}_4$ 的过渡矩阵

$$\boldsymbol{A}=\begin{pmatrix}1&1&-1&-1\\2&-1&2&-1\\-1&1&1&0\\0&1&1&1\end{pmatrix}^{-1}\begin{pmatrix}2&0&-2&1\\1&1&1&3\\0&2&1&1\\1&2&2&2\end{pmatrix}=\begin{pmatrix}1&0&0&1\\1&1&0&1\\0&1&1&1\\0&0&1&0\end{pmatrix}.$$

注意到$(\boldsymbol{\alpha}_1,\boldsymbol{\alpha}_2,\boldsymbol{\alpha}_3,\boldsymbol{\alpha}_4)=(\boldsymbol{\varepsilon}_1,\boldsymbol{\varepsilon}_2,\boldsymbol{\varepsilon}_3,\boldsymbol{\varepsilon}_4)(\boldsymbol{\alpha}_1,\boldsymbol{\alpha}_2,\boldsymbol{\alpha}_3,\boldsymbol{\alpha}_4)$,矩阵$\boldsymbol{A}_1=(\boldsymbol{\alpha}_1,\boldsymbol{\alpha}_2,\boldsymbol{\alpha}_3,\boldsymbol{\alpha}_4)$是由基底$(\boldsymbol{\varepsilon}_1,\boldsymbol{\varepsilon}_2,\boldsymbol{\varepsilon}_3,\boldsymbol{\varepsilon}_4)$到基底$(\boldsymbol{\alpha}_1,\boldsymbol{\alpha}_2,\boldsymbol{\alpha}_3,\boldsymbol{\alpha}_4)$的过渡矩阵,所以由(4.2)式可知

$$\begin{pmatrix}y_1\\y_2\\y_3\\y_4\end{pmatrix}=\boldsymbol{A}_1^{-1}\begin{pmatrix}1\\0\\0\\0\end{pmatrix}=\begin{pmatrix}1&1&-1&-1\\2&-1&2&-1\\-1&1&1&0\\0&1&1&1\end{pmatrix}^{-1}\begin{pmatrix}1\\0\\0\\0\end{pmatrix}=\begin{pmatrix}3/13\\5/13\\-2/13\\-3/13\end{pmatrix},$$

所以$\boldsymbol{\xi}$在基底$\boldsymbol{\alpha}_1,\boldsymbol{\alpha}_2,\boldsymbol{\alpha}_3,\boldsymbol{\alpha}_4$ 下的坐标为 $(y_1,y_2,y_3,y_4)=\left(\frac{3}{13},\frac{5}{13},-\frac{2}{13},-\frac{3}{13}\right)$.

习题 4.1

1. 给定两个矩阵

$$\boldsymbol{A}=\begin{pmatrix}1&0&0\\0&1&1\\0&0&2\end{pmatrix},\quad \boldsymbol{B}=\begin{pmatrix}1&0&0\\0&2&0\\0&3&-1\end{pmatrix}$$

的列向量组是$\mathbb{R}^3$ 的两个基底,试问 $\boldsymbol{A}+\boldsymbol{B},\boldsymbol{A}-\boldsymbol{B},2\boldsymbol{A}-\boldsymbol{B}$ 的列向量组哪个是$\mathbb{R}^3$ 的基底?

2. 在$\mathbb{R}^4$ 中的两个向量$\boldsymbol{\alpha}_1=(1,2,0,1)^{\mathrm{T}},\boldsymbol{\alpha}_2=(-1,1,1,1)^{\mathrm{T}}$ 线性无关,试将其扩充成$\mathbb{R}^4$ 的一个基底,即添加两个向量使新向量组成为$\mathbb{R}^4$ 的一个基底.

3. 在$\mathbb{R}^3$ 中求向量$\boldsymbol{\alpha}$ 在基底$\boldsymbol{\eta}_1,\boldsymbol{\eta}_2,\boldsymbol{\eta}_3$ 下的坐标,其中:

(1) $\boldsymbol{\alpha}=(1,2,1),\boldsymbol{\eta}_1=(1,1,1),\boldsymbol{\eta}_2=(1,1,-1),\boldsymbol{\eta}_3=(1,-1,-1)$;

(2) $\boldsymbol{\alpha}=(3,7,1),\boldsymbol{\eta}_1=(1,3,5),\boldsymbol{\eta}_2=(6,3,2),\boldsymbol{\eta}_3=(3,1,0)$.

4. 在$\mathbb{R}^4$ 中,求基底$\boldsymbol{\xi}_1,\boldsymbol{\xi}_2,\boldsymbol{\xi}_3,\boldsymbol{\xi}_4$ 到基底$\boldsymbol{\eta}_1,\boldsymbol{\eta}_2,\boldsymbol{\eta}_3,\boldsymbol{\eta}_4$ 的过渡矩阵,并求向量$\boldsymbol{\xi}$在所指基底下的坐标:

(1) $\begin{cases}\boldsymbol{\xi}_1^{\mathrm{T}}=(1,0,0,0),\\\boldsymbol{\xi}_2^{\mathrm{T}}=(0,1,0,0),\\\boldsymbol{\xi}_3^{\mathrm{T}}=(0,0,1,0),\\\boldsymbol{\xi}_4^{\mathrm{T}}=(0,0,0,1),\end{cases}\quad\begin{cases}\boldsymbol{\eta}_1^{\mathrm{T}}=(2,1,-1,1),\\\boldsymbol{\eta}_2^{\mathrm{T}}=(0,3,1,0),\\\boldsymbol{\eta}_3^{\mathrm{T}}=(5,3,2,1),\\\boldsymbol{\eta}_4^{\mathrm{T}}=(6,6,1,3).\end{cases}$

求$\boldsymbol{\xi}=(x_1,x_2,x_3,x_4)^{\mathrm{T}}$在$\boldsymbol{\eta}_1,\boldsymbol{\eta}_2,\boldsymbol{\eta}_3,\boldsymbol{\eta}_4$ 下的坐标;

(2) $\begin{cases} \boldsymbol{\xi}_1^{\mathrm{T}}=(1,1,1,1), \\ \boldsymbol{\xi}_2^{\mathrm{T}}=(1,1,-1,-1), \\ \boldsymbol{\xi}_3^{\mathrm{T}}=(1,-1,1,-1), \\ \boldsymbol{\xi}_4^{\mathrm{T}}=(1,-1,-1,1), \end{cases}$ $\begin{cases} \boldsymbol{\eta}_1^{\mathrm{T}}=(1,1,0,1), \\ \boldsymbol{\eta}_2^{\mathrm{T}}=(2,1,3,1), \\ \boldsymbol{\eta}_3^{\mathrm{T}}=(1,1,0,0), \\ \boldsymbol{\eta}_4^{\mathrm{T}}=(0,1,-1,-1). \end{cases}$

求$\boldsymbol{\xi}=(1,0,0,-1)^{\mathrm{T}}$在$\boldsymbol{\eta}_1,\boldsymbol{\eta}_2,\boldsymbol{\eta}_3,\boldsymbol{\eta}_4$下的坐标.

4.2 $\mathbb{R}^n$中向量的内积

三维几何空间$\mathbb{R}^3$中两个非零向量$\boldsymbol{\alpha}$与$\boldsymbol{\beta}$的内积是一个实数：$\boldsymbol{\alpha}\cdot\boldsymbol{\beta}=|\boldsymbol{\alpha}||\boldsymbol{\beta}|\cos\theta$，这里$|\boldsymbol{\alpha}|$，$|\boldsymbol{\beta}|$分别表示$\boldsymbol{\alpha}$及$\boldsymbol{\beta}$的长度，$\theta$表示$\boldsymbol{\alpha}$与$\boldsymbol{\beta}$之间的夹角. 当$\boldsymbol{\alpha}$与$\boldsymbol{\beta}$中有一个是零向量时，规定$\boldsymbol{\alpha}\cdot\boldsymbol{\beta}=0$. 由向量几何知道，$\mathbb{R}^3$中的内积具有以下性质：

(1) $\boldsymbol{\alpha}\cdot\boldsymbol{\beta}=\boldsymbol{\beta}\cdot\boldsymbol{\alpha}$；

(2) $(\boldsymbol{\alpha}+\boldsymbol{\beta})\cdot\boldsymbol{\gamma}=\boldsymbol{\alpha}\cdot\boldsymbol{\gamma}+\boldsymbol{\beta}\cdot\boldsymbol{\gamma}$；

(3) $(k\boldsymbol{\alpha})\cdot\boldsymbol{\beta}=k(\boldsymbol{\alpha}\cdot\boldsymbol{\beta})$；

(4) $\boldsymbol{\alpha}\cdot\boldsymbol{\alpha}\geqslant 0$，等号成立当且仅当$\boldsymbol{\alpha}=\mathbf{0}$.

其中$\boldsymbol{\alpha},\boldsymbol{\beta},\boldsymbol{\gamma}$是$\mathbb{R}^3$中的任意向量，$k$是任意实数. 在这一节里，我们把$\mathbb{R}^3$中内积的概念推广到$n$维实向量空间$\mathbb{R}^n$. 实际上这是对$\mathbb{R}^3$中向量内积的坐标式的自然推广.

定义 4.4 设

$$\boldsymbol{\alpha}=\begin{pmatrix} a_1 \\ a_2 \\ \vdots \\ a_n \end{pmatrix},\quad \boldsymbol{\beta}=\begin{pmatrix} b_1 \\ b_2 \\ \vdots \\ b_n \end{pmatrix}\in\mathbb{R}^n.$$

称实数$a_1b_1+a_2b_2+\cdots+a_nb_n$为向量$\boldsymbol{\alpha}$与$\boldsymbol{\beta}$的内积，记作$(\boldsymbol{\alpha},\boldsymbol{\beta})$，即$(\boldsymbol{\alpha},\boldsymbol{\beta})=a_1b_1+a_2b_2+\cdots+a_nb_n$.

当既考虑向量的线性运算，同时又考虑向量内积时，$\mathbb{R}^n$常被称为欧氏空间.

容易证明向量的内积具有下列基本性质：

(1) $(\boldsymbol{\alpha},\boldsymbol{\beta})=(\boldsymbol{\beta},\boldsymbol{\alpha})$；

(2) $(\boldsymbol{\alpha}+\boldsymbol{\beta},\boldsymbol{\gamma})=(\boldsymbol{\alpha},\boldsymbol{\gamma})+(\boldsymbol{\beta},\boldsymbol{\gamma})$；

(3) $(k\boldsymbol{\alpha},\boldsymbol{\beta})=k(\boldsymbol{\alpha},\boldsymbol{\beta})$；

(4) $(\boldsymbol{\alpha},\boldsymbol{\alpha})\geqslant 0$，等号成立当且仅当$\boldsymbol{\alpha}=\mathbf{0}$.

其中$\boldsymbol{\alpha},\boldsymbol{\beta},\boldsymbol{\gamma}$是$\mathbb{R}^n$中的任意向量，$k$是任意实数.

此外，还易证明内积具有下列运算性质：

(1) $(\mathbf{0},\boldsymbol{\beta})=0$；

(2) $(\boldsymbol{\alpha},\boldsymbol{\beta}+\boldsymbol{\gamma})=(\boldsymbol{\alpha},\boldsymbol{\beta})+(\boldsymbol{\alpha},\boldsymbol{\gamma})$；

(3) $(\boldsymbol{\alpha},k\boldsymbol{\beta})=k(\boldsymbol{\alpha},\boldsymbol{\beta})$;

(4) $\left(\sum_{i=1}^{r}k_i\boldsymbol{\alpha}_i,\sum_{j=1}^{s}l_j\boldsymbol{\beta}_j\right)=\sum_{i=1}^{r}\sum_{j=1}^{s}k_il_j(\boldsymbol{\alpha}_i,\boldsymbol{\beta}_j)$.

其中$\boldsymbol{\alpha},\boldsymbol{\beta},\boldsymbol{\gamma},\boldsymbol{\alpha}_i,\boldsymbol{\beta}_j$ 为$\mathbb{R}^n$ 中的任意向量,k,k_i,l_j 是任意实数.

定义 4.5 设$\boldsymbol{\alpha}\in\mathbb{R}^n$,非负实数$(\boldsymbol{\alpha},\boldsymbol{\alpha})$的算术平方根$\sqrt{(\boldsymbol{\alpha},\boldsymbol{\alpha})}$称为$\boldsymbol{\alpha}$的长度,记作$|\boldsymbol{\alpha}|$,即$|\boldsymbol{\alpha}|=\sqrt{(\boldsymbol{\alpha},\boldsymbol{\alpha})}$.

当$\boldsymbol{\alpha}=\begin{pmatrix}a_1\\a_2\\\vdots\\a_n\end{pmatrix}$时,$|\boldsymbol{\alpha}|=\sqrt{a_1^2+a_2^2+\cdots+a_n^2}$.

由内积性质可知$|\boldsymbol{\alpha}|\geqslant 0$,等号成立当且仅当$\boldsymbol{\alpha}=\mathbf{0}$. 当$|\boldsymbol{\alpha}|=1$时,称$\boldsymbol{\alpha}$为单位向量. 此外,由向量长度的定义容易看出$|k\boldsymbol{\alpha}|=|k||\boldsymbol{\alpha}|$,其中 k 为实数. 于是,当$\boldsymbol{\alpha}\neq\mathbf{0}$时,$\frac{1}{|\boldsymbol{\alpha}|}\boldsymbol{\alpha}$为单位向量. 这种做法常称为将向量$\boldsymbol{\alpha}$单位化.

定义 4.6 $\mathbb{R}^n$ 中的向量$\boldsymbol{\alpha}$与$\boldsymbol{\beta}$称为正交的,如果$(\boldsymbol{\alpha},\boldsymbol{\beta})=0$.

例 4.5 $\boldsymbol{\varepsilon}_1=\begin{pmatrix}1\\0\\\vdots\\0\end{pmatrix},\boldsymbol{\varepsilon}_2=\begin{pmatrix}0\\1\\\vdots\\0\end{pmatrix},\cdots,\boldsymbol{\varepsilon}_n=\begin{pmatrix}0\\0\\\vdots\\1\end{pmatrix}$ 两两正交.

定义 4.7 $\mathbb{R}^n$ 中的向量组$\boldsymbol{\alpha}_1,\boldsymbol{\alpha}_2,\cdots,\boldsymbol{\alpha}_m$ 称为正交向量组,如果每个$\boldsymbol{\alpha}_i\neq\mathbf{0}(i=1,2,\cdots,m)$,而且当 $i\neq j$ 时,均有$(\boldsymbol{\alpha}_i,\boldsymbol{\alpha}_j)=0$.

定理 4.1 $\mathbb{R}^n$ 中的正交向量组$\boldsymbol{\alpha}_1,\boldsymbol{\alpha}_2,\cdots,\boldsymbol{\alpha}_m$ 一定线性无关.

证明 设 $k_1\boldsymbol{\alpha}_1+k_2\boldsymbol{\alpha}_2+\cdots+k_m\boldsymbol{\alpha}_m=\mathbf{0}$,两边与$\boldsymbol{\alpha}_i$ 取内积得

$$\begin{aligned}0=(\boldsymbol{\alpha}_i,\mathbf{0})&=(\boldsymbol{\alpha}_i,k_1\boldsymbol{\alpha}_1+\cdots+k_i\boldsymbol{\alpha}_i+\cdots+k_m\boldsymbol{\alpha}_m)\\&=k_1(\boldsymbol{\alpha}_i,\boldsymbol{\alpha}_1)+\cdots+k_i(\boldsymbol{\alpha}_i,\boldsymbol{\alpha}_i)+\cdots+k_m(\boldsymbol{\alpha}_i,\boldsymbol{\alpha}_m)\\&=k_i(\boldsymbol{\alpha}_i,\boldsymbol{\alpha}_i).\end{aligned}$$

因为$\boldsymbol{\alpha}_i\neq\mathbf{0}(i=1,2,\cdots,m)$,所以$(\boldsymbol{\alpha}_i,\boldsymbol{\alpha}_i)\neq 0$,从而所有 $k_i=0$.

定义 4.8 $\mathbb{R}^n$ 的基底$\boldsymbol{v}_1,\boldsymbol{v}_2,\cdots,\boldsymbol{v}_n$ 称为标准正交基,如果

$$(\boldsymbol{v}_i,\boldsymbol{v}_j)=\begin{cases}0, & i\neq j,\\1, & i=j.\end{cases}$$

当$\mathbb{R}^n$ 中的向量组$\boldsymbol{v}_1,\boldsymbol{v}_2,\cdots,\boldsymbol{v}_m$ 满足上述条件时,称为一个标准正交向量组.

例 4.6 $\boldsymbol{\varepsilon}_1=\begin{pmatrix}1\\0\\\vdots\\0\end{pmatrix},\boldsymbol{\varepsilon}_2=\begin{pmatrix}0\\1\\\vdots\\0\end{pmatrix},\cdots,\boldsymbol{\varepsilon}_n=\begin{pmatrix}0\\0\\\vdots\\1\end{pmatrix}$是$\mathbb{R}^n$ 的一个标准正交基.

定理 4.2 设 $\boldsymbol{\alpha}_1,\boldsymbol{\alpha}_2,\cdots,\boldsymbol{\alpha}_m$ 是 $\mathbb{R}^n$ 中线性无关的向量组，那么可求出标准正交向量组 $\boldsymbol{v}_1,\boldsymbol{v}_2,\cdots,\boldsymbol{v}_m$，使得 $\boldsymbol{\alpha}_1,\boldsymbol{\alpha}_2,\cdots,\boldsymbol{\alpha}_k$ 与 $\boldsymbol{v}_1,\boldsymbol{v}_2,\cdots,\boldsymbol{v}_k(k=1,2,\cdots,m)$ 等价.

证明 令 $\boldsymbol{\beta}_1=\boldsymbol{\alpha}_1$，

$$\boldsymbol{\beta}_2=\boldsymbol{\alpha}_2-\frac{(\boldsymbol{\alpha}_2,\boldsymbol{\beta}_1)}{(\boldsymbol{\beta}_1,\boldsymbol{\beta}_1)}\boldsymbol{\beta}_1,$$

$$\boldsymbol{\beta}_3=\boldsymbol{\alpha}_3-\frac{(\boldsymbol{\alpha}_3,\boldsymbol{\beta}_2)}{(\boldsymbol{\beta}_2,\boldsymbol{\beta}_2)}\boldsymbol{\beta}_2-\frac{(\boldsymbol{\alpha}_3,\boldsymbol{\beta}_1)}{(\boldsymbol{\beta}_1,\boldsymbol{\beta}_1)}\boldsymbol{\beta}_1,$$

$$\vdots$$

$$\boldsymbol{\beta}_m=\boldsymbol{\alpha}_m-\frac{(\boldsymbol{\alpha}_m,\boldsymbol{\beta}_{m-1})}{(\boldsymbol{\beta}_{m-1},\boldsymbol{\beta}_{m-1})}\boldsymbol{\beta}_{m-1}-\cdots-\frac{(\boldsymbol{\alpha}_m,\boldsymbol{\beta}_1)}{(\boldsymbol{\beta}_1,\boldsymbol{\beta}_1)}\boldsymbol{\beta}_1.$$

不难看出 $\boldsymbol{\alpha}_1,\boldsymbol{\alpha}_2,\cdots,\boldsymbol{\alpha}_k$ 与 $\boldsymbol{\beta}_1,\boldsymbol{\beta}_2,\cdots,\boldsymbol{\beta}_k$ 等价 $(k=1,2,\cdots,m)$. 直接验证可知：$\boldsymbol{\beta}_1,\boldsymbol{\beta}_2,\cdots,\boldsymbol{\beta}_m$ 是一个正交向量组. 最后把 $\boldsymbol{\beta}_1,\boldsymbol{\beta}_2,\cdots,\boldsymbol{\beta}_m$ 单位化即可得到所要求的标准正交向量组 $\boldsymbol{v}_1,\boldsymbol{v}_2,\cdots,\boldsymbol{v}_m$.

上述把 $\boldsymbol{\alpha}_1,\boldsymbol{\alpha}_2,\cdots,\boldsymbol{\alpha}_m$ 变成 $\boldsymbol{v}_1,\boldsymbol{v}_2,\cdots,\boldsymbol{v}_m$ 的方法，称为施密特正交化过程.

例 4.7 将 $\mathbb{R}^3$ 的向量组 $\boldsymbol{\alpha}_1=\begin{pmatrix}1\\0\\0\end{pmatrix},\boldsymbol{\alpha}_2=\begin{pmatrix}1\\1\\0\end{pmatrix},\boldsymbol{\alpha}_3=\begin{pmatrix}1\\1\\1\end{pmatrix}$ 正交单位化.

解 令 $\boldsymbol{\beta}_1=\boldsymbol{\alpha}_1=\begin{pmatrix}1\\0\\0\end{pmatrix}$，

$$\boldsymbol{\beta}_2=\boldsymbol{\alpha}_2-\frac{(\boldsymbol{\alpha}_2,\boldsymbol{\beta}_1)}{(\boldsymbol{\beta}_1,\boldsymbol{\beta}_1)}\boldsymbol{\beta}_1=\begin{pmatrix}1\\1\\0\end{pmatrix}-\frac{1}{1}\begin{pmatrix}1\\0\\0\end{pmatrix}=\begin{pmatrix}0\\1\\0\end{pmatrix},$$

$$\boldsymbol{\beta}_3=\boldsymbol{\alpha}_3-\frac{(\boldsymbol{\alpha}_3,\boldsymbol{\beta}_2)}{(\boldsymbol{\beta}_2,\boldsymbol{\beta}_2)}\boldsymbol{\beta}_2-\frac{(\boldsymbol{\alpha}_3,\boldsymbol{\beta}_1)}{(\boldsymbol{\beta}_1,\boldsymbol{\beta}_1)}\boldsymbol{\beta}_1=\begin{pmatrix}1\\1\\1\end{pmatrix}-\frac{1}{1}\begin{pmatrix}0\\1\\0\end{pmatrix}-\frac{1}{1}\begin{pmatrix}1\\0\\0\end{pmatrix}=\begin{pmatrix}0\\0\\1\end{pmatrix}.$$

则 $\boldsymbol{\beta}_1,\boldsymbol{\beta}_2,\boldsymbol{\beta}_3$ 即为所求的正交单位向量组.

例 4.8 把 $\mathbb{R}^4$ 中的向量组 $\boldsymbol{\alpha}_1=\begin{pmatrix}1\\1\\0\\0\end{pmatrix},\boldsymbol{\alpha}_2=\begin{pmatrix}1\\0\\1\\0\end{pmatrix},\boldsymbol{\alpha}_3=\begin{pmatrix}-1\\0\\0\\1\end{pmatrix},\boldsymbol{\alpha}_4=\begin{pmatrix}1\\-1\\-1\\1\end{pmatrix}$ 正交单位化.

解 先把它们正交化，令

$$\boldsymbol{\beta}_1=\boldsymbol{\alpha}_1=\begin{pmatrix}1\\1\\0\\0\end{pmatrix},$$

$$\boldsymbol{\beta}_2=\boldsymbol{\alpha}_2-\frac{(\boldsymbol{\alpha}_2,\boldsymbol{\beta}_1)}{(\boldsymbol{\beta}_1,\boldsymbol{\beta}_1)}\boldsymbol{\beta}_1=\begin{pmatrix}\frac{1}{2}\\-\frac{1}{2}\\1\\0\end{pmatrix},$$

$$\boldsymbol{\beta}_3=\boldsymbol{\alpha}_3-\frac{(\boldsymbol{\alpha}_3,\boldsymbol{\beta}_2)}{(\boldsymbol{\beta}_2,\boldsymbol{\beta}_2)}\boldsymbol{\beta}_2-\frac{(\boldsymbol{\alpha}_3,\boldsymbol{\beta}_1)}{(\boldsymbol{\beta}_1,\boldsymbol{\beta}_1)}\boldsymbol{\beta}_1=\begin{pmatrix}-\frac{1}{3}\\\frac{1}{3}\\\frac{1}{3}\\1\end{pmatrix},$$

$$\boldsymbol{\beta}_4=\boldsymbol{\alpha}_4-\frac{(\boldsymbol{\alpha}_4,\boldsymbol{\beta}_3)}{(\boldsymbol{\beta}_3,\boldsymbol{\beta}_3)}\boldsymbol{\beta}_3-\frac{(\boldsymbol{\alpha}_4,\boldsymbol{\beta}_2)}{(\boldsymbol{\beta}_2,\boldsymbol{\beta}_2)}\boldsymbol{\beta}_2-\frac{(\boldsymbol{\alpha}_4,\boldsymbol{\beta}_1)}{(\boldsymbol{\beta}_1,\boldsymbol{\beta}_1)}\boldsymbol{\beta}_1=\begin{pmatrix}1\\-1\\-1\\1\end{pmatrix}.$$

再单位化得

$$\boldsymbol{\gamma}_1=\begin{pmatrix}\frac{1}{\sqrt{2}}\\\frac{1}{\sqrt{2}}\\0\\0\end{pmatrix},\quad \boldsymbol{\gamma}_2=\begin{pmatrix}\frac{1}{\sqrt{6}}\\-\frac{1}{\sqrt{6}}\\\frac{2}{\sqrt{6}}\\0\end{pmatrix},\quad \boldsymbol{\gamma}_3=\begin{pmatrix}-\frac{1}{\sqrt{12}}\\\frac{1}{\sqrt{12}}\\\frac{1}{\sqrt{12}}\\\frac{3}{\sqrt{12}}\end{pmatrix},\quad \boldsymbol{\gamma}_4=\begin{pmatrix}\frac{1}{2}\\-\frac{1}{2}\\-\frac{1}{2}\\\frac{1}{2}\end{pmatrix}.$$

习题 4.2

1. 验证下列各组向量是两两正交的，并添加向量使它们成为$\mathbb{R}^4$ 的正交基底.

(1) (1,−2,2,−3),(2,−3,2,4)；

(2) (1,1,1,2),(1,2,3,−3).

2. 应用正交化过程将$\mathbb{R}^4$ 中的下列向量正交化.

$$\boldsymbol{\alpha}_1=(2,1,3,-1),\quad \boldsymbol{\alpha}_2=(7,4,3,-3),\quad \boldsymbol{\alpha}_3=(1,1,0,0).$$

3. 求下列向量的长度：$\boldsymbol{\alpha}_1=(1,0,2,1)$,$\boldsymbol{\alpha}_2=(2,1,2,3)$.

4. 证明：若 n 维实向量$\boldsymbol{\alpha}$ 与任意 n 维实向量都正交，则$\boldsymbol{\alpha}$ 必是零向量.

5. 证明：当$\boldsymbol{\alpha}\neq\mathbf{0}$时，$\frac{1}{|\boldsymbol{\alpha}|}\boldsymbol{\alpha}$是单位向量.

4.3 正交矩阵

本节介绍一类在几何、物理及经济模型中常见的实方阵，即正交矩阵. 当然它的讨论与$\mathbb{R}^n$中向量的正交性密切相关.

例 4.9 设矩阵$\boldsymbol{A}=\begin{pmatrix}\cos\theta & \sin\theta\\ -\sin\theta & \cos\theta\end{pmatrix}$，其中$\theta\in\mathbb{R}$，验证：$\boldsymbol{A}^{\mathrm{T}}\boldsymbol{A}=\boldsymbol{E}$.

解 $\boldsymbol{A}^{\mathrm{T}}\boldsymbol{A}=\begin{pmatrix}\cos\theta & -\sin\theta\\ \sin\theta & \cos\theta\end{pmatrix}\begin{pmatrix}\cos\theta & \sin\theta\\ -\sin\theta & \cos\theta\end{pmatrix}=\begin{pmatrix}1 & 0\\ 0 & 1\end{pmatrix}=\boldsymbol{E}.$

我们称满足条件$\boldsymbol{A}^{\mathrm{T}}\boldsymbol{A}=\boldsymbol{E}$的实方阵$\boldsymbol{A}$为正交矩阵.

定义 4.9 n阶实矩阵$\boldsymbol{A}$称为正交矩阵，如果$\boldsymbol{A}^{\mathrm{T}}\boldsymbol{A}=\boldsymbol{E}$.

例 4.10 判断下列矩阵是否为正交矩阵：

(1) $\boldsymbol{A}=\begin{pmatrix}\frac{\sqrt{2}}{2} & \frac{\sqrt{2}}{2}\\ -\frac{\sqrt{2}}{2} & \frac{\sqrt{2}}{2}\end{pmatrix}$；　(2) $\boldsymbol{B}=\begin{pmatrix}\frac{\sqrt{2}}{2} & \frac{\sqrt{2}}{6} & \frac{2}{3}\\ 0 & -\frac{2\sqrt{2}}{3} & \frac{1}{3}\\ -\frac{\sqrt{2}}{2} & \frac{\sqrt{2}}{6} & \frac{2}{3}\end{pmatrix}$.

解 (1) 因为

$$\boldsymbol{A}^{\mathrm{T}}\boldsymbol{A}=\begin{pmatrix}\frac{\sqrt{2}}{2} & -\frac{\sqrt{2}}{2}\\ \frac{\sqrt{2}}{2} & \frac{\sqrt{2}}{2}\end{pmatrix}\begin{pmatrix}\frac{\sqrt{2}}{2} & \frac{\sqrt{2}}{2}\\ -\frac{\sqrt{2}}{2} & \frac{\sqrt{2}}{2}\end{pmatrix}=\boldsymbol{E},$$

所以$\boldsymbol{A}$为正交矩阵.

(2) 因为

$$\boldsymbol{B}^{\mathrm{T}}\boldsymbol{B}=\begin{pmatrix}\frac{\sqrt{2}}{2} & 0 & -\frac{\sqrt{2}}{2}\\ \frac{\sqrt{2}}{6} & -\frac{2\sqrt{2}}{3} & \frac{\sqrt{2}}{6}\\ \frac{2}{3} & \frac{1}{3} & \frac{2}{3}\end{pmatrix}\begin{pmatrix}\frac{\sqrt{2}}{2} & \frac{\sqrt{2}}{6} & \frac{2}{3}\\ 0 & -\frac{2\sqrt{2}}{3} & \frac{1}{3}\\ -\frac{\sqrt{2}}{2} & \frac{\sqrt{2}}{6} & \frac{2}{3}\end{pmatrix}=\boldsymbol{E},$$

所以$\boldsymbol{B}$也是正交矩阵.

由正交矩阵的定义，不难得到下面命题.

命题 设 $\boldsymbol{A}$ 是 n 阶实矩阵，$\boldsymbol{A}$ 是正交矩阵当且仅当 $\boldsymbol{A}$ 满足下列等价条件之一：

(1) $\boldsymbol{A}^{\mathrm{T}}\boldsymbol{A}=\boldsymbol{E}$；

(2) $\boldsymbol{A}^{\mathrm{T}}=\boldsymbol{A}^{-1}$；

(3) $\boldsymbol{A}^{\mathrm{T}}$ 是正交矩阵.

正交矩阵具有以下性质：

(1) $\boldsymbol{E}$ 是正交矩阵.

(2) 如果 $\boldsymbol{A}$ 与 $\boldsymbol{B}$ 都是同阶正交矩阵，则 $\boldsymbol{AB}$ 也是正交矩阵.

事实上

$$(\boldsymbol{AB})^{\mathrm{T}}(\boldsymbol{AB})=\boldsymbol{B}^{\mathrm{T}}\boldsymbol{A}^{\mathrm{T}}\boldsymbol{AB}=\boldsymbol{B}^{\mathrm{T}}(\boldsymbol{A}^{\mathrm{T}}\boldsymbol{A})\boldsymbol{B}=\boldsymbol{B}^{\mathrm{T}}\boldsymbol{EB}=\boldsymbol{B}^{\mathrm{T}}\boldsymbol{B}=\boldsymbol{E},$$

所以 $\boldsymbol{AB}$ 也是正交矩阵.

(3) 如果 $\boldsymbol{A}$ 是正交矩阵，则 $-\boldsymbol{A}$ 也是正交矩阵.

事实上

$$(-\boldsymbol{A})^{\mathrm{T}}(-\boldsymbol{A})=(-1)\boldsymbol{A}^{\mathrm{T}}(-\boldsymbol{A})=\boldsymbol{A}^{\mathrm{T}}\boldsymbol{A}=\boldsymbol{E},$$

所以 $-\boldsymbol{A}$ 也是正交矩阵.

(4) 如果 $\boldsymbol{A}$ 是正交矩阵，则 $|\boldsymbol{A}|=\pm 1$.

事实上，由 $\boldsymbol{A}^{\mathrm{T}}\boldsymbol{A}=\boldsymbol{E}$，两边取行列式得 $|\boldsymbol{A}|^2=1$，因此，$|\boldsymbol{A}|=\pm 1$.

(5) n 阶实矩阵 $\boldsymbol{A}$ 是正交矩阵当且仅当 $\boldsymbol{A}$ 的列(行)向量组是正交单位向量组，即 $\boldsymbol{A}$ 的列(行)向量组是 $\mathbb{R}^n$ 的标准正交基底.

事实上，设 $\boldsymbol{A}=\begin{pmatrix} a_{11} & a_{12} & \cdots & a_{1n} \\ a_{21} & a_{22} & \cdots & a_{2n} \\ \vdots & \vdots & & \vdots \\ a_{n1} & a_{n2} & \cdots & a_{nn} \end{pmatrix}$. 对 $\boldsymbol{A}$ 列分块得 $\boldsymbol{A}=(\boldsymbol{\alpha}_1,\boldsymbol{\alpha}_2,\cdots,\boldsymbol{\alpha}_n)$. 由 $\boldsymbol{A}^{\mathrm{T}}\boldsymbol{A}=\boldsymbol{E}$，得

$$\begin{pmatrix} (\boldsymbol{\alpha}_1,\boldsymbol{\alpha}_1) & (\boldsymbol{\alpha}_1,\boldsymbol{\alpha}_2) & \cdots & (\boldsymbol{\alpha}_1,\boldsymbol{\alpha}_n) \\ (\boldsymbol{\alpha}_2,\boldsymbol{\alpha}_1) & (\boldsymbol{\alpha}_2,\boldsymbol{\alpha}_2) & \cdots & (\boldsymbol{\alpha}_2,\boldsymbol{\alpha}_n) \\ \vdots & \vdots & & \vdots \\ (\boldsymbol{\alpha}_n,\boldsymbol{\alpha}_1) & (\boldsymbol{\alpha}_n,\boldsymbol{\alpha}_2) & \cdots & (\boldsymbol{\alpha}_n,\boldsymbol{\alpha}_n) \end{pmatrix}=\begin{pmatrix} 1 & 0 & 0 & 0 \\ 0 & 1 & 0 & 0 \\ \vdots & \vdots & \ddots & \vdots \\ 0 & 0 & \cdots & 1 \end{pmatrix}=\boldsymbol{E}.$$

所以有

$$(\boldsymbol{\alpha}_i,\boldsymbol{\alpha}_j)=\begin{cases} 1, & i=j, \\ 0, & i\neq j, \end{cases} \quad i,j=1,2,\cdots,n.$$

从而 $\boldsymbol{A}$ 的列向量组是正交的单位向量组.

由上面的证明及 $\boldsymbol{A}^{\mathrm{T}}$ 也是正交矩阵，可得到 $\boldsymbol{A}$ 的行向量组也是正交的单位向量组.

例 4.11 设$\boldsymbol{\alpha}=\begin{pmatrix}a_1\\a_2\\\vdots\\a_n\end{pmatrix}$，$\boldsymbol{\beta}=\begin{pmatrix}b_1\\b_2\\\vdots\\b_n\end{pmatrix}\in\mathbb{R}^n$，$\boldsymbol{A}=(a_{ij})_{n\times n}$是正交矩阵，计算内积$(\boldsymbol{A\alpha},\boldsymbol{A\beta})$.

解法 1 将$\boldsymbol{A}$按列分块为$\boldsymbol{A}=(\boldsymbol{\alpha}_1,\boldsymbol{\alpha}_2,\cdots,\boldsymbol{\alpha}_n)$，那么

$$\boldsymbol{A\alpha}=(\boldsymbol{\alpha}_1,\boldsymbol{\alpha}_2,\cdots,\boldsymbol{\alpha}_n)\begin{pmatrix}a_1\\a_2\\\vdots\\a_n\end{pmatrix}=a_1\boldsymbol{\alpha}_1+a_2\boldsymbol{\alpha}_2+\cdots+a_n\boldsymbol{\alpha}_n,$$

同理

$$\boldsymbol{A\beta}=(\boldsymbol{\alpha}_1,\boldsymbol{\alpha}_2,\cdots,\boldsymbol{\alpha}_n)\begin{pmatrix}b_1\\b_2\\\vdots\\b_n\end{pmatrix}=b_1\boldsymbol{\alpha}_1+b_2\boldsymbol{\alpha}_2+\cdots+b_n\boldsymbol{\alpha}_n.$$

于是，利用性质(5)得

$$\begin{aligned}(\boldsymbol{A\alpha},\boldsymbol{A\beta})&=(a_1\boldsymbol{\alpha}_1+a_2\boldsymbol{\alpha}_2+\cdots+a_n\boldsymbol{\alpha}_n,b_1\boldsymbol{\alpha}_1+b_2\boldsymbol{\alpha}_2+\cdots+b_n\boldsymbol{\alpha}_n)\\&=a_1b_1(\boldsymbol{\alpha}_1,\boldsymbol{\alpha}_1)+a_2b_2(\boldsymbol{\alpha}_2,\boldsymbol{\alpha}_2)+\cdots+a_nb_n(\boldsymbol{\alpha}_n,\boldsymbol{\alpha}_n)\\&=a_1b_1+a_2b_2+\cdots+a_nb_n\\&=(\boldsymbol{\alpha},\boldsymbol{\beta}).\end{aligned}$$

解法 2 $(\boldsymbol{A\alpha},\boldsymbol{A\beta})=(\boldsymbol{A\alpha})^{\mathrm{T}}(\boldsymbol{A\beta})=\boldsymbol{\alpha}^{\mathrm{T}}\boldsymbol{A}^{\mathrm{T}}\boldsymbol{A\beta}=\boldsymbol{\alpha}^{\mathrm{T}}\boldsymbol{\beta}=(\boldsymbol{\alpha},\boldsymbol{\beta})$

$=a_1b_1+a_2b_2+\cdots+a_nb_n.$

例 4.12 设$\boldsymbol{A}$和$\boldsymbol{B}$是同阶正交矩阵，且$|\boldsymbol{A}|=-|\boldsymbol{B}|$. 证明：$|\boldsymbol{A}+\boldsymbol{B}|=0$.

证 因为$\boldsymbol{A}$和$\boldsymbol{B}$是同阶正交矩阵，所以$\boldsymbol{AA}^{\mathrm{T}}=\boldsymbol{B}^{\mathrm{T}}\boldsymbol{B}=\boldsymbol{E}$，而且$|\boldsymbol{A}|=\pm1$. 从而可知

$$|\boldsymbol{A}+\boldsymbol{B}|=|\boldsymbol{A}(\boldsymbol{A}^{\mathrm{T}}+\boldsymbol{B}^{\mathrm{T}})\boldsymbol{B}|=-|\boldsymbol{A}|^2\,|(\boldsymbol{A}+\boldsymbol{B})^{\mathrm{T}}|=-|\boldsymbol{A}+\boldsymbol{B}|,$$

因此$|\boldsymbol{A}+\boldsymbol{B}|=0$.

习题 4.3

1. 判断下列矩阵是否为正交矩阵：

(1) $\begin{pmatrix}\dfrac{\sqrt{3}}{2} & -\dfrac{1}{2}\\ \dfrac{1}{2} & \dfrac{\sqrt{3}}{2}\end{pmatrix}$；

(2) $\begin{pmatrix} \frac{\sqrt{2}}{2} & \frac{\sqrt{6}}{6} & \frac{\sqrt{3}}{6} & \frac{1}{2} \\ \frac{\sqrt{2}}{2} & -\frac{\sqrt{6}}{6} & -\frac{\sqrt{3}}{6} & \frac{1}{2} \\ 0 & \frac{\sqrt{6}}{3} & -\frac{\sqrt{3}}{6} & \frac{1}{2} \\ 0 & 0 & \frac{\sqrt{3}}{2} & \frac{1}{2} \end{pmatrix}$.

2. 证明：(1) 如果 $\boldsymbol{A}_1,\boldsymbol{A}_2,\cdots,\boldsymbol{A}_m$ 都是同阶正交矩阵，那么 $\boldsymbol{A}_1\boldsymbol{A}_2\cdots\boldsymbol{A}_m$ 也是正交矩阵；

(2) 如果 $\boldsymbol{A}$ 是正交矩阵，则 $\boldsymbol{A}^{\mathrm{T}}$ 也是正交矩阵.

3. 试证：如果 $\boldsymbol{A}$ 是实对称矩阵，$\boldsymbol{U}$ 是正交矩阵，那么 $\boldsymbol{U}^{-1}\boldsymbol{A}\boldsymbol{U}$ 也是实对称矩阵.

4. 证明：如果 $\boldsymbol{A}$ 是上三角正交矩阵，则 $\boldsymbol{A}$ 是对角矩阵且主对角线上的元素是 ± 1.

第 4 章补充题

1. 在欧氏空间 $\mathbb{R}^n$ 中，证明：

(1) $|(\boldsymbol{\alpha},\boldsymbol{\beta})| \leqslant |\boldsymbol{\alpha}||\boldsymbol{\beta}|$，当且仅当 $\boldsymbol{\alpha},\boldsymbol{\beta}$ 线性相关时等号成立；

(2) $|\boldsymbol{\alpha}-\boldsymbol{\beta}| \leqslant |\boldsymbol{\alpha}-\boldsymbol{\gamma}|+|\boldsymbol{\gamma}-\boldsymbol{\beta}|$.

其中 $\boldsymbol{\alpha},\boldsymbol{\beta},\boldsymbol{\gamma}$ 是 $\mathbb{R}^n$ 中的任意向量.

2. 证明：在 $\mathbb{R}^n$ 中两个基底之间的过渡矩阵一定是可逆矩阵.

3. 证明：如果 $\boldsymbol{A}$ 是对称的正交矩阵，且 $|\boldsymbol{A}|=1$，那么 $\boldsymbol{A}=\boldsymbol{A}^*$.

4. 证明：如果 $\boldsymbol{A}$ 是 n 阶正交矩阵，且 $|\boldsymbol{A}|=-1$，那么 $|\boldsymbol{E}+\boldsymbol{A}|=0$.

5. 证明：如果 $\boldsymbol{A}$ 是 n 阶正交矩阵，n 是奇数，且 $|\boldsymbol{A}|=1$，那么 $|\boldsymbol{E}-\boldsymbol{A}|=0$.

6. 设 $\boldsymbol{A}$ 是正交矩阵，求证 $\boldsymbol{A}^*$ 是正交矩阵.

第 5 章 矩阵的特征值和特征向量

在矩阵分析和一些经济问题的计算中，往往可归结为如下的数学问题：对于 $n\times n$ 矩阵 $\boldsymbol{A}$，求数 λ 和非零的 n 维向量 $\boldsymbol{\alpha}$，使关系式 $\boldsymbol{A}\boldsymbol{\alpha}=\lambda\boldsymbol{\alpha}$ 成立. 这样的数称为 $\boldsymbol{A}$ 的特征值，$\boldsymbol{\alpha}$ 称为特征向量. 本章介绍矩阵的特征值及特征向量的概念、计算方法以及它们的一些基本性质，并讨论一些与它们有关的矩阵问题.

5.1 矩阵的特征值和特征向量的定义及性质

5.1.1 矩阵的特征值和特征向量的定义

定义 5.1 设 $\boldsymbol{A}$ 是数域 P 上的 n 阶矩阵. 如果对于数域 P 中的一个数 λ_0，存在非零列向量 $\boldsymbol{\alpha}$ 使得 $\boldsymbol{A}\boldsymbol{\alpha}=\lambda_0\boldsymbol{\alpha}$，则 λ_0 称为 $\boldsymbol{A}$ 的特征值，$\boldsymbol{\alpha}$ 称为 $\boldsymbol{A}$ 的属于特征值 λ_0 的特征向量.

例 5.1 对于矩阵 $\boldsymbol{A}=\begin{pmatrix}1 & 2 & 2\\ 1 & -1 & 1\\ 4 & -12 & 1\end{pmatrix}$ 成立

$$\begin{pmatrix}1 & 2 & 2\\ 1 & -1 & 1\\ 4 & -12 & 1\end{pmatrix}\begin{pmatrix}3\\ 1\\ -1\end{pmatrix}=1\cdot\begin{pmatrix}3\\ 1\\ -1\end{pmatrix},$$

因此，1 是 $\boldsymbol{A}$ 的特征值，

$$\begin{pmatrix}3\\ 1\\ -1\end{pmatrix}$$

是 $\boldsymbol{A}$ 的属于特征值 1 的特征向量. 容易看出，对数域 P 中的任意非零数 k，

$$k\begin{pmatrix}3\\ 1\\ -1\end{pmatrix}$$

也是 $\boldsymbol{A}$ 的属于特征值 1 的特征向量. 一般地，若 $\boldsymbol{\alpha}$ 是 $\boldsymbol{A}$ 的属于特征值 λ_0 的特征向量，则对

于数域 P 中任意非零数 k，都有 $k\boldsymbol{\alpha}$ 也是 $\boldsymbol{A}$ 的属于特征值 λ_0 的特征向量. 事实上，$k\boldsymbol{\alpha}\neq\mathbf{0}$，且有

$$\boldsymbol{A}(k\boldsymbol{\alpha})=k(\boldsymbol{A}\boldsymbol{\alpha})=k(\lambda_0\boldsymbol{\alpha})=\lambda_0(k\boldsymbol{\alpha}).$$

例 5.2 求 n 阶矩阵

$$\boldsymbol{A}=\begin{pmatrix}\lambda & & & \\ & \lambda & & \\ & & \ddots & \\ & & & \lambda\end{pmatrix}$$

的特征值与特征向量.

解 由矩阵乘法可知，对任意非零向量 $\boldsymbol{\alpha}$，有

$$\boldsymbol{A}\boldsymbol{\alpha}=(\lambda\boldsymbol{E})\boldsymbol{\alpha}=\lambda\boldsymbol{\alpha}.$$

由定义可知，λ 是 $\boldsymbol{A}$ 的特征值，而任意非零 n 维列向量 $\boldsymbol{\alpha}$ 均是 $\boldsymbol{A}$ 的属于特征值 λ 的特征向量. 若 $\boldsymbol{A}$ 还有其他的特征值 $b\neq\lambda$，则应有 $\boldsymbol{\beta}\neq\mathbf{0}$，使得 $\boldsymbol{A}\boldsymbol{\beta}=b\boldsymbol{\beta}$. 由前面讨论知 $\boldsymbol{A}\boldsymbol{\beta}=\lambda\boldsymbol{\beta}$，所以 $\lambda\boldsymbol{\beta}=b\boldsymbol{\beta}$，即 $(\lambda-b)\boldsymbol{\beta}=\mathbf{0}$，但 $\boldsymbol{\beta}\neq\mathbf{0}$，从而 $\lambda=b$，这是一个矛盾. 因此，该矩阵 $\boldsymbol{A}$ 的特征值是唯一的.

这里自然产生一个问题：任给数域 P 上的方阵 $\boldsymbol{A}$，它是否一定有特征值？当 $\boldsymbol{A}$ 有特征值时，如何求出它的全部特征值和全部的特征向量？下面就来讨论这两个问题. 为了讨论方便，我们先引入一个定义.

定义 5.2 设 $\boldsymbol{A}$ 是数域 P 上的 n 阶矩阵，λ 是一个文字，矩阵 $\lambda\boldsymbol{E}-\boldsymbol{A}$ 称为 $\boldsymbol{A}$ 的特征矩阵，它的行列式

$$|\lambda\boldsymbol{E}-\boldsymbol{A}|=\begin{vmatrix}\lambda-a_{11} & -a_{12} & \cdots & -a_{1n}\\ -a_{21} & \lambda-a_{22} & \cdots & -a_{2n}\\ \vdots & \vdots & & \vdots\\ -a_{n1} & -a_{n2} & \cdots & \lambda-a_{nn}\end{vmatrix}$$

是 λ 的一个多项式，称它为 $\boldsymbol{A}$ 的特征多项式. 方程 $|\lambda\boldsymbol{E}-\boldsymbol{A}|=0$ 称为 $\boldsymbol{A}$ 的特征方程.

设 $\boldsymbol{A}$ 是数域 P 上的 n 阶矩阵. 如果 λ_0 是 $\boldsymbol{A}$ 的特征值，$\boldsymbol{\alpha}$ 是 $\boldsymbol{A}$ 的属于 λ_0 的特征向量，则

$$\boldsymbol{A}\boldsymbol{\alpha}=\lambda_0\boldsymbol{\alpha},$$

其中 $\lambda_0\in P$，$\boldsymbol{\alpha}\neq\mathbf{0}$，即 $(\lambda_0\boldsymbol{E}-\boldsymbol{A})\boldsymbol{\alpha}=\mathbf{0}$. 这说明 $\boldsymbol{\alpha}$ 是齐次线性方程组 $(\lambda_0\boldsymbol{E}-\boldsymbol{A})\boldsymbol{x}=\mathbf{0}$ 的非零解，从而有 $|\lambda_0\boldsymbol{E}-\boldsymbol{A}|=0$，说明 λ_0 满足 $\boldsymbol{A}$ 的特征方程 $|\lambda\boldsymbol{E}-\boldsymbol{A}|=0$，反之，若 λ_0 是 $|\lambda\boldsymbol{E}-\boldsymbol{A}|=0$ 的根，则 $|\lambda_0\boldsymbol{E}-\boldsymbol{A}|=0$，从而齐次线性方程组 $(\lambda_0\boldsymbol{E}-\boldsymbol{A})\boldsymbol{x}=\mathbf{0}$ 有非零解 $\boldsymbol{\alpha}$，$(\lambda_0\boldsymbol{E}-\boldsymbol{A})\boldsymbol{\alpha}=\mathbf{0}$，因此，$\boldsymbol{A}\boldsymbol{\alpha}=\lambda_0\boldsymbol{\alpha}$.

由上面的讨论可得下面的定理.

定理 5.1 设 $\boldsymbol{A}$ 是数域 P 上的 n 阶矩阵，则 λ_0 是 $\boldsymbol{A}$ 的特征值，$\boldsymbol{\alpha}$ 是 $\boldsymbol{A}$ 的属于 λ_0 的特征向量的充要条件是：λ_0 是 $|\lambda\boldsymbol{E}-\boldsymbol{A}|=0$ 在数域 P 中的根，$\boldsymbol{\alpha}$ 是齐次线性方程组 $(\lambda_0\boldsymbol{E}-\boldsymbol{A})\boldsymbol{x}=\mathbf{0}$

的非零解.

例 5.3 求复数域上的矩阵 $\boldsymbol{A}=\begin{pmatrix}3 & 1\\ 5 & -1\end{pmatrix}$ 的特阵值与特征向量.

解 $\boldsymbol{A}$ 的特征多项式为

$$|\lambda\boldsymbol{E}-\boldsymbol{A}|=\begin{vmatrix}\lambda-3 & -1\\ -5 & \lambda+1\end{vmatrix}.$$

令 $|\lambda\boldsymbol{E}-\boldsymbol{A}|=0$，得 $(\lambda-4)(\lambda+2)=0$，所以 $\lambda_1=4,\lambda_2=-2$ 是矩阵 $\boldsymbol{A}$ 的两个不同的特征值.

以 $\lambda_1=4$ 代入 $(\lambda\boldsymbol{E}-\boldsymbol{A})\boldsymbol{x}=\boldsymbol{0}$，得

$$\begin{cases}x_1-x_2=0,\\ -5x_1+5x_2=0,\end{cases}$$

它的基础解系是 $\begin{pmatrix}1\\1\end{pmatrix}$，所以 $c_1\begin{pmatrix}1\\1\end{pmatrix}$（$c_1$ 是任意的非零复数）是 $\boldsymbol{A}$ 属于 $\lambda_1=4$ 的全部特征向量. 同理可求出 $\boldsymbol{A}$ 的属于 $\lambda_2=-2$ 的全部特征向量是 $c_2\begin{pmatrix}1\\-5\end{pmatrix}$（$c_2$ 是任意的非零复数）.

例 5.4 求复数域上的矩阵 $\boldsymbol{A}=\begin{bmatrix}-1 & 1 & 0\\ -4 & 3 & 0\\ 1 & 0 & 2\end{bmatrix}$ 特征值和特征向量.

解 $|\lambda\boldsymbol{I}-\boldsymbol{A}|=\begin{vmatrix}\lambda+1 & -1 & 0\\ 4 & \lambda-3 & 0\\ -1 & 0 & \lambda-2\end{vmatrix}=(\lambda-2)(\lambda-1)^2.$

令 $|\lambda\boldsymbol{I}-\boldsymbol{A}|=0$，得 $\lambda_1=2,\lambda_2=\lambda_3=1$ 是 $\boldsymbol{A}$ 的全部特征值.

以 $\lambda_1=2$ 代入 $(\lambda\boldsymbol{E}-\boldsymbol{A})\boldsymbol{x}=\boldsymbol{0}$，得

$$\begin{cases}3x_1-x_2+0x_3=0,\\ 4x_1-x_2+0x_3=0,\\ -x_1+0x_2+0x_3=0,\end{cases}\quad \text{即}\quad \begin{cases}3x_1-x_2=0,\\ 4x_1-x_2=0,\\ -x_1+0x_2=0.\end{cases}$$

它的基础解系是

$$\begin{bmatrix}0\\0\\1\end{bmatrix},$$

因此

$$c_1\begin{bmatrix}0\\0\\1\end{bmatrix}\quad（c_1\text{ 是任意的非零复数}）$$

是 $\boldsymbol{A}$ 属于 $\lambda_1=2$ 的全部特征向量.

同理可求出 $\boldsymbol{A}$ 的属于 $\lambda_2=\lambda_3=1$ 的所有特征向量为

$$c_2\begin{pmatrix}1\\2\\-1\end{pmatrix}\quad(c_2\text{ 是任意的非零复数}).$$

例 5.5 求实数域上的矩阵 $\boldsymbol{A}=\begin{pmatrix}4&6&0\\-3&-5&0\\-3&-6&1\end{pmatrix}$ 的特征值和特征向量.

解 由

$$\begin{vmatrix}\lambda-4&-6&0\\3&\lambda+5&0\\3&6&\lambda-1\end{vmatrix}=(\lambda+2)(\lambda-1)^2=0,$$

得 $\boldsymbol{A}$ 的特征值为 $\lambda_1=-2,\lambda_2=\lambda_3=1$.

当 $\lambda_1=-2$ 时,有

$$\begin{cases}-6x_1-6x_3=0,\\3x_1+3x_3=0,\\3x_1+6x_2-3x_3=0.\end{cases}$$

它的基础解系是

$$\begin{pmatrix}-1\\1\\1\end{pmatrix},$$

所以 $\boldsymbol{A}$ 的属于 $\lambda_1=-2$ 的全部特征向量为

$$c_1\begin{pmatrix}-1\\1\\1\end{pmatrix}\quad(c_1\text{ 是任意的非零实数}).$$

当 $\lambda_2=\lambda_3=1$ 时,有

$$\begin{cases}-3x_1-6x_2+0x_3=0,\\3x_1-6x_2+0x_3=0,\\3x_1-6x_2+0x_3=0.\end{cases}$$

它的基础解系是向量

$$\begin{pmatrix}-2\\1\\0\end{pmatrix},\quad\begin{pmatrix}0\\0\\1\end{pmatrix},$$

所以,$\boldsymbol{A}$ 的属于 $\lambda_2=\lambda_3=1$ 的所有特征向量是

$$c_1\begin{pmatrix}-2\\1\\0\end{pmatrix}+c_2\begin{pmatrix}0\\0\\1\end{pmatrix}\quad (c_1,c_2\text{ 是不全为零的实数}).$$

例 5.6 设 $\boldsymbol{A}=\begin{pmatrix}1 & -1\\1 & 1\end{pmatrix}$. 如果把 $\boldsymbol{A}$ 看成实数域上的矩阵，$\boldsymbol{A}$ 有没有特征值？如果把 $\boldsymbol{A}$ 看成复数域上的矩阵，求 $\boldsymbol{A}$ 的特征值和特征向量.

解

$$|\lambda\boldsymbol{E}-\boldsymbol{A}|=\begin{vmatrix}\lambda-1 & 1\\-1 & \lambda-1\end{vmatrix}$$
$$=\lambda^2-2\lambda+2=[\lambda-(1+\mathrm{i})][\lambda-(1-\mathrm{i})].$$

因为 $1+\mathrm{i}$ 与 $1-\mathrm{i}$ 都不是实数，所以若把 $\boldsymbol{A}$ 看成实数域上的矩阵，则 $\boldsymbol{A}$ 没有特征值；若把 $\boldsymbol{A}$ 看成复数域上的矩阵，$\boldsymbol{A}$ 的特征值是 $1+\mathrm{i}$ 与 $1-\mathrm{i}$.

对于 $\lambda=1+\mathrm{i}$，解齐次线性方程组 $[(1+\mathrm{i})\boldsymbol{E}-\boldsymbol{A}]\boldsymbol{x}=\boldsymbol{0}$. 由

$$\begin{pmatrix}\mathrm{i} & 1\\-1 & \mathrm{i}\end{pmatrix}\to\begin{pmatrix}-1 & \mathrm{i}\\\mathrm{i} & 1\end{pmatrix}\to\begin{pmatrix}1 & -\mathrm{i}\\0 & 0\end{pmatrix},$$

从而方程组的一般解为 $x_1=\mathrm{i}x_2$. 于是它的一个基础解系为 $\begin{pmatrix}\mathrm{i}\\1\end{pmatrix}$. 所以 $\boldsymbol{A}$ 的属于特征值 $1+\mathrm{i}$ 的全部特征向量是

$$k\begin{pmatrix}\mathrm{i}\\1\end{pmatrix}\quad(\text{其中 } k \text{ 是非零复数}).$$

同理可求得 $\boldsymbol{A}$ 的属于特征值 $1-\mathrm{i}$ 的全部特征向量是

$$l\begin{pmatrix}-\mathrm{i}\\1\end{pmatrix}\quad(\text{其中 } l \text{ 是非零复数}).$$

5.1.2 特征值与特征向量的基本性质

定理 5.2 n 阶矩阵 $\boldsymbol{A}$ 与它的转置矩阵 $\boldsymbol{A}^{\mathrm{T}}$ 有相同的特征值.

证明
$$|\lambda\boldsymbol{E}-\boldsymbol{A}|=|(\lambda\boldsymbol{E}-\boldsymbol{A})^{\mathrm{T}}|=|\lambda\boldsymbol{E}-\boldsymbol{A}^{\mathrm{T}}|,$$
这说明 $\boldsymbol{A}$ 与 $\boldsymbol{A}^{\mathrm{T}}$ 有相同的特征多项式，因而有相同的特征值.

定理 5.3 设 $\boldsymbol{A}=(a_{ij})$ 是 n 阶矩阵，如果 (1) $\sum\limits_{j=1}^{n}|a_{ij}|<1(i=1,2,\cdots,n)$ 或 (2) $\sum\limits_{i=1}^{n}|a_{ij}|<1(j=1,2,\cdots,n)$ 至少有一个成立，则 $\boldsymbol{A}$ 的特征值 λ 的模小于 1.

证明 若(1)成立. 设 λ 是 $\boldsymbol{A}$ 的一个特征值，而非零向量 $\boldsymbol{\alpha}$ 是属于 λ 的特征向量，则 $\boldsymbol{A\alpha}=\lambda\boldsymbol{\alpha}$，这里

$$\boldsymbol{\alpha}=\begin{pmatrix}x_1\\x_2\\\vdots\\x_n\end{pmatrix},$$

即 $a_{i1}x_1+a_{i2}x_2+\cdots+a_{in}x_n=\lambda x_i$.

令 $\max\limits_{1\leqslant j\leqslant n}|x_j|=|x_k|$,则 $x_k\neq 0$,所以

$$\begin{aligned}|\lambda x_k|&=|a_{k1}x_1+a_{k2}x_2+\cdots+a_{kn}x_n|\\&\leqslant|a_{k1}||x_1|+|a_{k2}||x_2|+\cdots+|a_{kn}||x_n|,\\|\lambda|&\leqslant|a_{k1}|+|a_{k2}|+\cdots+|a_{kn}|<1.\end{aligned}$$

同理可证(2)成立时,$|\lambda|<1$.

定理 5.4 n 阶矩阵 $\boldsymbol{A}$ 属于互不相同的特征值 $\lambda_1,\lambda_2,\cdots,\lambda_m$ 的特征向量 $\boldsymbol{\alpha}_1,\boldsymbol{\alpha}_2,\cdots,\boldsymbol{\alpha}_m$ 线性无关.

证明 用反证法.

设 $\boldsymbol{\alpha}_1,\boldsymbol{\alpha}_2,\cdots,\boldsymbol{\alpha}_m$ 线性相关.不妨设 $\boldsymbol{\alpha}_1,\boldsymbol{\alpha}_2,\cdots,\boldsymbol{\alpha}_m$ 的极大无关组为

$$\boldsymbol{\alpha}_1,\boldsymbol{\alpha}_2,\cdots,\boldsymbol{\alpha}_r\quad(1\leqslant r\leqslant m-1).$$

我们来证明 $\boldsymbol{\alpha}_1,\boldsymbol{\alpha}_2,\cdots,\boldsymbol{\alpha}_r,\boldsymbol{\alpha}_{r+1}$ 线性无关,从而导致矛盾.

令

$$k_1\boldsymbol{\alpha}_1+k_2\boldsymbol{\alpha}_2+\cdots+k_r\boldsymbol{\alpha}_r+k_{r+1}\boldsymbol{\alpha}_{r+1}=\boldsymbol{0}.\tag{5.1}$$

(5.1)式两边左乘以 $\boldsymbol{A}$,得

$$k_1\lambda_1\boldsymbol{\alpha}_1+\cdots+k_r\lambda_r\boldsymbol{\alpha}_r+k_{r+1}\lambda_{r+1}\boldsymbol{\alpha}_{r+1}=\boldsymbol{0}.\tag{5.2}$$

(5.1)式两边同乘以 λ_{r+1},得

$$k_1\lambda_{r+1}\boldsymbol{\alpha}_1+\cdots+k_r\lambda_{r+1}\boldsymbol{\alpha}_r+k_{r+1}\lambda_{r+1}\boldsymbol{\alpha}_{r+1}=\boldsymbol{0}.\tag{5.3}$$

(5.3)式减(5.2)式得

$$k_1(\lambda_{r+1}-\lambda_1)\boldsymbol{\alpha}_1+\cdots+k_r(\lambda_{r+1}-\lambda_r)\boldsymbol{\alpha}_r=\boldsymbol{0}.$$

由于 $\boldsymbol{\alpha}_1,\boldsymbol{\alpha}_2,\cdots,\boldsymbol{\alpha}_r$ 线性无关,且 $\lambda_i\neq\lambda_j\,(i\neq j)$,因此,$k_1=\cdots=k_r=0$.由(5.1)式可知,$k_{r+1}\boldsymbol{\alpha}_{r+1}=\boldsymbol{0}$,但 $\boldsymbol{\alpha}_{r+1}\neq\boldsymbol{0}$,从而 $k_{r+1}=0$.故 $\boldsymbol{\alpha}_1,\boldsymbol{\alpha}_2,\cdots,\boldsymbol{\alpha}_r,\boldsymbol{\alpha}_{r+1}$ 线性无关.

5.1.3 矩阵的迹

定义 5.3 设 $\boldsymbol{A}$ 是数域 P 上的 n 阶矩阵 $\boldsymbol{A}=(a_{ij})_{n\times n}$,$\boldsymbol{A}$ 的主对角线上的元素之和称为 $\boldsymbol{A}$ 的迹,记作 $\mathrm{tr}(\boldsymbol{A})$,即

$$\mathrm{tr}(\boldsymbol{A})=a_{11}+a_{22}+\cdots+a_{nn}.$$

尽管矩阵的乘法不满足交换律,然而却有下面的定理.

定理 5.5 设 $\boldsymbol{A}$ 与 $\boldsymbol{B}$ 都是 n 阶矩阵,则 $\mathrm{tr}(\boldsymbol{AB})=\mathrm{tr}(\boldsymbol{BA})$.

证明 设 $\boldsymbol{A}=(a_{ij})$,$\boldsymbol{B}=(b_{ij})$,则 $\boldsymbol{AB}$ 的第 i 行第 i 列元素为 $c_{ii}=a_{i1}b_{1i}+a_{i2}b_{2i}+\cdots+$

$a_{in}b_{ni}$，故

$$\operatorname{tr}(\boldsymbol{AB}) = \sum_{i=1}^{n} c_{ii} = \sum_{i=1}^{n}\sum_{m=1}^{n} a_{im}b_{mi}.$$

$\boldsymbol{BA}$ 的第 k 行第 k 列元素为 $d_{kk}=b_{k1}a_{1k}+b_{k2}a_{2k}+\cdots+b_{kn}a_{nk}$，故

$$\operatorname{tr}(\boldsymbol{BA}) = \sum_{k=1}^{n} d_{kk} = \sum_{k=1}^{n}\sum_{t=1}^{n} b_{kt}a_{tk} = \sum_{t=1}^{n}\sum_{k=1}^{n} b_{kt}a_{tk} = \sum_{i=1}^{n}\sum_{m=1}^{n} a_{im}b_{mi},$$

因此 $\operatorname{tr}(\boldsymbol{AB})=\operatorname{tr}(\boldsymbol{BA})$.

矩阵的迹还有以下简单性质：

(1) $\operatorname{tr}(\boldsymbol{A}+\boldsymbol{B})=\operatorname{tr}(\boldsymbol{A})+\operatorname{tr}(\boldsymbol{B})$；

(2) $\operatorname{tr}(k\boldsymbol{A})=k\operatorname{tr}(\boldsymbol{A})$；

(3) $\operatorname{tr}(\boldsymbol{A})=\operatorname{tr}(\boldsymbol{A}^{\mathrm{T}})$.

请读者自己加以证明.

习题 5.1

1. 求下列矩阵在复数域上的特征值和特征向量：

(1) $\boldsymbol{A}=\begin{pmatrix}1 & 1 & 1 & 1\\ 1 & 1 & -1 & -1\\ 1 & -1 & 1 & -1\\ 1 & -1 & -1 & 1\end{pmatrix}$； (2) $\boldsymbol{A}=\begin{pmatrix}5 & 6 & -3\\ -1 & 0 & 1\\ 1 & 2 & 1\end{pmatrix}$；

(3) $\boldsymbol{A}=\begin{pmatrix}0 & 0 & 1\\ 0 & 1 & 0\\ 1 & 0 & 0\end{pmatrix}$； (4) $\boldsymbol{A}=\begin{pmatrix}0 & 2 & 1\\ -2 & 0 & 3\\ -1 & -3 & 0\end{pmatrix}$.

2. 设 $\boldsymbol{A}=\begin{pmatrix}1 & -\sqrt{3}\\ \sqrt{3} & 1\end{pmatrix}$. 如果把 $\boldsymbol{A}$ 看成实数域上的矩阵，$\boldsymbol{A}$ 有没有特征值？若把 $\boldsymbol{A}$ 看成复数域上的矩阵，求 $\boldsymbol{A}$ 的特征值和特征向量.

3. 若 n 阶矩阵 $\boldsymbol{A}$ 满足条件 $\boldsymbol{A}^2=\boldsymbol{A}$，则 $\boldsymbol{A}$ 的特征值只可能是 0 或 1.

4. 证明：如果矩阵 $\boldsymbol{A}$ 可逆，λ 是 $\boldsymbol{A}$ 的特征值，则 λ^{-1} 是 $\boldsymbol{A}^{-1}$ 的特征值.

5. 试证：(1)$\operatorname{tr}(\boldsymbol{A}+\boldsymbol{B})=\operatorname{tr}(\boldsymbol{A})+\operatorname{tr}(\boldsymbol{B})$；(2)$\operatorname{tr}(k\boldsymbol{A})=k\operatorname{tr}(\boldsymbol{A})$；(3)$\operatorname{tr}(\boldsymbol{A}^{\mathrm{T}})=\operatorname{tr}(\boldsymbol{A})$.

6. 举例说明 $\operatorname{tr}(\boldsymbol{AB})\neq\operatorname{tr}(\boldsymbol{A})\operatorname{tr}(\boldsymbol{B})$.

5.2 相似矩阵和矩阵对角化的条件

定义 5.4 设 $\boldsymbol{A}$ 与 $\boldsymbol{B}$ 都是 n 阶矩阵，如果存在一个可逆矩阵 $\boldsymbol{P}$，使得 $\boldsymbol{B}=\boldsymbol{P}^{-1}\boldsymbol{AP}$，则称 $\boldsymbol{A}$ 与 $\boldsymbol{B}$ 是相似的，记作 $\boldsymbol{A}\sim\boldsymbol{B}$.

相似是同阶矩阵间的一种等价关系，这种关系具有以下性质：

(1) 反身性：任意一个方阵 $\boldsymbol{A}$，都有 $\boldsymbol{A}\sim\boldsymbol{A}$；

(2) 对称性：若 $\boldsymbol{A}\sim\boldsymbol{B}$，则 $\boldsymbol{B}\sim\boldsymbol{A}$；

(3) 传递性：若 $\boldsymbol{A}\sim\boldsymbol{B}$，$\boldsymbol{B}\sim\boldsymbol{C}$，则 $\boldsymbol{A}\sim\boldsymbol{C}$.

证明 (1) 因为 $\boldsymbol{A}=\boldsymbol{E}^{-1}\boldsymbol{A}\boldsymbol{E}$，所以 $\boldsymbol{A}\sim\boldsymbol{A}$.

(2) 若 $\boldsymbol{A}\sim\boldsymbol{B}$，则存在可逆矩阵 $\boldsymbol{P}_1$，使得 $\boldsymbol{P}_1^{-1}\boldsymbol{A}\boldsymbol{P}_1=\boldsymbol{B}$，于是 $\boldsymbol{A}=(\boldsymbol{P}_1^{-1})^{-1}\boldsymbol{B}\boldsymbol{P}_1^{-1}$，从而 $\boldsymbol{B}\sim\boldsymbol{A}$.

(3) 若 $\boldsymbol{A}\sim\boldsymbol{B}$，$\boldsymbol{B}\sim\boldsymbol{C}$，则有可逆矩阵 $\boldsymbol{P}_1$，$\boldsymbol{P}_2$ 使得 $\boldsymbol{B}=\boldsymbol{P}_1^{-1}\boldsymbol{A}\boldsymbol{P}_1$，$\boldsymbol{C}=\boldsymbol{P}_2^{-1}\boldsymbol{B}\boldsymbol{P}_2$，于是 $\boldsymbol{C}=\boldsymbol{P}_2^{-1}\boldsymbol{P}_1^{-1}\boldsymbol{A}\boldsymbol{P}_1\boldsymbol{P}_2=(\boldsymbol{P}_1\boldsymbol{P}_2)^{-1}\boldsymbol{A}(\boldsymbol{P}_1\boldsymbol{P}_2)$. 因此，$\boldsymbol{A}\sim\boldsymbol{C}$.

此外，相似矩阵还有下列简单性质：

(1) 若 $\boldsymbol{A}\sim\boldsymbol{B}$，则 $|\boldsymbol{A}|=|\boldsymbol{B}|$；

(2) 若 $\boldsymbol{A}\sim\boldsymbol{B}$，则 $\boldsymbol{A}$ 和 $\boldsymbol{B}$ 有相同的特征值；

(3) 若 $\boldsymbol{A}\sim\boldsymbol{B}$，则 $\mathrm{tr}(\boldsymbol{A})=\mathrm{tr}(\boldsymbol{B})$.

证明 设 $\boldsymbol{A}\sim\boldsymbol{B}$，则有可逆矩阵 $\boldsymbol{P}$，使得 $\boldsymbol{B}=\boldsymbol{P}^{-1}\boldsymbol{A}\boldsymbol{P}$.

(1) $|\boldsymbol{B}|=|\boldsymbol{P}^{-1}||\boldsymbol{A}||\boldsymbol{P}|=|\boldsymbol{A}||\boldsymbol{P}^{-1}||\boldsymbol{P}|=|\boldsymbol{A}||\boldsymbol{P}^{-1}\boldsymbol{P}|=|\boldsymbol{A}||\boldsymbol{E}|=|\boldsymbol{A}|$.

(2) 由于 $|\lambda\boldsymbol{E}-\boldsymbol{B}|=|\lambda\boldsymbol{E}-\boldsymbol{P}^{-1}\boldsymbol{A}\boldsymbol{P}|=|\boldsymbol{P}^{-1}(\lambda\boldsymbol{E}-\boldsymbol{A})\boldsymbol{P}|=|\lambda\boldsymbol{E}-\boldsymbol{A}|$，所以 $\boldsymbol{A}$ 与 $\boldsymbol{B}$ 有相同的特征值.

(3) 利用定理 5.5 可得，$\mathrm{tr}(\boldsymbol{B})=\mathrm{tr}(\boldsymbol{P}^{-1}\boldsymbol{A}\boldsymbol{P})=\mathrm{tr}(\boldsymbol{A}\boldsymbol{P}\boldsymbol{P}^{-1})=\mathrm{tr}(\boldsymbol{A})$.

从上面的讨论可以看出，相似矩阵有一些共同的性质，因而提出这样一个问题：对给定的 n 阶矩阵 $\boldsymbol{A}$，$\boldsymbol{P}^{-1}\boldsymbol{A}\boldsymbol{P}$ 的最简形式如何，这就是矩阵 $\boldsymbol{A}$ 的相似标准形. 若 $\boldsymbol{A}$ 相似于对角矩阵，则称 $\boldsymbol{A}$ 可以对角化.

定理 5.6 n 阶矩阵 $\boldsymbol{A}$ 与 n 阶对角矩阵

$$\boldsymbol{D}=\begin{pmatrix}\lambda_1 & & & \\ & \lambda_2 & & \\ & & \ddots & \\ & & & \lambda_n\end{pmatrix}$$

相似的充分必要条件是 $\boldsymbol{A}$ 有 n 个线性无关的特征向量.

证明 必要性. 若

$$\boldsymbol{A}\sim\begin{pmatrix}\lambda_1 & & & \\ & \lambda_2 & & \\ & & \ddots & \\ & & & \lambda_n\end{pmatrix},$$

则存在可逆矩阵 $\boldsymbol{P}$，使

$$P^{-1}AP=\begin{pmatrix}\lambda_1 & & & \\ & \lambda_2 & & \\ & & \ddots & \\ & & & \lambda_n\end{pmatrix}.$$

将 $\boldsymbol{P}$ 按列分块 $\boldsymbol{P}=(\boldsymbol{\alpha}_1,\boldsymbol{\alpha}_2,\cdots,\boldsymbol{\alpha}_n)$，于是有

$$\boldsymbol{A}(\boldsymbol{\alpha}_1,\boldsymbol{\alpha}_2,\cdots,\boldsymbol{\alpha}_n)=(\boldsymbol{\alpha}_1,\boldsymbol{\alpha}_2,\cdots,\boldsymbol{\alpha}_n)\begin{pmatrix}\lambda_1 & & & \\ & \lambda_2 & & \\ & & \ddots & \\ & & & \lambda_n\end{pmatrix}.$$

由矩阵的分块乘法得

$$(\boldsymbol{A\alpha}_1,\boldsymbol{A\alpha}_2,\cdots,\boldsymbol{A\alpha}_n)=(\lambda_1\boldsymbol{\alpha}_1,\lambda_2\boldsymbol{\alpha}_2,\cdots,\lambda_n\boldsymbol{\alpha}_n),$$

$$\boldsymbol{A\alpha}_i=\lambda_i\boldsymbol{\alpha}_i,\quad i=1,2,\cdots,n.$$

因为 $\boldsymbol{P}$ 可逆，$\boldsymbol{\alpha}_1,\boldsymbol{\alpha}_2,\cdots,\boldsymbol{\alpha}_n$ 线性无关，因此，$\boldsymbol{A}$ 有 n 个线性无关的特征向量.

充分性. 设 $\boldsymbol{\alpha}_1,\boldsymbol{\alpha}_2,\cdots,\boldsymbol{\alpha}_n$ 分别是 $\boldsymbol{A}$ 的属于特征值 $\lambda_1,\lambda_2,\cdots,\lambda_n$ 的特征向量，则有 $\boldsymbol{A\alpha}_i=\lambda_i\boldsymbol{\alpha}_i(i=1,2,\cdots,n)$. 因为 $\boldsymbol{\alpha}_1,\boldsymbol{\alpha}_2,\cdots,\boldsymbol{\alpha}_n$ 线性无关，所以矩阵 $\boldsymbol{P}=(\boldsymbol{\alpha}_1,\boldsymbol{\alpha}_2,\cdots,\boldsymbol{\alpha}_n)$ 可逆.

$$\begin{aligned}\boldsymbol{AP}&=\boldsymbol{A}(\boldsymbol{\alpha}_1,\boldsymbol{\alpha}_2,\cdots,\boldsymbol{\alpha}_n)\\&=(\boldsymbol{A\alpha}_1,\boldsymbol{A\alpha}_2,\cdots,\boldsymbol{A\alpha}_n)\\&=(\lambda_1\boldsymbol{\alpha}_1,\lambda_2\boldsymbol{\alpha}_2,\cdots,\lambda_n\boldsymbol{\alpha}_n)\\&=(\boldsymbol{\alpha}_1,\boldsymbol{\alpha}_2,\cdots,\boldsymbol{\alpha}_n)\begin{pmatrix}\lambda_1 & & & \\ & \lambda_2 & & \\ & & \ddots & \\ & & & \lambda_n\end{pmatrix}=\boldsymbol{P}\begin{pmatrix}\lambda_1 & & & \\ & \lambda_2 & & \\ & & \ddots & \\ & & & \lambda_n\end{pmatrix}.\end{aligned}$$

因此

$$\boldsymbol{P}^{-1}\boldsymbol{AP}=\begin{pmatrix}\lambda_1 & & & \\ & \lambda_2 & & \\ & & \ddots & \\ & & & \lambda_n\end{pmatrix}.$$

推论 若 n 阶矩阵 $\boldsymbol{A}$ 有 n 个互不相同的特征值，则 $\boldsymbol{A}$ 相似于对角矩阵.

注 推论是 $\boldsymbol{A}$ 可对角化的充分条件而不是必要条件.

定理 5.7 数域 P 上的 n 阶矩阵 $\boldsymbol{A}$ 与对角矩阵相似的充分必要条件是 $\boldsymbol{A}$ 的特征值全在 P 中且对每一个 n_i 重特征值 $\lambda_i\in P$，矩阵 $\lambda_i\boldsymbol{E}-\boldsymbol{A}$ 的秩是 $n-n_i$（证明略）.

在例 5.4 中，

$$\boldsymbol{A}=\begin{pmatrix}-1&1&0\\-4&3&0\\1&0&2\end{pmatrix}$$

的特征值 $\lambda_1=2,\lambda_2=\lambda_3=1$，1 是 $\boldsymbol{A}$ 的二重特征值，$\mathrm{r}(\boldsymbol{E}-\boldsymbol{A})=2$，但 $3-2=1$，二者不同，所以 $\boldsymbol{A}$ 不与对角矩阵相似.

为了有时应用方便，再给出一个矩阵可对角化的方法.

定理 5.8 设 $\lambda_1,\lambda_2,\cdots,\lambda_m$ 是数域 P 上的 n 阶矩阵 $\boldsymbol{A}$ 的不同特征值. 设 $\boldsymbol{\alpha}_{i1},\boldsymbol{\alpha}_{i2},\cdots,\boldsymbol{\alpha}_{is_i}$ 是 $\boldsymbol{A}$ 的属于 $\lambda_i(i=1,2,\cdots,m)$ 的线性无关的特征向量，则向量组 $\boldsymbol{\alpha}_{11},\cdots,\boldsymbol{\alpha}_{1s_1},\boldsymbol{\alpha}_{21},\cdots,\boldsymbol{\alpha}_{2s_2},\cdots,\boldsymbol{\alpha}_{m1},\cdots,\boldsymbol{\alpha}_{ms_m}$ 是线性无关的.

证明略.

例如在例 5.4 中，所有不同特征值 λ 为 2 和 1.

对于 $\lambda=2$，$(2\boldsymbol{E}-\boldsymbol{A})\boldsymbol{x}=\boldsymbol{0}$ 的基础解系是

$$\boldsymbol{\alpha}_1=\begin{pmatrix}0\\0\\1\end{pmatrix}.$$

对于 $\lambda=1$，$(2\boldsymbol{E}-\boldsymbol{A})\boldsymbol{x}=\boldsymbol{0}$ 的基础解系是

$$\boldsymbol{\alpha}_2=\begin{pmatrix}1\\2\\-1\end{pmatrix}.$$

显然 $\boldsymbol{\alpha}_1,\boldsymbol{\alpha}_2$ 线性无关.

若 $\boldsymbol{\alpha}_3$ 是 $\boldsymbol{A}$ 的任一特征向量，则 $\boldsymbol{\alpha}_3$ 或者是 $\boldsymbol{A}$ 的属于 $\lambda=2$ 的特征向量，或者是属于 $\lambda=1$ 的特征向量. 因此，$\boldsymbol{\alpha}_1,\boldsymbol{\alpha}_2,\boldsymbol{\alpha}_3$ 一定线性相关. $\boldsymbol{A}$ 不可能有三个线性无关的特征向量，所以 $\boldsymbol{A}$ 不能相似于对角矩阵.

由定理 5.8 可得到判定一个矩阵 $\boldsymbol{A}$ 是否可对角化的方法.

第一步：求出 $\boldsymbol{A}$ 的所有不同的特征值 $\lambda_1,\lambda_2,\cdots,\lambda_s$.

第二步：求出 $(\lambda_i\boldsymbol{E}-\boldsymbol{A})\boldsymbol{x}=\boldsymbol{0}$ 的基础解系 $(i=1,2,\cdots,s)$.

设依次为 $\boldsymbol{\alpha}_1,\boldsymbol{\alpha}_2,\cdots,\boldsymbol{\alpha}_{t_1},\boldsymbol{\beta}_1,\boldsymbol{\beta}_2,\cdots,\boldsymbol{\beta}_{t_2},\cdots,\boldsymbol{\gamma}_1,\boldsymbol{\gamma}_2,\cdots,\boldsymbol{\gamma}_{t_s}$. 若 $t_1+t_2+\cdots+t_s=n$，则 $\boldsymbol{A}$ 可对角化. 若 $t_1+t_2+\cdots+t_s<n$，则 $\boldsymbol{A}$ 不能对角化. 显然 $t_1+t_2+\cdots+t_s\leqslant n$ 恒成立.

习题 5.2

1. 设 $\boldsymbol{A},\boldsymbol{B}$ 均为 n 阶矩阵，$\boldsymbol{A}$ 可逆，试证 $\boldsymbol{AB}\sim\boldsymbol{BA}$.
2. 判断习题 5.1 中 1 题的矩阵是否可以对角化.
3. 设 $\boldsymbol{A}=\begin{pmatrix}0&10&6\\1&-3&-3\\-2&10&8\end{pmatrix}$，求 $\boldsymbol{A}^{10}$.

4. 设

$$\boldsymbol{A}=\begin{pmatrix} a_{11} & a_{12} & a_{13} & a_{14} \\ 0 & a_{22} & a_{23} & a_{24} \\ 0 & 0 & a_{33} & a_{34} \\ 0 & 0 & 0 & a_{44} \end{pmatrix},$$

其中 $a_{11},a_{22},a_{33},a_{44}$ 各不相同，试证 $\boldsymbol{A}$ 可对角化.

5.3 实对称矩阵的对角化

从5.2节讨论中已获知，并不是数域 P 上的任意方阵均可对角化，本节来讨论一类可以对角化的矩阵类，即实对称矩阵类. 实对称方阵不仅可对角化，而且还可要求可逆矩阵 $\boldsymbol{P}$ 是正交矩阵，即对于任意的实对称方阵一定存在同阶正交矩阵 $\boldsymbol{P}$，使得 $\boldsymbol{P}^{-1}\boldsymbol{AP}=\boldsymbol{P}^{\mathrm{T}}\boldsymbol{AP}$ 是对角矩阵. 由于矩阵的对角化问题与特征值与特征向量密切相关，首先我们来讨论实对称矩阵特征值与特征向量的特殊性质.

定理 5.9 设 $\boldsymbol{A}$ 是 n 阶实对称矩阵，则 $\boldsymbol{A}$ 的特征值是实数.

证明 设 λ 是 $\boldsymbol{A}$ 的任意特征值，$\boldsymbol{\alpha}$ 是 $\boldsymbol{A}$ 的属于 λ 的特征向量，则

$$\boldsymbol{A\alpha}=\lambda\boldsymbol{\alpha}. \tag{5.4}$$

(5.4)式两边转置并求共轭得

$$\overline{\boldsymbol{\alpha}}^{\mathrm{T}}\boldsymbol{A}=\overline{\lambda}\,\overline{\boldsymbol{\alpha}}^{\mathrm{T}}. \tag{5.5}$$

(5.5)式两边右乘以 $\boldsymbol{\alpha}$ 得

$$\overline{\boldsymbol{\alpha}}^{\mathrm{T}}\boldsymbol{A\alpha}=\overline{\lambda}\,\overline{\boldsymbol{\alpha}}^{\mathrm{T}}\boldsymbol{\alpha}. \tag{5.6}$$

(5.4)式两边左乘以 $\overline{\boldsymbol{\alpha}}^{\mathrm{T}}$ 得

$$\overline{\boldsymbol{\alpha}}^{\mathrm{T}}\boldsymbol{A\alpha}=\overline{\boldsymbol{\alpha}}^{\mathrm{T}}\lambda\boldsymbol{\alpha}. \tag{5.7}$$

由(5.6)、(5.7)两式可知，$(\lambda-\overline{\lambda})\overline{\boldsymbol{\alpha}}^{\mathrm{T}}\boldsymbol{\alpha}=0$，而 $\overline{\boldsymbol{\alpha}}^{\mathrm{T}}\boldsymbol{\alpha}\neq 0$，所以 $\lambda=\overline{\lambda}$，从而 λ 是实数.

定理 5.10 实对称矩阵 $\boldsymbol{A}$ 的属于不同特征值的特征向量彼此正交.

证明 设 λ_1,λ_2 是 $\boldsymbol{A}$ 的不同特征值，相应的特征向量为 $\boldsymbol{\alpha}_1,\boldsymbol{\alpha}_2$，则

$$\begin{aligned}\lambda_1(\boldsymbol{\alpha}_1,\boldsymbol{\alpha}_2)&=(\lambda_1\boldsymbol{\alpha}_1,\boldsymbol{\alpha}_2)=(\boldsymbol{A\alpha}_1,\boldsymbol{\alpha}_2)=(\boldsymbol{A\alpha}_1)^{\mathrm{T}}\boldsymbol{\alpha}_2\\&=\boldsymbol{\alpha}_1^{\mathrm{T}}\boldsymbol{A\alpha}_2=\boldsymbol{\alpha}_1^{\mathrm{T}}\lambda_2\,\boldsymbol{\alpha}_2=\lambda_2(\boldsymbol{\alpha}_1,\boldsymbol{\alpha}_2).\end{aligned}$$

于是 $(\lambda_1-\lambda_2)(\boldsymbol{\alpha}_1,\boldsymbol{\alpha}_2)=0$. 由于 $\lambda_1\neq\lambda_2$，因此 $(\boldsymbol{\alpha}_1,\boldsymbol{\alpha}_2)=0$.

定理 5.11 若 $\boldsymbol{A}$ 是实对称矩阵，则一定能找到一个正交矩阵 $\boldsymbol{T}$，使得 $\boldsymbol{T}^{-1}\boldsymbol{AT}$ 为对角矩阵.

为证此定理先证明下面的引理.

引理 设 $\boldsymbol{\alpha}_1$ 是一个非零的 n 维实列向量，则一定能找到 $n-1$ 个 n 维实列向量 $\boldsymbol{\alpha}_2,\cdots,$

$\boldsymbol{\alpha}_n$，使得$\boldsymbol{\alpha}_1,\boldsymbol{\alpha}_2,\cdots,\boldsymbol{\alpha}_n$ 线性无关.

证明 因$\boldsymbol{\alpha}_1\neq\mathbf{0}$，所以存在 n 阶可逆矩阵 $\boldsymbol{P}$，使得

$$\boldsymbol{P}\boldsymbol{\alpha}_1=\begin{pmatrix}1\\0\\\vdots\\0\end{pmatrix},$$

将 $\boldsymbol{P}$ 按行分块

$$\boldsymbol{P}=\begin{pmatrix}\boldsymbol{\beta}_1^{\mathrm{T}}\\\boldsymbol{\beta}_2^{\mathrm{T}}\\\vdots\\\boldsymbol{\beta}_n^{\mathrm{T}}\end{pmatrix},$$

其中$\boldsymbol{\beta}_i^{\mathrm{T}}$ 是 $\boldsymbol{P}$ 的行向量($i=1,2,\cdots,n$).

$$\boldsymbol{P}\boldsymbol{\alpha}_1=\begin{pmatrix}\boldsymbol{\beta}_1^{\mathrm{T}}\boldsymbol{\alpha}_1\\\boldsymbol{\beta}_2^{\mathrm{T}}\boldsymbol{\alpha}_1\\\vdots\\\boldsymbol{\beta}_n^{\mathrm{T}}\boldsymbol{\alpha}_1\end{pmatrix}=\begin{pmatrix}1\\0\\\vdots\\0\end{pmatrix}. \tag{5.8}$$

现令$\boldsymbol{\alpha}_2=\boldsymbol{\beta}_2,\cdots,\boldsymbol{\alpha}_n=\boldsymbol{\beta}_n$，则$\boldsymbol{\alpha}_1,\boldsymbol{\alpha}_2,\cdots,\boldsymbol{\alpha}_n$ 线性无关. 事实上，设 $k_1\boldsymbol{\alpha}_1+k_2\boldsymbol{\alpha}_2+\cdots+k_n\boldsymbol{\alpha}_n=\mathbf{0}$，则

$$k_1\boldsymbol{\alpha}_1^{\mathrm{T}}+k_2\boldsymbol{\alpha}_2^{\mathrm{T}}+\cdots+k_n\boldsymbol{\alpha}_i^{\mathrm{T}}=\mathbf{0}. \tag{5.9}$$

注意到$\boldsymbol{\alpha}_j^{\mathrm{T}}$ 与$\boldsymbol{\beta}_j$($j=2,3,\cdots,n$)的关系，将(5.9)式两边右乘以$\boldsymbol{\alpha}_1$，由(5.8)式知，$k_1\boldsymbol{\alpha}_1^{\mathrm{T}}\boldsymbol{\alpha}_1=0$，但$\boldsymbol{\alpha}_1\neq\mathbf{0}$，故$\boldsymbol{\alpha}_1^{\mathrm{T}}\boldsymbol{\alpha}_1\neq 0$，从而 $k_1=0$.

(5.9)式变为 $k_2\boldsymbol{\alpha}_2+\cdots+k_n\boldsymbol{\alpha}_n=\mathbf{0}$，由 $\boldsymbol{P}$ 可逆推知，$\boldsymbol{\alpha}_2,\cdots,\boldsymbol{\alpha}_n$ 线性无关，$k_2=\cdots=k_n=0$，所以 $k_1=k_2=\cdots=k_n=0$，因此$\boldsymbol{\alpha}_1,\boldsymbol{\alpha}_2,\cdots,\boldsymbol{\alpha}_n$ 线性无关.

由此引理及施密特正交化过程可知，若$\boldsymbol{\alpha}_1$ 是单位实向量，则可从$\boldsymbol{\alpha}_1$ 出发找到$\boldsymbol{\alpha}_2,\boldsymbol{\alpha}_3,\cdots,\boldsymbol{\alpha}_n$，使得$\boldsymbol{\alpha}_1,\boldsymbol{\alpha}_2,\cdots,\boldsymbol{\alpha}_n$构成$\mathbb{R}^n$ 的标准正交基.

下面是定理 5.11 的证明.

设

$$\boldsymbol{A}=\begin{pmatrix}a_{11}&a_{12}&\cdots&a_{1n}\\a_{21}&a_{22}&\cdots&a_{2n}\\\vdots&\vdots&&\vdots\\a_{n1}&a_{n2}&\cdots&a_{nn}\end{pmatrix}.$$

对 $\boldsymbol{A}$ 的阶数用归纳法，$n=1$ 时，结论显然成立. 假设对于任意 $n-1$ 阶实对称矩阵，结论成立. 现在考虑 n 阶实矩阵的情形.

由定理 5.9 知，$\boldsymbol{A}$ 有特征值，任取其一记为 λ_1，$\boldsymbol{A}$ 的属于 λ_1 的特征向量记为$\boldsymbol{\alpha}_1$，将$\boldsymbol{\alpha}_1$

单位化记为$\boldsymbol{\eta}_1$，则$\boldsymbol{\eta}_1$ 还是 $\boldsymbol{A}$ 的属于 λ_1 的特征向量. 由引理可找到$\boldsymbol{\eta}_2,\boldsymbol{\eta}_3,\cdots,\boldsymbol{\eta}_n$，使得$\boldsymbol{\eta}_1,\boldsymbol{\eta}_2,\cdots,\boldsymbol{\eta}_n$ 是两两正交的单位向量组. 令 $\boldsymbol{T}_1=(\boldsymbol{\eta}_1,\boldsymbol{\eta}_2,\cdots,\boldsymbol{\eta}_n)$，则 $\boldsymbol{T}_1$ 是正交矩阵.

$$\boldsymbol{T}_1^{-1}\boldsymbol{A}\boldsymbol{T}_1=\boldsymbol{T}_1^{\mathrm{T}}\boldsymbol{A}\boldsymbol{T}_1=\begin{pmatrix}\boldsymbol{\eta}_1^{\mathrm{T}}\\\boldsymbol{\eta}_2^{\mathrm{T}}\\\vdots\\\boldsymbol{\eta}_n^{\mathrm{T}}\end{pmatrix}\boldsymbol{A}(\boldsymbol{\eta}_1,\boldsymbol{\eta}_2,\cdots,\boldsymbol{\eta}_n)=\begin{pmatrix}\boldsymbol{\eta}_1^{\mathrm{T}}\\\boldsymbol{\eta}_2^{\mathrm{T}}\\\vdots\\\boldsymbol{\eta}_n^{\mathrm{T}}\end{pmatrix}(\boldsymbol{A}\boldsymbol{\eta}_1,\boldsymbol{A}\boldsymbol{\eta}_2,\cdots,\boldsymbol{A}\boldsymbol{\eta}_n)$$

$$=\begin{pmatrix}\boldsymbol{\eta}_1^{\mathrm{T}}\boldsymbol{A}\boldsymbol{\eta}_1 & \boldsymbol{\eta}_1^{\mathrm{T}}\boldsymbol{A}\boldsymbol{\eta}_2 & \cdots & \boldsymbol{\eta}_1^{\mathrm{T}}\boldsymbol{A}\boldsymbol{\eta}_n\\ \boldsymbol{\eta}_2^{\mathrm{T}}\boldsymbol{A}\boldsymbol{\eta}_1 & \boldsymbol{\eta}_2^{\mathrm{T}}\boldsymbol{A}\boldsymbol{\eta}_2 & \cdots & \boldsymbol{\eta}_2^{\mathrm{T}}\boldsymbol{A}\boldsymbol{\eta}_n\\ \vdots & \vdots & & \vdots\\ \boldsymbol{\eta}_n^{\mathrm{T}}\boldsymbol{A}\boldsymbol{\eta}_1 & \boldsymbol{\eta}_n^{\mathrm{T}}\boldsymbol{A}\boldsymbol{\eta}_2 & \cdots & \boldsymbol{\eta}_n^{\mathrm{T}}\boldsymbol{A}\boldsymbol{\eta}_n\end{pmatrix}=\begin{pmatrix}\lambda_1 & b_{12} & \cdots & b_{1n}\\ 0 & & & \\ \vdots & & \boldsymbol{B} & \\ 0 & & & \end{pmatrix}.$$

由 $\boldsymbol{T}_1^{\mathrm{T}}\boldsymbol{A}\boldsymbol{T}_1$ 是对称矩阵，得 $b_{12}=b_{13}=\cdots=b_{1n}=0$，于是

$$\boldsymbol{T}_1^{-1}\boldsymbol{A}\boldsymbol{T}_1=\begin{pmatrix}\lambda_1 & 0 & \cdots & 0\\ 0 & & & \\ \vdots & & \boldsymbol{B}_1 & \\ 0 & & & \end{pmatrix},$$

其中 $\boldsymbol{B}_1$ 是实对称矩阵. 对 $\boldsymbol{B}_1$ 用归纳假设，存在 $n-1$ 阶正交矩阵 $\boldsymbol{T}_2$，使得

$$\boldsymbol{T}_2^{-1}\boldsymbol{B}_1\boldsymbol{T}_2=\begin{pmatrix}\lambda_2 & & & \\ & \lambda_3 & & \\ & & \ddots & \\ & & & \lambda_n\end{pmatrix}.$$

令 $\boldsymbol{T}=\boldsymbol{T}_1\begin{pmatrix}1 & \boldsymbol{0}\\ \boldsymbol{0} & \boldsymbol{T}_2\end{pmatrix}$，则 $\boldsymbol{T}$ 为正交矩阵，且

$$\begin{aligned}\boldsymbol{T}^{-1}\boldsymbol{A}\boldsymbol{T}&=\begin{pmatrix}1 & \boldsymbol{0}\\ \boldsymbol{0} & \boldsymbol{T}_2^{-1}\end{pmatrix}\boldsymbol{T}_1^{-1}\boldsymbol{A}\boldsymbol{T}_1\begin{pmatrix}1 & \boldsymbol{0}\\ \boldsymbol{0} & \boldsymbol{T}_2\end{pmatrix}\\ &=\begin{pmatrix}1 & \boldsymbol{0}\\ \boldsymbol{0} & \boldsymbol{T}_2^{-1}\end{pmatrix}\begin{pmatrix}\lambda_1 & \boldsymbol{0}\\ \boldsymbol{0} & \boldsymbol{B}\end{pmatrix}\begin{pmatrix}1 & \boldsymbol{0}\\ \boldsymbol{0} & \boldsymbol{T}_2\end{pmatrix}\\ &=\begin{pmatrix}\lambda_1 & \boldsymbol{0}\\ \boldsymbol{0} & \boldsymbol{T}_2^{-1}\boldsymbol{B}\boldsymbol{T}_2\end{pmatrix}=\begin{pmatrix}\lambda_1 & & & \\ & \lambda_2 & & \\ & & \ddots & \\ & & & \lambda_n\end{pmatrix}.\end{aligned}$$

由定理 5.11 的证明可看出，实对称矩阵 $\boldsymbol{A}$ 一定有 n 个彼此正交的单位特征向量，$\boldsymbol{A}$ 对角化的问题是将这 n 个特征向量求出来.

由定理 5.11 以及齐次线性方程组解的性质可知下面例题的做法具有一般性.

例 5.7 已知 $\boldsymbol{A}=\begin{pmatrix}0&1&1&-1\\1&0&-1&1\\1&-1&0&1\\-1&1&1&0\end{pmatrix}$. 求正交矩阵 $\boldsymbol{T}$,使 $\boldsymbol{T}^{-1}\boldsymbol{A}\boldsymbol{T}$ 成对角矩阵.

解 先求 $\boldsymbol{A}$ 的特征值. 由

$$
\begin{aligned}
|\lambda\boldsymbol{E}-\boldsymbol{A}| &= \begin{vmatrix}\lambda&-1&-1&1\\-1&\lambda&1&-1\\-1&1&\lambda&-1\\1&-1&-1&\lambda\end{vmatrix} = \begin{vmatrix}0&\lambda-1&\lambda-1&1-\lambda^2\\0&\lambda-1&0&\lambda-1\\0&0&\lambda-1&\lambda-1\\1&-1&-1&\lambda\end{vmatrix} \\
&= -(\lambda-1)^3\begin{vmatrix}1&1&-1-\lambda\\1&0&1\\0&1&1\end{vmatrix} \\
&= (\lambda-1)^3(\lambda+3),
\end{aligned}
$$

即得 $\boldsymbol{A}$ 的特征值为 $1,-3$.

其次,求属于 1 的特征向量. 把 $\lambda=1$ 代入 $(\lambda\boldsymbol{E}-\boldsymbol{A})\boldsymbol{x}=\boldsymbol{0}$,得

$$
\begin{cases}
x_1-x_2-x_3+x_4=0,\\
-x_1+x_2+x_3-x_4=0,\\
-x_1+x_2+x_3-x_4=0,\\
x_1-x_2-x_3+x_4=0.
\end{cases}
$$

求得基础解系为

$$
\begin{cases}
\boldsymbol{\alpha}_1^{\mathrm{T}}=(1,1,0,0),\\
\boldsymbol{\alpha}_2^{\mathrm{T}}=(1,0,1,0),\\
\boldsymbol{\alpha}_3^{\mathrm{T}}=(-1,0,0,1).
\end{cases}
$$

把它正交化得

$$
\begin{cases}
\boldsymbol{\beta}_1^{\mathrm{T}}=\boldsymbol{\alpha}_1^{\mathrm{T}}=(1,1,0,0),\\
\boldsymbol{\beta}_2^{\mathrm{T}}=\boldsymbol{\alpha}_2^{\mathrm{T}}-\dfrac{(\boldsymbol{\alpha}_2^{\mathrm{T}},\boldsymbol{\beta}_1^{\mathrm{T}})}{(\boldsymbol{\beta}_1^{\mathrm{T}},\boldsymbol{\beta}_1^{\mathrm{T}})}\boldsymbol{\beta}_1^{\mathrm{T}}=\left(\dfrac{1}{2},-\dfrac{1}{2},1,0\right),\\
\boldsymbol{\beta}_3^{\mathrm{T}}=\boldsymbol{\alpha}_3^{\mathrm{T}}-\dfrac{(\boldsymbol{\alpha}_3^{\mathrm{T}},\boldsymbol{\beta}_1^{\mathrm{T}})}{(\boldsymbol{\beta}_1^{\mathrm{T}},\boldsymbol{\beta}_1^{\mathrm{T}})}\boldsymbol{\beta}_1^{\mathrm{T}}-\dfrac{(\boldsymbol{\alpha}_3^{\mathrm{T}},\boldsymbol{\beta}_2^{\mathrm{T}})}{(\boldsymbol{\beta}_2^{\mathrm{T}},\boldsymbol{\beta}_2^{\mathrm{T}})}\boldsymbol{\beta}_2^{\mathrm{T}}=\left(-\dfrac{1}{3},\dfrac{1}{3},\dfrac{1}{3},1\right).
\end{cases}
$$

再单位化,得

$$\begin{cases}\boldsymbol{\eta}_1^{\mathrm{T}}=\left(\dfrac{1}{\sqrt{2}},\dfrac{1}{\sqrt{2}},0,0\right),\\ \boldsymbol{\eta}_2^{\mathrm{T}}=\left(\dfrac{1}{\sqrt{6}},-\dfrac{1}{\sqrt{6}},\dfrac{2}{\sqrt{6}},0\right),\\ \boldsymbol{\eta}_3^{\mathrm{T}}=\left(-\dfrac{1}{\sqrt{12}},\dfrac{1}{\sqrt{12}},\dfrac{1}{\sqrt{12}},\dfrac{3}{\sqrt{12}}\right).\end{cases}$$

再求属于 $\lambda=-3$ 的特征向量.用 $\lambda=-3$ 代入 $(\lambda\boldsymbol{E}-\boldsymbol{A})\boldsymbol{x}=\boldsymbol{0}$,得

$$(-3\boldsymbol{E}-\boldsymbol{A})\begin{pmatrix}x_1\\x_2\\x_3\\x_4\end{pmatrix}=\boldsymbol{0},$$

求得基础解系为 $(1,-1,-1,1)^{\mathrm{T}}$,把它单位化,得

$$\boldsymbol{\eta}_4^{\mathrm{T}}=\left(\frac{1}{2},-\frac{1}{2},-\frac{1}{2},\frac{1}{2}\right).$$

于是

$$\boldsymbol{T}=(\boldsymbol{\eta}_1,\boldsymbol{\eta}_2,\boldsymbol{\eta}_3,\boldsymbol{\eta}_4)=\begin{pmatrix}\dfrac{1}{\sqrt{2}} & \dfrac{1}{\sqrt{6}} & -\dfrac{1}{\sqrt{12}} & \dfrac{1}{2}\\ \dfrac{1}{\sqrt{2}} & -\dfrac{1}{\sqrt{6}} & \dfrac{1}{\sqrt{12}} & -\dfrac{1}{2}\\ 0 & \dfrac{2}{\sqrt{6}} & \dfrac{1}{\sqrt{12}} & -\dfrac{1}{2}\\ 0 & 0 & \dfrac{3}{\sqrt{12}} & \dfrac{1}{2}\end{pmatrix},$$

而

$$\boldsymbol{T}^{-1}\boldsymbol{A}\boldsymbol{T}=\begin{pmatrix}1&&&\\&1&&\\&&1&\\&&&-3\end{pmatrix}.$$

习题 5.3

1. 求正交矩阵 $\boldsymbol{T}$,使 $\boldsymbol{T}^{-1}\boldsymbol{A}\boldsymbol{T}$ 为对角矩阵:

(1) $\boldsymbol{A}=\begin{pmatrix}0&-2&2\\-2&-3&4\\2&4&-3\end{pmatrix}$;　　(2) $\boldsymbol{A}=\begin{pmatrix}1&2&4\\2&-2&2\\4&2&1\end{pmatrix}$;

(3) $\boldsymbol{A}=\begin{pmatrix}4 & 1 & 0 & -1\\ 1 & 4 & -1 & 0\\ 0 & -1 & 4 & 1\\ -1 & 0 & 1 & 4\end{pmatrix}$; (4) $\boldsymbol{A}=\begin{pmatrix}3 & -2 & 0\\ -2 & 2 & -2\\ 0 & -2 & 1\end{pmatrix}$.

2. 设 $\boldsymbol{A}$ 是 n 阶实对称矩阵，且 $\boldsymbol{A}^2=\boldsymbol{A}$，证明存在正交矩阵 $\boldsymbol{T}$，使

$$\boldsymbol{T}^{-1}\boldsymbol{A}\boldsymbol{T}=\begin{pmatrix}1 & & & & & \\ & \ddots & & & & \\ & & 1 & & & \\ & & & 0 & & \\ & & & & \ddots & \\ & & & & & 0\end{pmatrix}.$$

3. 试证：反对称实数矩阵的特征值是零或纯虚数.

4. 试证：如果 $\boldsymbol{A},\boldsymbol{B}$ 都是 n 阶实对称矩阵，且 $\boldsymbol{A}$ 和 $\boldsymbol{B}$ 有相同的特征多项式，则 $\boldsymbol{A}\sim\boldsymbol{B}$.

5.4 非负矩阵

定义 5.5 设 $\boldsymbol{A}=(a_{ij})_{n\times n}$ 为实矩阵. 如果 $\boldsymbol{A}$ 的每个元素 $a_{ij}\geqslant 0(i,j=1,2,\cdots,n)$，则称 $\boldsymbol{A}$ 为非负矩阵，记为 $\boldsymbol{A}\geqslant\boldsymbol{0}$；如果 $a_{ij}>0$，则称 $\boldsymbol{A}$ 为正矩阵，记为 $\boldsymbol{A}>\boldsymbol{0}$.

设 $\boldsymbol{A}=(a_{ij})_{n\times n}$ 为非负矩阵，k 为自然数，以 $a_{ij}^{(k)}$ 表示矩阵 $\boldsymbol{A}^k$ 中的元素，即 $\boldsymbol{A}^k=(a_{ij}^{(k)})$，特别地，$a_{ij}^{(1)}=a_{ij}(i,j=1,2,\cdots,n)$.

定义 5.6 设 $\boldsymbol{A}=(a_{ij})_{n\times n}$ 为非负矩阵，如果对于任意两个不同的下标 i,j，存在小于 n 的正整数 k，使得 $a_{ij}^{(k)}>0$，则称矩阵 $\boldsymbol{A}$ 是不可约的，否则称 $\boldsymbol{A}$ 是可约的.

例 5.8 判断矩阵 $\boldsymbol{A},\boldsymbol{B}$ 是否为不可约矩阵.

$$\boldsymbol{A}=\begin{pmatrix}0 & 1 & 0\\ 0 & 0 & 1\\ 1 & 0 & 0\end{pmatrix},\quad \boldsymbol{B}=\begin{pmatrix}1 & 1 & 1\\ 0 & 1 & 1\\ 0 & 1 & 1\end{pmatrix}.$$

解 $\boldsymbol{A}^2=\begin{pmatrix}0 & 1 & 0\\ 0 & 0 & 1\\ 1 & 0 & 0\end{pmatrix}\begin{pmatrix}0 & 1 & 0\\ 0 & 0 & 1\\ 1 & 0 & 0\end{pmatrix}=\begin{pmatrix}0 & 0 & 1\\ 1 & 0 & 0\\ 0 & 1 & 0\end{pmatrix}$.

由 $\boldsymbol{A},\boldsymbol{A}^2$ 中元素可以看出，对于 $i\neq j$，$a_{ij}>0$ 或者 $a_{ij}^{(2)}>0$，因而 $\boldsymbol{A}$ 是不可约矩阵.

$$\boldsymbol{B}^2=\begin{pmatrix}1 & 1 & 1\\ 0 & 1 & 1\\ 0 & 1 & 1\end{pmatrix}\begin{pmatrix}1 & 1 & 1\\ 0 & 1 & 1\\ 0 & 1 & 1\end{pmatrix}=\begin{pmatrix}1 & 3 & 3\\ 0 & 2 & 2\\ 0 & 2 & 2\end{pmatrix}.$$

易见，对于 $k=1,2$，$b_{21}^{(k)}=b_{31}^{(k)}=0$. 所以 $\boldsymbol{B}$ 是可约矩阵.

非负不可约矩阵在经济数学模型中有着重要的应用.

我们可以按照定义判定一个非负方阵是否为可约矩阵,同时还有下面的判定方法.

定理 5.12 设 $\boldsymbol{A}=(a_{ij})_{n\times n}$ 为非负矩阵,那么下列两个条件均是 $\boldsymbol{A}$ 为不可约矩阵的等价条件:

(1) $\boldsymbol{B}=\boldsymbol{E}+\boldsymbol{A}+\cdots+\boldsymbol{A}^{n-1}$ 是正矩阵;

(2) $(\boldsymbol{E}+\boldsymbol{A})^{n-1}$ 是正矩阵.

证明 (1) 记 $\boldsymbol{B}=(b_{ij})_{n\times n}$. 对任意的 $i\neq j$,有

$$b_{ij}=a_{ij}^{(1)}+a_{ij}^{(2)}+\cdots+a_{ij}^{(n-1)},$$

由于 $a_{ij}^{(k)}\geqslant 0$,因此,$b_{ij}>0$ 等价于至少有一个 $k(1\leqslant k\leqslant n-1)$,使得 $a_{ij}^{(k)}>0$,因此,$\boldsymbol{A}$ 是不可约的等价于 $\boldsymbol{B}$ 是正矩阵.

(2) 记 $\boldsymbol{C}=(c_{ij})_{n\times n}=(\boldsymbol{E}+\boldsymbol{A})^{n-1}$. 则

$$\boldsymbol{C}=\boldsymbol{E}+\mathrm{C}_n^1\boldsymbol{A}+\mathrm{C}_n^2\boldsymbol{A}^2+\cdots+\mathrm{C}_n^{n-1}\boldsymbol{A}^{n-1},\quad i\neq j,$$
$$c_{ij}=\mathrm{C}_n^1 a_{ij}^{(1)}+\mathrm{C}_n^2 a_{ij}^{(2)}+\cdots+\mathrm{C}_n^{n-1}a_{ij}^{(n-1)}.$$

易知,$c_{ij}>0$ 等价于存在自然数 $k(1\leqslant k\leqslant n-1)$,使得 $a_{ij}^{(k)}>0$. 所以 $\boldsymbol{A}$ 为不可约的等价于 $\boldsymbol{C}$ 是正矩阵.

定理 5.13 设 n 阶矩阵 $\boldsymbol{A}=(a_{ij})$ 是非负不可约矩阵,则:

(1) $\boldsymbol{A}$ 有一个正实特征值 λ_0 等于它的谱半径 $\rho(\boldsymbol{A})$;

(2) 对于谱半径 $\rho(\boldsymbol{A})$,对应地有一个正特征向量 $\boldsymbol{\alpha}$;

(3) $\rho(\boldsymbol{A})$ 是 $\boldsymbol{A}$ 的单重特征值,因而特征向量 $\boldsymbol{\alpha}$ 在不记一个常数因子的意义下是唯一的.

这里谱半径 $\rho(\boldsymbol{A})=\max\limits_{1\leqslant i\leqslant n}|\lambda_i|$,其中 $\lambda_1,\lambda_2,\cdots,\lambda_n$ 是 $\boldsymbol{A}$ 的特征值.

该定理的证明超出了课程的要求,故从略.

第5章补充题

1. 证明:

(1) 正交矩阵 $\boldsymbol{A}$ 如果有实特征值,则它的特征值是1或-1;

(2) 若 $\boldsymbol{A}$ 是奇数阶正交矩阵,且 $|\boldsymbol{A}|=1$,则1是 $\boldsymbol{A}$ 的一个特征值;

(3) 若 $\boldsymbol{A}$ 是 n 阶正交矩阵,且 $|\boldsymbol{A}|=-1$,则-1是 $\boldsymbol{A}$ 的一个特征值.

2. 试证:若 $\boldsymbol{\alpha}$ 与 $\boldsymbol{\beta}$ 是 $\boldsymbol{A}$ 的属于不同特征值的特征向量,则 $\boldsymbol{\alpha}+\boldsymbol{\beta}$ 不是 $\boldsymbol{A}$ 的特征向量.

3. 试证:若 $\boldsymbol{A}$ 是 n 阶实对称矩阵,$\boldsymbol{A}^2=\boldsymbol{E}$,则存在正交矩阵 $\boldsymbol{T}$,使得

$$\boldsymbol{T}^{-1}\boldsymbol{A}\boldsymbol{T}=\begin{pmatrix}\boldsymbol{E}_r & \boldsymbol{0}\\ \boldsymbol{0} & -\boldsymbol{E}_{n-r}\end{pmatrix}.$$

4. 试证：一个向量 $\boldsymbol{x}$ 不可能是矩阵 $\boldsymbol{A}$ 的不同特征值的特征向量.

5. 设 n 阶方阵

$$\boldsymbol{A}=\begin{pmatrix}0&1&0&\cdots&0\\0&0&1&\cdots&0\\\vdots&\vdots&\vdots&&\vdots\\0&0&0&\cdots&1\\1&0&0&\cdots&0\end{pmatrix},$$

试计算 $\boldsymbol{A}^2,\boldsymbol{A}^3,\cdots,\boldsymbol{A}^{n-1}$，并求出 $\boldsymbol{A}$ 的全部特征值.

6. 如果 $\boldsymbol{A}$ 与 $\boldsymbol{B}$ 相似，$\boldsymbol{C}$ 与 $\boldsymbol{D}$ 相似，试证分块矩阵 $\begin{pmatrix}\boldsymbol{A}&\boldsymbol{0}\\\boldsymbol{0}&\boldsymbol{C}\end{pmatrix}$ 与 $\begin{pmatrix}\boldsymbol{B}&\boldsymbol{0}\\\boldsymbol{0}&\boldsymbol{D}\end{pmatrix}$ 相似.

7. 若 n 阶矩阵 $\boldsymbol{A}$ 的任一行中 n 个元素之和皆为 a，试证 $\lambda=a$ 是 $\boldsymbol{A}$ 的特征值，并且 n 维向量 $\boldsymbol{\alpha}=\begin{pmatrix}1\\1\\\vdots\\1\end{pmatrix}$ 是 $\boldsymbol{A}$ 的属于特征值 $\lambda=a$ 的特征向量.

8. 设 $\boldsymbol{A}=(a_{ij})_{n\times n}$ 是一个实矩阵，证明：

(1) 如果 $|a_{ii}|>\sum\limits_{j\neq i}|a_{ij}|\,(i=1,2,\cdots,n)$，那么 $|\boldsymbol{A}|\neq 0$.

(2) 如果 $a_{ii}>\sum\limits_{j\neq i}|a_{ij}|\,(i=1,2,\cdots,n)$，那么 $|\boldsymbol{A}|>0$.

第 6 章 二 次 型

二次型指的是数域 P 上的 n 元二次齐次多项式,它的研究起源于解析几何中化二次曲面的方程为标准形式的问题.二次型不但在几何中出现,而且在数学的其他分支以及物理、力学中也常常会碰到.在这一章里,我们用学过的矩阵知识来讨论二次型的一些最基本的性质.

6.1 二次型的定义

在解析几何中,当坐标原点与一个有心二次曲线的中心重合时,此有心二次曲线的一般方程是

$$ax^2+2bxy+cy^2=f. \tag{6.1}$$

为了研究这个二次曲线的几何性质,可以选择适当的角度 θ,作转轴变换

$$\begin{cases} x = x'\cos\theta - y'\sin\theta, \\ y = x'\sin\theta + y'\cos\theta, \end{cases} \tag{6.2}$$

把方程(6.1)化成标准方程,在二次曲面的研究中也有类似的情况.将上面的做法加以一般化,便导致了对二次型的研究.

定义 6.1 设 P 是一个数域,一个系数在 P 中的 $x_1,x_2,\cdots,x_n$ 的二次齐次多项式

$$\begin{aligned} f(x_1,x_2,\cdots,x_n) = a_{11}x_1^2 &+ 2a_{12}x_1x_2 + \cdots + 2a_{1n}x_1x_n \\ &+ a_{22}x_2^2 + \cdots + 2a_{2n}x_2x_n \\ &+ \cdots + a_{nn}x_n^2 \end{aligned} \tag{6.3}$$

称为数域 P 上的一个 n 元二次型,简称二次型.

例如 $x_1^2+x_1x_2+3x_1x_3+2x_2^2+4x_2x_3+3x_3^2$ 是一个三元二次型.不难验证这个二次型可写成下面的形式

$$(x_1,x_2,x_3)\begin{pmatrix} 1 & \frac{1}{2} & \frac{3}{2} \\ \frac{1}{2} & 2 & 2 \\ \frac{3}{2} & 2 & 3 \end{pmatrix}\begin{pmatrix} x_1 \\ x_2 \\ x_3 \end{pmatrix},$$

其中

$$A=\begin{pmatrix}1 & \frac{1}{2} & \frac{3}{2}\\ \frac{1}{2} & 2 & 2\\ \frac{3}{2} & 2 & 3\end{pmatrix}$$

是一个对称矩阵.一般地,在(6.3)式中令 $a_{ji}=a_{ij}(i<j)$,则

$$\begin{aligned}f(x_1,x_2,\cdots,x_n)=&a_{11}x_1^2+a_{12}x_1x_2+\cdots+a_{1n}x_1x_n\\&+a_{21}x_2x_1+a_{22}x_2^2+\cdots+a_{2n}x_2x_n\\&+\cdots+a_{n1}x_nx_1+a_{n2}x_nx_2+\cdots+a_{nn}x_n^2,\end{aligned}\tag{6.4}$$

其中,$x_ix_j=x_jx_i$.

令

$$\boldsymbol{A}=\begin{pmatrix}a_{11} & a_{12} & \cdots & a_{1n}\\ a_{12} & a_{22} & \cdots & a_{2n}\\ \vdots & \vdots & & \vdots\\ a_{1n} & a_{2n} & \cdots & a_{nn}\end{pmatrix},$$

则 $\boldsymbol{A}=\boldsymbol{A}^{\mathrm{T}}$,我们称 $\boldsymbol{A}$ 为二次型(6.3)式的矩阵,而 $\boldsymbol{A}$ 的秩 $\mathrm{r}(\boldsymbol{A})$ 称为二次型(6.3)式的秩.令

$$\boldsymbol{x}=\begin{pmatrix}x_1\\ x_2\\ \vdots\\ x_n\end{pmatrix},$$

于是

$$\begin{aligned}\boldsymbol{x}^{\mathrm{T}}\boldsymbol{A}\boldsymbol{x}=&(x_1,x_2,\cdots,x_n)\begin{pmatrix}a_{11} & a_{12} & \cdots & a_{1n}\\ a_{12} & a_{22} & \cdots & a_{2n}\\ \vdots & \vdots & & \vdots\\ a_{1n} & a_{2n} & \cdots & a_{nn}\end{pmatrix}\begin{pmatrix}x_1\\ x_2\\ \vdots\\ x_n\end{pmatrix}\\=&f(x_1,x_2,\cdots,x_n).\end{aligned}$$

我们称 $\boldsymbol{x}^{\mathrm{T}}\boldsymbol{A}\boldsymbol{x}$ 为二次型(6.3)式的矩阵表示.

例 6.1 写出二次型 $x_1x_2+x_1x_3+2x_2^2-3x_2x_3$ 的矩阵及矩阵表示.

解 二次型的矩阵

$$\boldsymbol{A}=\begin{pmatrix}0 & \frac{1}{2} & \frac{1}{2}\\ \frac{1}{2} & 2 & -\frac{3}{2}\\ \frac{1}{2} & -\frac{3}{2} & 0\end{pmatrix},$$

$$x_1x_2+x_1x_3+2x_2^2-3x_2x_3=(x_1,x_2,x_3)\begin{pmatrix}0 & \frac{1}{2} & \frac{1}{2}\\ \frac{1}{2} & 2 & -\frac{3}{2}\\ \frac{1}{2} & -\frac{3}{2} & 0\end{pmatrix}\begin{pmatrix}x_1\\x_2\\x_3\end{pmatrix}.$$

和几何中一样，在处理许多其他问题时也常常希望通过变量的线性替换来简化有关的二次型，为此，我们引入下面的定义.

定义 6.2 设 $x_1,x_2,\cdots,x_n$；$y_1,y_2,\cdots,y_n$ 是两组文字，系数在数域 P 中的一组关系式

$$\begin{cases}x_1=c_{11}y_1+c_{12}y_2+\cdots+c_{1n}y_n,\\ x_2=c_{21}y_2+c_{22}y_2+\cdots+c_{2n}y_n,\\ \qquad\vdots\\ x_n=c_{n1}y_n+c_{n2}y_n+\cdots+c_{nn}y_n\end{cases}\tag{6.5}$$

称为由 $x_1,x_2,\cdots,x_n$ 到 $y_1,y_2,\cdots,y_n$ 的一个线性替换，或简称线性替换. 如果系数行列式 $|c_{ij}|\neq 0$，那么线性替换(6.5)就称为非退化的. 若 $\boldsymbol{C}$ 是正交矩阵，则称(6.5)式为正交替换.

例如(6.2)式中 $\begin{vmatrix}\cos\theta & -\sin\theta\\ \sin\theta & \cos\theta\end{vmatrix}=1\neq 0$，因此，线性替换(6.2)非退化，且是正交替换.

令

$$\boldsymbol{C}=(c_{ij})_{n\times n},\quad \boldsymbol{y}=\begin{pmatrix}y_1\\y_2\\\vdots\\y_n\end{pmatrix}.$$

则(6.5)式可写为 $\boldsymbol{x}=\boldsymbol{Cy}$.

设二次型 $f(x_1,x_2,\cdots,x_n)=\boldsymbol{x}^{\mathrm{T}}\boldsymbol{A}\boldsymbol{x}$，$\boldsymbol{A}=\boldsymbol{A}^{\mathrm{T}}$. 经非退化线性替换 $\boldsymbol{x}=\boldsymbol{Cy}$，得

$$f(x_1,x_2,\cdots,x_n)=(\boldsymbol{Cy})^{\mathrm{T}}\boldsymbol{A}(\boldsymbol{Cy})=\boldsymbol{y}^{\mathrm{T}}(\boldsymbol{C}^{\mathrm{T}}\boldsymbol{AC})\boldsymbol{y}=\boldsymbol{y}^{\mathrm{T}}\boldsymbol{By},$$

其中 $\boldsymbol{B}=\boldsymbol{C}^{\mathrm{T}}\boldsymbol{AC}$ 满足 $\boldsymbol{B}^{\mathrm{T}}=\boldsymbol{C}^{\mathrm{T}}\boldsymbol{A}^{\mathrm{T}}\boldsymbol{C}=\boldsymbol{C}^{\mathrm{T}}\boldsymbol{AC}=\boldsymbol{B}$，$\boldsymbol{y}^{\mathrm{T}}\boldsymbol{By}$ 是一个关于 $y_1,y_2,\cdots,y_n$ 的新二次型，其矩阵为 $\boldsymbol{B}$，而 $\boldsymbol{B}=\boldsymbol{C}^{\mathrm{T}}\boldsymbol{AC}$ 是替换前后两个二次型的矩阵关系，与之相应，我们引入下面的定义.

定义 6.3 数域 P 上 $n\times n$ 矩阵 $\boldsymbol{A}$，$\boldsymbol{B}$ 称为合同的，如果有数域 P 上可逆的 $n\times n$ 矩阵 $\boldsymbol{C}$，使 $\boldsymbol{B}=\boldsymbol{C}^{\mathrm{T}}\boldsymbol{AC}$. 记作 $\boldsymbol{A}\simeq\boldsymbol{B}$.

矩阵间的合同关系有以下性质：

(1) 反身性：$\boldsymbol{A}\simeq\boldsymbol{A}$. 事实上，$\boldsymbol{A}=\boldsymbol{E}^{\mathrm{T}}\boldsymbol{AE}$.

(2) 对称性：若 $\boldsymbol{A}\simeq\boldsymbol{B}$，则 $\boldsymbol{B}\simeq\boldsymbol{A}$. 由 $\boldsymbol{B}=\boldsymbol{C}^{\mathrm{T}}\boldsymbol{AC}$ 即得 $\boldsymbol{A}=(\boldsymbol{C}^{-1})^{\mathrm{T}}\boldsymbol{BC}^{-1}$.

(3) 传递性：若 $\boldsymbol{A}\simeq\boldsymbol{B},\boldsymbol{B}\simeq\boldsymbol{C}$，则 $\boldsymbol{A}\simeq\boldsymbol{C}$. 由 $\boldsymbol{B}=\boldsymbol{C}_1^{\mathrm{T}}\boldsymbol{A}\boldsymbol{C}_1,\boldsymbol{C}=\boldsymbol{C}_2^{\mathrm{T}}\boldsymbol{B}\boldsymbol{C}_2$，即得 $\boldsymbol{C}=(\boldsymbol{C}_1\boldsymbol{C}_2)^{\mathrm{T}}\boldsymbol{A}(\boldsymbol{C}_1\boldsymbol{C}_2)$.

与矩阵的相似对角化类似，我们自然要问：与 $\boldsymbol{A}$ 合同的矩阵 $\boldsymbol{C}^{\mathrm{T}}\boldsymbol{A}\boldsymbol{C}$ 中最简单者是什么形式？即 $\boldsymbol{y}^{\mathrm{T}}(\boldsymbol{C}^{\mathrm{T}}\boldsymbol{A}\boldsymbol{C})\boldsymbol{y}$ 的最简形式如何？

如果 $\boldsymbol{y}^{\mathrm{T}}(\boldsymbol{C}^{\mathrm{T}}\boldsymbol{A}\boldsymbol{C})\boldsymbol{y}$ 具有下面的形式：

$$d_1y_1^2+d_2y_2^2+\cdots+d_ry_r^2,\quad \text{其中 } d_i\neq 0(i=1,2,\cdots,r,r\leqslant n),$$

我们就称这个形式的二次型为(6.3)式的一个标准形. 易知 $r=\mathrm{r}(\boldsymbol{A})$. 而

$$\boldsymbol{D}=\begin{pmatrix}d_1&&&&&&\\&d_2&&&&&\\&&\ddots&&&&\\&&&d_r&&&\\&&&&0&&\\&&&&&\ddots&\\&&&&&&0\end{pmatrix}$$

称为对称矩阵 $\boldsymbol{A}$ 的合同标准形矩阵，简称为 $\boldsymbol{A}$ 的标准形.

习题 6.1

1. 写出下列各二次型的矩阵：

(1) $x_1^2-2x_1x_1+3x_1x_3-2x_2^2+8x_2x_3+3x_3^2$；(2) $x_1x_2-x_1x_3+2x_2x_3+x_4^2$.

2. 写出下列各对称矩阵所对应的二次型：

(1) $\boldsymbol{A}=\begin{pmatrix}1&-1&-3&1\\-1&0&-2&\frac{1}{2}\\-3&-2&\frac{1}{3}&-\frac{3}{2}\\1&\frac{1}{2}&-\frac{3}{2}&0\end{pmatrix}$；　(2) $\boldsymbol{A}=\begin{pmatrix}0&1&\frac{1}{2}&-\frac{3}{2}\\1&0&-1&-1\\\frac{1}{2}&-1&0&3\\-\frac{3}{2}&-1&3&0\end{pmatrix}$.

3. 对于对称矩阵 $\boldsymbol{A}$ 与 $\boldsymbol{B}$，求出可逆矩阵 $\boldsymbol{C}$，使 $\boldsymbol{C}^{\mathrm{T}}\boldsymbol{A}\boldsymbol{C}=\boldsymbol{B}$.

(1) $\boldsymbol{A}=\begin{pmatrix}0&1&1\\1&2&1\\1&1&0\end{pmatrix}$；　$\boldsymbol{B}=\begin{pmatrix}2&1&1\\1&0&1\\1&1&0\end{pmatrix}$.

(2) $\boldsymbol{A}=\begin{pmatrix}0&\frac{1}{2}&-\frac{1}{2}\\\frac{1}{2}&0&-1\\-\frac{1}{2}&-1&0\end{pmatrix}$；　$\boldsymbol{B}=\begin{pmatrix}1&\frac{1}{2}&-\frac{3}{2}\\\frac{1}{2}&0&-1\\-\frac{3}{2}&-1&0\end{pmatrix}$.

6.2 二次型的标准形

本节讨论如何将一个二次型化为标准形的问题.我们首先看两个实例.

例 6.2 作非退化的线性替换把下述二次型化成标准形,并且写出所作的非退化线性替换.

(1) $f(x_1,x_2,x_3)=x_1^2+2x_2^2-x_3^2+4x_1x_2-4x_1x_3-4x_2x_3$;

(2) $f(x_1,x_2,x_3)=x_1x_2+x_1x_3-3x_2x_3$.

解 (1)
$$\begin{aligned}f(x_1,x_2,x_3)&=x_1^2+2x_2^2-x_3^2+4x_1x_2-4x_1x_3-4x_2x_3\\&=x_1^2+4(x_2-x_3)x_1+[2(x_2-x_3)]^2-[2(x_2-x_3)]^2\\&\quad+2x_2^2-x_3^2-4x_2x_3\\&=[x_1+2(x_2-x_3)]^2-4(x_2-x_3)^2+2x_2^2-x_3^2-4x_2x_3\\&=(x_1+2x_2-2x_3)^2-2x_2^2+4x_2x_3-5x_3^2\\&=(x_1+2x_2-2x_3)^2-2(x_2^2-2x_2x_3+x_3^2-x_3^2)-5x_3^2\\&=(x_1+2x_2-2x_3)^2-2(x_2-x_3)^2-3x_3^2.\end{aligned}$$

令

$$\begin{cases}y_1=x_1+2x_2-2x_3,\\y_2=\qquad\ \ x_2-x_3,\\y_3=\qquad\qquad\ \ x_3,\end{cases}$$

则 $f(x_1,x_2,x_3)=y_1^2-2y_2^2-3y_3^2$,所作的线性替换是

$$\begin{cases}x_1=y_1-2y_2,\\x_2=\qquad\ y_2+y_3,\\x_3=\qquad\qquad y_3.\end{cases}$$

因为

$$\begin{vmatrix}1&-2&0\\0&1&1\\0&0&1\end{vmatrix}\neq 0,$$

所以,所作的线性替换是非退化的.

(2) 对 $f(x_1,x_2,x_3)=x_1x_2+x_1x_3-3x_2x_3$,令

$$\begin{cases}x_1=y_1-y_2,\\x_2=y_1+y_2,\\x_3=\qquad\quad y_3,\end{cases}\tag{6.6}$$

则

$$
\begin{aligned}
f(x_1,x_2,x_3) &= (y_1-y_2)(y_1+y_2)+(y_1-y_2)\,y_3-3(y_1+y_2)\,y_3\\
&= y_1^2-y_2^2-2y_1y_3-4y_2y_3\\
&= y_1^2-2y_1y_3+y_3^2-y_3^2-y_2^2-4y_2y_3\\
&= (y_1-y_3)^2-y_3^2-[y_2^2+4y_2y_3+(2y_3)^2-(2y_3)^2]\\
&= (y_1-y_3)^2-y_3^2-[(y_2+2y_3)^2-4y_3^2]\\
&= (y_1-y_3)^2-(y_2+2y_3)^2+3y_3^2.
\end{aligned}
$$

令

$$
\begin{cases}
z_1=y_1-y_3,\\
z_2=y_2+2y_3,\\
z_3=y_3,
\end{cases}
\tag{6.7}
$$

得 $f(x_1,x_2,x_3)=z_1^2-z_2^2+3z_3^2$. 为了写出线性替换,先从(6.7)式反解出 y_1,y_2,y_3,得

$$
\begin{cases}
y_1=z_1+z_3,\\
y_2=z_2-2z_3,\\
y_3=z_3.
\end{cases}
\tag{6.7'}
$$

把(6.7′)式代入(6.6)式得

$$
\begin{cases}
x_1=z_1-z_2+3z_3,\\
x_2=z_1+z_2-z_3,\\
x_3=z_3.
\end{cases}
\tag{6.8}
$$

这就是所作的线性替换. 因为

$$
\begin{vmatrix}1&-1&3\\1&1&-1\\0&0&1\end{vmatrix}\neq 0,
$$

所以线性替换(6.8)是非退化的.

上面例题的方法具有一般性. 一般地,我们有下面的定理.

定理 6.1 数域 P 上的任一个二次型都可以通过变量的非退化线性替换使它化为标准形.

证明 用数学归纳法来证明.

当 $n=1$ 时,定理显然成立. 现在假设定理对 $n-1$ 个变量的二次型已成立,我们证明对 n 个变量的二次型定理也成立. 设

$$
\begin{aligned}
f(x_1,x_2,\cdots,x_n)=&\,a_{11}x_1^2+a_{12}x_1x_2+\cdots+a_{1n}x_1x_n\\
&+a_{21}x_2x_1+a_{22}x_2^2+\cdots+a_{2n}x_2x_n\\
&+\cdots+a_{n1}x_nx_1+a_{n2}x_nx_2+\cdots+a_{nn}x_n^2,
\end{aligned}
$$

其中 $a_{ij}\in P$，$a_{ij}=a_{ji}$，$x_ix_j=x_jx_i(i,j=1,2,\cdots,n)$，显然

$$f(x_1,x_2,\cdots,x_n)=a_{11}x_1^2+2a_{12}x_1x_2+\cdots+2a_{1n}x_1x_n+f_1(x_2,x_3,\cdots,x_n).$$

首先设 $a_{11}\neq 0$，则

$$\begin{aligned}f(x_1,x_2,\cdots,x_n)&=a_{11}\left(x_1+\frac{a_{12}}{a_{11}}x_2+\cdots+\frac{a_{1n}}{a_{11}}x_n\right)^2-a_{11}\left(\frac{a_{12}}{a_{11}}x_2+\cdots+\frac{a_{1n}}{a_{11}}x_n\right)^2\\&\quad+f_1(x_2,x_3,\cdots,x_n)\\&=a_{11}\left(x_1+\frac{a_{12}}{a_{11}}x_2+\cdots+\frac{a_{1n}}{a_{11}}x_n\right)^2+f_2(x_2,x_3,\cdots,x_n),\end{aligned}$$

这里

$$f_2(x_2,x_3,\cdots,x_n)=-a_{11}\left(\frac{a_{12}}{a_{11}}x_2+\cdots+\frac{a_{1n}}{a_{11}}x_n\right)^2+f_1(x_2,x_3,\cdots,x_n)$$

是 $x_2,x_3,\cdots,x_n$ 的二次型. 由归纳假设知

$$f_2(x_2,x_3,\cdots,x_n)=d_2y_2^2+\cdots+d_ny_n^2,$$

其中

$$\begin{pmatrix}y_2\\\vdots\\y_n\end{pmatrix}=\boldsymbol{C}_1\begin{pmatrix}x_2\\\vdots\\x_n\end{pmatrix},\quad |\boldsymbol{C}_1|\neq 0.$$

令 $y_1=x_1+\frac{a_{12}}{a_{11}}x_2+\cdots+\frac{a_{1n}}{a_{11}}x_n$，则

$$\begin{pmatrix}y_1\\y_2\\\vdots\\y_n\end{pmatrix}=\begin{pmatrix}1&\frac{a_{12}}{a_{11}}&\cdots&\frac{a_{1n}}{a_{11}}\\0&&&\\\vdots&&\boldsymbol{C}_1&\\0&&&\end{pmatrix}\begin{pmatrix}x_1\\x_2\\\vdots\\x_n\end{pmatrix}=\boldsymbol{C}\begin{pmatrix}x_1\\x_2\\\vdots\\x_n\end{pmatrix}.$$

显然 $|\boldsymbol{C}|\neq 0$，且

$$f(x_1,x_2,\cdots,x_n)=d_1y_1^2+d_2y_2^2+\cdots+d_ny_n^2.$$

若 $a_{11}=0$，那么我们可以先作一个变量的非退化线性替换，使变换后新的第一个变量的平方项的系数不为零(只要二次型不恒为零).

事实上，若 $a_{11}=0$，而对某个 k 由 $a_{kk}\neq 0$，则只需改变变量的足标即可. 但如果 $a_{11}=a_{22}=\cdots=a_{nn}=0$，而 $a_{ij}\neq 0$，则令

$$\begin{cases} x_1 = y_1, \\ \quad \vdots \\ x_i = y_i + y_j, \\ \quad \vdots \\ x_j = y_j, \\ \quad \vdots \\ x_n = y_n \end{cases}$$

即可.这个替换显然非退化,且替换后的二次型中 y_j^2 的系数 $2a_{ij} \neq 0$.当然,上述线性替换也可仿例 6.2 中(2)的形式来作.

显然,标准形的矩阵是对角矩阵,即

$$d_1 y_1^2 + d_2 y_2^2 + \cdots + d_n y_n^2 = (y_1, y_2, \cdots, y_n) \begin{pmatrix} d_1 & & & \\ & d_2 & & \\ & & \ddots & \\ & & & d_n \end{pmatrix} \begin{pmatrix} y_1 \\ y_2 \\ \vdots \\ y_n \end{pmatrix}.$$

这里有些 d_i 可能等于零,而 d_i 中非零的个数恰等于 $\mathrm{r}(\boldsymbol{A})$.

注 (1) 定理证明中的方法通常称为配方法.

(2) 原二次型的矩阵 $\boldsymbol{A}$ 合同于对角矩阵

$$\boldsymbol{D} = \begin{pmatrix} d_1 & & & \\ & d_2 & & \\ & & \ddots & \\ & & & d_n \end{pmatrix},$$

且 $\boldsymbol{A}, \boldsymbol{D}$ 的关系可由连续替换时的矩阵相乘的关系得到.例如,在证明中 $a_{11} \neq 0$ 时,有

$$(\boldsymbol{C}^{-1})^{\mathrm{T}} \boldsymbol{A} \boldsymbol{C}^{-1} = \boldsymbol{D}.$$

例 6.3 化二次型 $f(x_1, x_2, x_3) = 2x_1x_2 - 6x_2x_3 + 2x_1x_3$ 为标准形.

解 令

$$\begin{cases} x_1 = y_1 + y_2, \\ x_2 = y_2, \\ x_3 = y_3, \end{cases}$$

则 $f(x_1, x_2, x_3) = 2y_2^2 + 2y_1y_2 - 4y_2y_3 + 2y_1y_3$,令

$$\begin{cases} y_1 = z_2, \\ y_2 = z_1, \\ y_3 = z_3, \end{cases}$$

得

$$f(x_1,x_2,x_3)=2\left(z_1+\frac{1}{2}z_2-z_3\right)^2-\frac{1}{2}z_2^2+4z_2z_3-2z_3^2.$$

令

$$\begin{pmatrix}u_1\\u_2\\u_3\end{pmatrix}=\begin{pmatrix}1&\frac{1}{2}&-1\\0&1&0\\0&0&1\end{pmatrix}\begin{pmatrix}z_1\\z_2\\z_3\end{pmatrix},$$

则 $f(x_1,x_2,x_3)=2u_1^2-\frac{1}{2}(u_2-4u_3)^2+6u_3^2$. 再令

$$\begin{pmatrix}v_1\\v_2\\v_3\end{pmatrix}=\begin{pmatrix}1&0&0\\0&1&-4\\0&0&1\end{pmatrix}\begin{pmatrix}u_1\\u_2\\u_3\end{pmatrix}$$

得 $f(x_1,x_2,x_3)=2v_1^2-\frac{1}{2}v_2^2+6v_3^2$.

由定理 6.1 显然可得定理 6.2.

定理 6.2 数域 P 上任意一个对称矩阵 $\boldsymbol{A}$,存在一个可逆矩阵 $\boldsymbol{C}$,是 $\boldsymbol{C}^{\mathrm{T}}\boldsymbol{AC}$ 为对角形矩阵.

由定理 6.2 和前面的矩阵知识知,$\boldsymbol{C}=\boldsymbol{P}_1\boldsymbol{P}_2\cdots\boldsymbol{P}_s$,其中 $\boldsymbol{P}_i(i=1,2,\cdots,s)$ 为初等矩阵. 于是 $\boldsymbol{C}^{\mathrm{T}}\boldsymbol{AC}=\boldsymbol{P}_s^{\mathrm{T}}\boldsymbol{P}_{s-1}^{\mathrm{T}}\cdots\boldsymbol{P}_2^{\mathrm{T}}\boldsymbol{P}_1^{\mathrm{T}}\boldsymbol{AP}_1\boldsymbol{P}_2\cdots\boldsymbol{P}_{s-1}\boldsymbol{P}_s$ 是对角矩阵.

这个等式说明: 我们可用矩阵的对称变换(即对行列进行同样的变换)将 $\boldsymbol{A}$ 化为对角矩阵. 作法如下:

对 $2n\times n$ 矩阵 $\begin{pmatrix}\boldsymbol{A}\\ \hdashline \boldsymbol{E}\end{pmatrix}$ 施以相应于右乘 $\boldsymbol{P}_1,\boldsymbol{P}_2,\cdots,\boldsymbol{P}_s$ 的初等列变换,再对 $\boldsymbol{A}$ 施以相应于左乘 $\boldsymbol{P}_1^{\mathrm{T}},\boldsymbol{P}_2^{\mathrm{T}},\cdots,\boldsymbol{P}_s^{\mathrm{T}}$ 的初等行变换,$\boldsymbol{A}$ 变为对角矩阵而 $\boldsymbol{E}$ 变为所求得可逆矩阵 $\boldsymbol{C}$.

例 6.4 求可逆矩阵 $\boldsymbol{C}$,使 $\boldsymbol{C}^{\mathrm{T}}\boldsymbol{AC}$ 为对角矩阵,其中

$$\boldsymbol{A}=\begin{pmatrix}1&1&1\\1&2&2\\1&2&1\end{pmatrix}.$$

解

$$\begin{pmatrix}\boldsymbol{A}\\ \hdashline \boldsymbol{E}\end{pmatrix}=\begin{pmatrix}1&1&1\\1&2&2\\1&2&1\\ \hdashline 1&0&0\\0&1&0\\0&0&1\end{pmatrix}\to\begin{pmatrix}1&0&0\\0&1&1\\0&1&0\\ \hdashline 1&-1&-1\\0&1&0\\0&0&1\end{pmatrix}\to\begin{pmatrix}1&0&0\\0&1&0\\0&1&-1\\ \hdashline 1&-1&0\\0&1&-1\\0&0&1\end{pmatrix}\to\begin{pmatrix}1&0&0\\0&1&0\\0&0&-1\\ \hdashline 1&-1&0\\0&1&-1\\0&0&1\end{pmatrix}.$$

因此，$C=\begin{pmatrix}1 & -1 & 0\\0 & 1 & -1\\0 & 0 & 1\end{pmatrix}$，且 $C^{\mathrm{T}}AC=\begin{pmatrix}1 & 0 & 0\\0 & 1 & 0\\0 & 0 & -1\end{pmatrix}$.

上面讨论了任意数域 P 上二次型化标准形的问题. 然而对于实数域$\mathbb{R}$ 上的二次型结果会更好一些.

定理 6.3 实数域$\mathbb{R}$ 上的任意一个二次型，都可以经过正交替换化为标准形.

证明 这是第 5 章实对称矩阵对角化定理的等价说法.

例 6.5 用正交线性替换将二次型 $f(x_1,x_2,x_3)=x_1^2+4x_2^2+x_3^2-4x_1x_2-8x_1x_3-4x_2x_3$ 化为标准形.

解 $f(x_1,x_2,x_3)$的矩阵为

$$A=\begin{pmatrix}1 & -2 & -4\\-2 & 4 & -2\\-4 & -2 & 1\end{pmatrix},$$

$$|\lambda E-A|=\begin{vmatrix}\lambda-1 & 2 & 4\\2 & \lambda-4 & 2\\4 & 2 & \lambda-1\end{vmatrix}=(\lambda-5)^2(\lambda+4).$$

所以 A 的特征值是 5 和 -4.

对于 $\lambda=5$，解$(5E-A)x=0$，求得它的一个基础解系

$$\alpha_1=\begin{pmatrix}1\\-2\\0\end{pmatrix},\quad \alpha_2=\begin{pmatrix}1\\0\\-1\end{pmatrix}.$$

先正交化得

$$\beta_1=\alpha_1=\begin{pmatrix}1\\-2\\0\end{pmatrix},\quad \beta_2=\alpha_2-\frac{(\alpha_2,\beta_1)}{(\beta_1,\beta_1)}\beta_1=\begin{pmatrix}\frac{4}{5}\\\frac{2}{5}\\-1\end{pmatrix},$$

再单位化得

$$\eta_1=\begin{pmatrix}\frac{1}{5}\sqrt{5}\\-\frac{2}{5}\sqrt{5}\\0\end{pmatrix},\quad \eta_2=\begin{pmatrix}\frac{4}{15}\sqrt{5}\\\frac{2}{15}\sqrt{5}\\-\frac{1}{3}\sqrt{5}\end{pmatrix}.$$

对于 $\lambda=-4$，解$(-4E-A)x=0$ 得基础解系

$$\boldsymbol{\alpha}_3 = \begin{pmatrix} 2 \\ 1 \\ 2 \end{pmatrix},$$

再单位化得

$$\boldsymbol{\eta}_3 = \begin{pmatrix} \frac{2}{3} \\ \frac{1}{3} \\ \frac{2}{3} \end{pmatrix}.$$

令

$$\boldsymbol{P} = \begin{pmatrix} \frac{1}{5}\sqrt{5} & \frac{4}{15}\sqrt{5} & \frac{2}{3} \\ -\frac{2}{5}\sqrt{5} & \frac{2}{15}\sqrt{5} & \frac{1}{3} \\ 0 & -\frac{1}{3}\sqrt{5} & \frac{2}{3} \end{pmatrix},$$

则 $\boldsymbol{P}$ 是正交矩阵且

$$\boldsymbol{P}^{-1}\boldsymbol{AP} = \boldsymbol{P}^{\mathrm{T}}\boldsymbol{AP} = \begin{pmatrix} 5 & 0 & 0 \\ 0 & 5 & 0 \\ 0 & 0 & -4 \end{pmatrix}.$$

令 $\begin{pmatrix} x_1 \\ x_2 \\ x_3 \end{pmatrix} = \boldsymbol{P}\begin{pmatrix} y_1 \\ y_2 \\ y_3 \end{pmatrix}$，则 $f(x_1,x_2,x_3)=5y_1^2+5y_2^2-4y_3^2$.

习题 6.2

1. 用配方法化下列二次型为标准形.并求出非退化的线性替换：

(1) $x_1^2+5x_2^2-4x_3^2+2x_1x_2-4x_1x_3$；　　(2) $x_1x_2-4x_1x_3+6x_2x_3$.

2. 用初等变换的方法求一非奇异矩阵 $\boldsymbol{C}$，使 $\boldsymbol{C}^{\mathrm{T}}\boldsymbol{AC}$ 为对角矩阵：

(1) $\boldsymbol{A}=\begin{pmatrix} 1 & 2 & 0 \\ 2 & 0 & 1 \\ 0 & 1 & 3 \end{pmatrix}$；　　(2) $\boldsymbol{A}=\begin{pmatrix} 0 & 1 & -2 \\ 1 & 0 & -1 \\ -2 & -1 & 0 \end{pmatrix}$.

3. 求一正交矩阵 $\boldsymbol{P}$,使 $\boldsymbol{P}^{\mathrm{T}}\boldsymbol{A}\boldsymbol{P}$ 为对角矩阵,其中

$$\boldsymbol{A}=\begin{pmatrix}1&-1&3&-2\\-1&1&-2&3\\3&-2&1&-1\\-2&3&-1&1\end{pmatrix}.$$

4. 求一正交线性替换化二次型 $f(x_1,x_2,x_3,x_4)=2x_1x_2+2x_3x_4$ 为标准形.

6.3 正定二次型

在这一节里我们主要讨论两个问题.

(1) 二次型的规范形.

(2) 正定二次型.

6.3.1 二次型的规范形

在一般的数域 P 上,二次型的标准形不是唯一的,而与所作的非退化线性替换有关.例如,在实数域上 $x_1^2+2x_2^2-x_3^2$ 是一个标准形,但经过替换

$$\begin{cases}x_1=y_1,\\x_2=\dfrac{1}{\sqrt{2}}y_2,\\x_3=y_3,\end{cases}$$

得 $x_1^2+2x_2^2-x_3^2=y_1^2+y_2^2-y_3^2$.

下面在实数域和复数域的范围内来进一步讨论唯一性的问题.

(1) 在复数域上

设经过适当的线性替换,二次型 $f(x_1,x_2,\cdots,x_n)$ 可化为

$$f(x_1,x_2,\cdots,x_n)=d_1y_1^2+d_2y_2^2+\cdots+d_ry_r^2,\quad d_i\neq 0,r=1,2,\cdots,r,\ r=\mathrm{r}(\boldsymbol{A}).\tag{6.9}$$

令

$$\begin{cases}y_1=\dfrac{1}{\sqrt{d_1}}z_1,\\\quad\vdots\\y_r=\dfrac{1}{\sqrt{d_r}}z_r,\\y_{r+1}=z_{r+1},\\\quad\vdots\\y_n=z_n,\end{cases}$$

则(6.9)式就变成

$$z_1^2+z_2^2+\cdots+z_r^2. \tag{6.10}$$

(6.10)式称为复二次型 $f(x_1,x_2,\cdots,x_n)$ 的规范形. 显然,(6.10)式由 $r=\mathrm{r}(\boldsymbol{A})$ 唯一决定,因此有下面的定理.

定理 6.4 任意一个复系数的二次型,经过一个适当的非退化线性替换总可以变成规范形,且规范形是唯一的.

定理 6.4 的另一种说法是: 若 $\boldsymbol{A}$ 是一个复方阵,则存在可逆复方阵 $\boldsymbol{C}$,使

$$\boldsymbol{C}^{\mathrm{T}}\boldsymbol{A}\boldsymbol{C}=\begin{pmatrix}\boldsymbol{E}_r & \boldsymbol{0}\\ \boldsymbol{0} & \boldsymbol{0}\end{pmatrix},\quad r=\mathrm{r}(\boldsymbol{A}).$$

(2) 在实数域上

经过适当非退化线性替换,实系数的二次型 $f(x_1,x_2,\cdots,x_n)$ 可化为

$$d_1y_1^2+\cdots+d_py_p^2-d_{p+1}y_{p+1}^2-\cdots-d_ry_r^2, \tag{6.11}$$

其中 $d_i>0(i=1,2,\cdots,r)$,r 是 $f(x_1,x_2,\cdots,x_n)$ 的秩. 令

$$\begin{cases} y_1=\dfrac{1}{\sqrt{d_1}}z_1,\\ \quad\vdots\\ y_r=\dfrac{1}{\sqrt{d_r}}z_r,\\ y_{r+1}=z_{r+1},\\ \quad\vdots\\ y_n=z_n, \end{cases} \tag{6.12}$$

则(6.12)式就变成

$$z_1^2+\cdots+z_p^2-z_{p+1}^2-\cdots-z_r^2. \tag{6.13}$$

(6.13)式称为实二次型 $f(x_1,x_2,\cdots,x_n)$ 的规范形. 显然规范形完全由 r,p 所决定.

定理 6.5 任意一个实数域上的二次型,经过一个适当的非退化线性替换总可以变成规范形,且规范形是唯一的.

证明 定理的前半部分已加以说明了. 下面只证明唯一性.

设实二次型 $f(x_1,x_2,\cdots,x_n)$ 经过非退化线性替换 $\boldsymbol{x}=\boldsymbol{B}\boldsymbol{y}$ 化成规范形

$$f(x_1,x_2,\cdots,x_n)=y_1^2+\cdots+y_p^2-y_{p+1}^2-\cdots-y_r^2.$$

而经过非退化线性替换 $\boldsymbol{x}=\boldsymbol{C}\boldsymbol{z}$ 化成

$$f(x_1,x_2,\cdots,x_n)=z_1^2+\cdots+z_q^2-z_{q+1}^2-\cdots-z_r^2.$$

现在来证 $p=q$. 用反证法.

设 $p>q$. 由以上假设,我们有

$$y_1^2+\cdots+y_p^2+z_{q+1}^2+\cdots+z_r^2=z_1^2+\cdots+z_q^2+y_{p+1}^2+\cdots+y_r^2, \tag{6.14}$$

其中

$$z = C^{-1}By. \tag{6.15}$$

令

$$C^{-1}B = G = \begin{pmatrix} g_{11} & g_{12} & \cdots & g_{1n} \\ g_{21} & g_{22} & \cdots & g_{2n} \\ \vdots & \vdots & & \vdots \\ g_{n1} & g_{n2} & \cdots & g_{nn} \end{pmatrix},$$

则(6.15)式即是

$$\begin{cases} z_1 = g_{11}y_1 + g_{12}y_2 + \cdots + g_{1n}y_n, \\ z_2 = g_{21}y_1 + g_{22}y_2 + \cdots + g_{2n}y_n, \\ \quad\vdots \\ z_n = g_{n1}y_1 + g_{n2}y_2 + \cdots + g_{nn}y_n. \end{cases} \tag{6.16}$$

考虑齐次线性方程组

$$\begin{cases} g_{11}y_1 + g_{12}y_2 + \cdots + g_{1n}y_n = 0, \\ \quad\vdots \\ g_{q1}y_1 + g_{q2}y_2 + \cdots + g_{qn}y_n = 0, \\ y_{p+1} = 0, \\ \quad\vdots \\ y_n = 0. \end{cases} \tag{6.17}$$

齐次线性方程组(6.17)中含有 n 个变量，而含有 $q+(n-p)=n-(p-q)<n$ 个方程，因此齐次线性方程组(6.17)有非零解

$$(y_1, \cdots, y_p, y_{p+1}, \cdots, y_n) = (k_1, \cdots, k_p, k_{p+1}, \cdots, k_n).$$

显然，$k_{p+1}=\cdots=k_n=0$. 把此解代入(6.14)式，有

$$\text{左边} > 0, \quad \text{右边} = 0.$$

矛盾. 因此，$p\leqslant q$. 同理可证 $q\leqslant p$. 从而 $p=q$. 这个定理通常称为惯性定理.

6.3.2 正定二次型

作为本章的结束，我们来讨论一种特殊的实二次型.

定义 6.4 实二次型 $f(x_1, x_2, \cdots, x_n)$ 称为正定的，如果对于任意的 n 维实向量 $(c_1, c_2, \cdots, c_n)\neq\mathbf{0}$，都有 $f(c_1, c_2, \cdots, c_n)>0$.

例 6.6 $f(x_1, x_2, \cdots, x_n)=x_1^2+x_2^2+\cdots+x_n^2$ 是正定的.

设 $f(x_1, x_2, \cdots, x_n)$ 正定，而 $\boldsymbol{x}=\boldsymbol{C}\boldsymbol{y}$，$\boldsymbol{C}$ 可逆，则

$$f(x_1, x_2, \cdots, x_n) = \boldsymbol{y}^{\mathrm{T}}(\boldsymbol{C}^{\mathrm{T}}\boldsymbol{A}\boldsymbol{C})\boldsymbol{y}.$$

下面来说明二次型 $\boldsymbol{y}^{\mathrm{T}}(\boldsymbol{C}^{\mathrm{T}}\boldsymbol{A}\boldsymbol{C})\boldsymbol{y}$ 也正定. 事实上,对任意非零实向量

$$\boldsymbol{y}=\begin{pmatrix}c_1\\c_2\\\vdots\\c_n\end{pmatrix}\neq\boldsymbol{0},\quad 有\ \boldsymbol{x}_0=\boldsymbol{C}\begin{pmatrix}c_1\\c_2\\\vdots\\c_n\end{pmatrix}\neq\boldsymbol{0}.$$

因此

$$(c_1,c_2,\cdots,c_n)(\boldsymbol{C}^{\mathrm{T}}\boldsymbol{A}\boldsymbol{C})\begin{pmatrix}c_1\\c_2\\\vdots\\c_n\end{pmatrix}=\boldsymbol{x}_0^{\mathrm{T}}\boldsymbol{A}\boldsymbol{x}_0>0.$$

以上说明:正定二次型经过非退化线性替换时不改变其正定性. 于是有下面的定理.

定理 6.6 实二次型 $f(x_1,x_2,\cdots,x_n)$ 正定的充分必要条件是它的标准形中,诸 $d_i>0$ $(i=1,2,\cdots,n)$.

定义 6.5 实对称矩阵称为正定的,如果二次型 $\boldsymbol{x}^{\mathrm{T}}\boldsymbol{A}\boldsymbol{x}$ 正定.

由定理 6.6 知,若 $f(x_1,x_2,\cdots,x_n)$ 正定,当且仅当 $\boldsymbol{A}$ 合同于

$$\boldsymbol{D}=\begin{pmatrix}d_1&&\\&\ddots&\\&&d_n\end{pmatrix},$$

其中 $d_i>0(i=1,2,\cdots,n)$. 而显然 $\boldsymbol{D}$ 合同于单位矩阵 $\boldsymbol{E}$,因而,有下面的定理.

定理 6.7 实二次型正定的充分必要条件是它的矩阵 $\boldsymbol{A}$ 与单位矩阵合同.

注 若 $\boldsymbol{A}$ 合同于 $\boldsymbol{E}$,即 $\boldsymbol{A}=\boldsymbol{C}^{\mathrm{T}}\boldsymbol{C}$,其中 $\boldsymbol{C}$ 为可逆实矩阵. 则 $|\boldsymbol{A}|>0$.

我们还知道,对实对称矩阵 $\boldsymbol{A}$ 而言,存在正交矩阵 $\boldsymbol{P}$,使

$$\boldsymbol{P}^{\mathrm{T}}\boldsymbol{A}\boldsymbol{P}=\boldsymbol{P}^{-1}\boldsymbol{A}\boldsymbol{P}=\begin{pmatrix}\lambda_1&&&\\&\lambda_2&&\\&&\ddots&\\&&&\lambda_n\end{pmatrix},\quad \boldsymbol{A}\ 正定\Leftrightarrow\lambda_i>0\quad(i=1,2,\cdots,n).$$

因此有如下的定理.

定理 6.8 实对称矩阵 $\boldsymbol{A}$ 正定的充分必要条件是它的特征值均大于零.

有时,我们希望从二次型的矩阵较为直接地判定它的正定性,为此首先引入一个定义.

定义 6.6 子式

$$\Delta_i = \begin{vmatrix} a_{11} & a_{12} & \cdots & a_{1i} \\ a_{21} & a_{22} & \cdots & a_{2i} \\ \vdots & \vdots & & \vdots \\ a_{i1} & a_{i2} & \cdots & a_{ii} \end{vmatrix}, \quad i = 1,2,\cdots,n,$$

称为矩阵 $\boldsymbol{A}=(a_{ij})_{n\times n}$ 的顺序主子式.

定理 6.9 实二次型 $f(x_1,x_2,\cdots,x_n)=\boldsymbol{x}^{\mathrm{T}}\boldsymbol{A}\boldsymbol{x}$ 正定的充分必要条件是 $\boldsymbol{A}$ 的顺序主子式全大于零.

证明 必要性：设 $f(x_1,x_2,\cdots,x_n)$ 正定，对 $1\leqslant k\leqslant n$，以及任意的 $(c_1,c_2,\cdots,c_k)\neq\boldsymbol{0}$，则 $(c_1,c_2,\cdots,c_k,0,\cdots,0)\neq\boldsymbol{0}$，于是

$$f(c_1,c_2,\cdots,c_k,0,\cdots,0) = (c_1,c_2,\cdots,c_k,0,\cdots,0)\boldsymbol{A}\begin{pmatrix} c_1 \\ c_2 \\ \vdots \\ c_k \\ 0 \\ \vdots \\ 0 \end{pmatrix} > 0.$$

另一方面，看

$$f_k(x_1,x_2,\cdots,x_k) = \sum_{i=1}^{k}\sum_{j=1}^{k} a_{ij}x_ix_j.$$

$$f_k(c_1,c_2,\cdots,c_k) = f(c_1,c_2,\cdots,c_k,0,\cdots,0),$$

于是 $f_k(c_1,c_2,\cdots,c_k)>0$，由定理 6.7 后的注知，$f_k(x_1,x_2,\cdots,x_k)(k=1,2,\cdots,n)$ 正定时，有 $\Delta_k>0$.

充分性：设 $\Delta_i>0(i=1,2,\cdots,n)$. 我们来证明 $\boldsymbol{A}$ 是正定的，且 $\boldsymbol{A}$ 合同于

$$\boldsymbol{D} = \begin{pmatrix} \Delta_1 & & & \\ & \dfrac{\Delta_2}{\Delta_1} & & \\ & & \ddots & \\ & & & \dfrac{\Delta_n}{\Delta_{n-1}} \end{pmatrix}.$$

对 $\boldsymbol{A}$ 的阶数用归纳法.

当 $n=1$ 时，命题显然成立.

设对 $n-1$ 阶实对称矩阵命题成立，来证明对 n 阶实对称矩阵命题也成立.

$$\boldsymbol{A}=\begin{pmatrix}a_{11} & a_{12} & \cdots & a_{1n}\\ a_{21} & a_{22} & \cdots & a_{2n}\\ \vdots & \vdots & & \vdots\\ a_{n1} & a_{n2} & \cdots & a_{nn}\end{pmatrix},\quad \text{其中 } a_{ij}=a_{ji}.$$

将 $\boldsymbol{A}$ 分块为 $\begin{pmatrix}\boldsymbol{A}_{n-1} & \boldsymbol{\alpha}\\ \boldsymbol{\alpha}^{\mathrm{T}} & a_{nn}\end{pmatrix}$，令 $\boldsymbol{C}_1^{\mathrm{T}}=\begin{pmatrix}\boldsymbol{E}_{n-1} & \boldsymbol{0}\\ -\boldsymbol{\alpha}^{\mathrm{T}}\boldsymbol{A}_{n-1}^{-1} & 1\end{pmatrix}$，则

$$\boldsymbol{C}_1^{\mathrm{T}}\boldsymbol{A}\boldsymbol{C}_1=\begin{pmatrix}\boldsymbol{A}_{n-1} & \boldsymbol{0}\\ \boldsymbol{0} & a_{nn}-\boldsymbol{\alpha}^{\mathrm{T}}\boldsymbol{A}_{n-1}^{-1}\boldsymbol{\alpha}\end{pmatrix}.$$

两边取行列式得 $|\boldsymbol{A}|=|\boldsymbol{A}_{n-1}|(a_{nn}-\boldsymbol{\alpha}^{\mathrm{T}}\boldsymbol{A}_{n-1}^{-1}\boldsymbol{\alpha})$，可推知 $a_{nn}-\boldsymbol{\alpha}^{\mathrm{T}}\boldsymbol{A}_{n-1}^{-1}\boldsymbol{\alpha}>0$.

对 $\boldsymbol{A}_{n-1}$ 用归纳假设，存在 $n-1$ 阶可逆矩阵 $\boldsymbol{C}_2$ 使得

$$\boldsymbol{C}_2^{\mathrm{T}}\boldsymbol{A}_{n-1}\boldsymbol{C}_2=\begin{pmatrix}\Delta_1 & & & \\ & \dfrac{\Delta_2}{\Delta_1} & & \\ & & \ddots & \\ & & & \dfrac{\Delta_{n-1}}{\Delta_{n-2}}\end{pmatrix}.$$

令 $\boldsymbol{C}_3=\boldsymbol{C}_1\begin{pmatrix}\boldsymbol{C}_2 & \boldsymbol{0}\\ \boldsymbol{0} & 1\end{pmatrix}$，$|\boldsymbol{C}_3|\neq 0$，则有

$$\boldsymbol{C}_3^{\mathrm{T}}\boldsymbol{A}\boldsymbol{C}_3=\begin{pmatrix}\Delta_1 & & & & \\ & \dfrac{\Delta_2}{\Delta_1} & & & \\ & & \ddots & & \\ & & & \dfrac{\Delta_{n-1}}{\Delta_{n-2}} & \\ & & & & a_{nn}-\boldsymbol{\alpha}^{\mathrm{T}}\boldsymbol{A}_{n-1}^{-1}\boldsymbol{\alpha}\end{pmatrix}. \tag{6.18}$$

(6.18)式两边取行列式，得

$$|\boldsymbol{A}||\boldsymbol{C}_3|^2=\Delta_1(\Delta_2/\Delta_1)(\Delta_3/\Delta_2)\cdots(\Delta_{n-1}/\Delta_{n-2})(a_{nn}-\boldsymbol{\alpha}^{\mathrm{T}}\boldsymbol{A}_{n-1}^{-1}\boldsymbol{\alpha}),$$

$$|\boldsymbol{C}_3|^2\,|\boldsymbol{A}|=\Delta_{n-1}(a_{nn}-\boldsymbol{\alpha}^{\mathrm{T}}\boldsymbol{A}_{n-1}^{-1}\boldsymbol{\alpha}).$$

于是 $(a_{nn}-\boldsymbol{\alpha}^{\mathrm{T}}\boldsymbol{A}_{n-1}^{-1}\boldsymbol{\alpha})=\Delta_n/\Delta_{n-1}|\boldsymbol{C}_3|^2$. $\boldsymbol{A}$ 合同于

$$\begin{pmatrix} \Delta_1 & & & & \\ & \dfrac{\Delta_2}{\Delta_1} & & & \\ & & \ddots & & \\ & & & \dfrac{\Delta_{n-1}}{\Delta_{n-2}} & \\ & & & & \dfrac{\Delta_n}{\Delta_{n-1}}|\boldsymbol{C}_3|^2 \end{pmatrix},$$

从而合同于

$$\begin{pmatrix} \Delta_1 & & & \\ & \dfrac{\Delta_2}{\Delta_1} & & \\ & & \ddots & \\ & & & \dfrac{\Delta_n}{\Delta_{n-1}} \end{pmatrix}.$$

推论 若实二次型 $f(x_1,x_2,\cdots,x_n)=\boldsymbol{x}^{\mathrm{T}}\boldsymbol{A}\boldsymbol{x}$ 正定，则可经过一个适当的非退化线性替换$\boldsymbol{x}=\boldsymbol{C}\boldsymbol{y}$，使$f(x_1,x_2,\cdots,x_n)=\Delta_1 y_1^2+(\Delta_2/\Delta_1)y_2^2+\cdots+(\Delta_n/\Delta_{n-1})y_n^2$，其中 $\Delta_i(i=1,2,\cdots,n)$为 $\boldsymbol{A}$ 的顺序主子式.

例 6.7 判定 $f(x_1,x_2,x_3)=5x_1^2+x_2^2+5x_3^2+4x_1x_2-8x_1x_3-4x_2x_3$ 是否正定.

解

$$\boldsymbol{A}=\begin{pmatrix} 5 & 2 & -4 \\ 2 & 1 & -2 \\ -4 & -2 & 5 \end{pmatrix},$$

$\boldsymbol{A}$ 的顺序主子式依次为

$$\Delta_1=5>0,\quad \Delta_2=\begin{vmatrix} 5 & 2 \\ 2 & 1 \end{vmatrix}=1>0,\quad \Delta_3=\begin{vmatrix} 5 & 2 & -4 \\ 2 & 1 & -2 \\ -4 & -2 & 5 \end{vmatrix}>0,$$

因此，$f(x_1,x_2,x_3)$正定.

与正定性平行，还有下面的定义.

定义 6.7 设 $f(x_1,x_2,\cdots,x_n)$是一个实二次型，对于一组不全为零的实数 $c_1,c_2,\cdots,c_n$，如果都有 $f(c_1,c_2,\cdots,c_n)<0$，那么 $f(x_1,x_2,\cdots,x_n)$称为负定的，如果都有 $f(c_1,c_2,\cdots,c_n)\geqslant 0$，那么 $f(x_1,x_2,\cdots,x_n)$称为半正定的. 如果都有 $f(c_1,c_2,\cdots,c_n)\leqslant 0$，那么 $f(x_1,x_2,\cdots,x_n)$称为半负定的，如果它既不是半正定的，又不是半负定的，那么 $f(x_1,x_2,\cdots,x_n)$就称为不定的.

习题 6.3

1. 求 a 的值，使下列二次型正定：

(1) $x_1^2+x_2^2+5x_3^2+2ax_1x_2-2x_1x_3+4x_2x_3$；

(2) $5x_1^2+x_2^2+ax_3^2+4x_1x_2-2x_1x_3-2x_2x_3$.

2. 设 $\boldsymbol{A}$ 是 n 阶正定矩阵，$\boldsymbol{B}$ 为 n 阶半正定矩阵. 试证 $\boldsymbol{A}+\boldsymbol{B}$ 为正定矩阵.

3. 若 $\boldsymbol{A}$ 是 n 阶正定矩阵，试证 $\boldsymbol{A}^*$ 也正定.

第6章补充题

1. 试证：若 $\boldsymbol{A}$ 与 $\boldsymbol{B}$ 是两个 n 阶实对称矩阵，并且 $\boldsymbol{A}$ 是正定的，则存在一个实可逆矩阵 $\boldsymbol{U}$，使得 $\boldsymbol{U}^{\mathrm{T}}\boldsymbol{A}\boldsymbol{U}$ 和 $\boldsymbol{U}^{\mathrm{T}}\boldsymbol{B}\boldsymbol{U}$ 都是对角矩阵.

2. 试证：若 $f(x_1,x_2,\cdots,x_n)=\boldsymbol{x}^{\mathrm{T}}\boldsymbol{A}\boldsymbol{x}$ 是一个实二次型，且有实 n 维列向量 $\boldsymbol{x}_1$ 与 $\boldsymbol{x}_2$ 使得

$$\boldsymbol{x}_1^{\mathrm{T}}\boldsymbol{A}\boldsymbol{x}_1>0,\quad \boldsymbol{x}_2^{\mathrm{T}}\boldsymbol{A}\boldsymbol{x}_2<0,$$

则必存在一个实 n 维向量 $\boldsymbol{x}_0\neq\boldsymbol{0}$，使得 $\boldsymbol{x}_0^{\mathrm{T}}\boldsymbol{A}\boldsymbol{x}_0=0$.

3. 设 $\boldsymbol{A}$ 是一个实对称矩阵，求证：t 充分大以后 $t\boldsymbol{E}+\boldsymbol{A}$ 是正定矩阵.

4. 试证：实二次型 $f(x_1,x_2,\cdots,x_n)$ 半正定的充分必要条件是：它的矩阵的特征值全大于或等于零.

5. 设 $\boldsymbol{A}$ 为一个 n 阶实对称矩阵，且 $|\boldsymbol{A}|<0$，证明：必存在实 n 维向量 $\boldsymbol{x}\neq\boldsymbol{0}$ 使 $\boldsymbol{x}^{\mathrm{T}}\boldsymbol{A}\boldsymbol{x}<0$.

6. 试证：二次型 $n\sum\limits_{i=1}^{n}x_i^2-\left(\sum\limits_{i=1}^{n}x_i\right)^2$ 半正定.

7. 设 $\boldsymbol{A}$ 是 n 阶实对称矩阵，证明：存在一个正定实数 c 使对任一个实 n 维向量 $\boldsymbol{x}$ 都有

$$|\boldsymbol{x}^{\mathrm{T}}\boldsymbol{A}\boldsymbol{x}|\leqslant c\boldsymbol{x}^{\mathrm{T}}\boldsymbol{x}.$$

8. 证明：

(1) 如果 $\boldsymbol{A}=(a_{ij})_{n\times n}$ 是正定矩阵，那么

$$f(y_1,y_2,\cdots,y_n)=\begin{vmatrix} a_{11} & a_{12} & \cdots & a_{1n} & y_1 \\ a_{21} & a_{22} & \cdots & a_{2n} & y_2 \\ \vdots & \vdots & & \vdots & \vdots \\ a_{n1} & a_{n2} & \cdots & a_{nn} & y_n \\ y_1 & y_2 & \cdots & y_n & 0 \end{vmatrix}$$

是负定二次型.

(2) 如果 $\boldsymbol{A}$ 是正定矩阵,那么

$$|\boldsymbol{A}| \leqslant a_{nn}D_{n-1},$$

这里 D_{n-1} 是 $\boldsymbol{A}$ 的 $n-1$ 阶顺序主子式.

(3) 如果 $\boldsymbol{A}$ 是正定矩阵,那么

$$|\boldsymbol{A}| \leqslant a_{11}a_{22}\cdots a_{nn}.$$

(4) 如果 $\boldsymbol{T}=(t_{ij})$ 是 n 阶可逆矩阵,那么

$$|\boldsymbol{T}|^2 = \prod_{i=1}^{n}(t_{1i}^2 + t_{2i}^2 + \cdots + t_{ni}^2).$$

习题答案

第1章 行列式

习题 1.1

1. (1) $a+1$;　(2) 1;　(3) $ad-bc$;　(4) $4x$;

   (5) $(x+2a)(x-a)^2$;　(6) $2abc$;　(7) $2(a+b+c)^3$.

2. $D=ab(b-a)$,当 $a=0$ 或 $b=0$ 或 $a=b$ 时,$D=0$.

3. (1) $x_1=x_2=\frac{1}{2}$;　(2) $x_1=\frac{19}{7}$; $x_2=\frac{11}{7}$;

   (3) $x_1=3,x_2=x_3=1$;　(4) $x_1=-\frac{8}{95},x_2=-\frac{17}{95},x_3=-\frac{3}{95}$.

习题 1.2

1. (1) 2;　(2) $\frac{n(n-1)}{2}$;　(3) 13;　(4) $\frac{n(n-1)}{2}$.

2. (1) $i=8,j=3$;　(2) $i=6,j=8$.

3. $\frac{n(n-1)}{2}$.

习题 1.3

1. (1) +;　(2) −;　(3) +.

2. $-a_{11}a_{23}a_{32}a_{44}$,　$-a_{14}a_{21}a_{32}a_{43}$,　$-a_{13}a_{24}a_{32}a_{41}$.

3. $(-1)^nD$.

4. (1) $(-1)^{\frac{n(n-1)}{2}}a_1a_2\cdots a_n$;　(2) $(-1)^{n-1}n!$;　(3) $(-1)^{\frac{(n-1)(n-2)}{2}}a_1a_2\cdots a_n$;　(4) 0.

5. $2,-1$.

习题 1.4

1. (1) 0;　(2) 1;　(3) 0;　(4) 8;　(5) $4abcdef$;　(6) 0.

2. (1) 利用行列式性质 1.5;　(2) 利用行列式性质 1.4;

   (3) 先将等号两边的行列式化简,再用定义.

3. (1) $(-1)^n(n+1)a_1a_2\cdots a_n$;　(2) $(a-1)^{n-1}[(n-1)+a]$;　(3) $(-1)^{n-1}b^{n-1}\left(\sum_{i=1}^{n}a_i-b\right)$.

习题 1.5

1. $A_{12}=(-1)^{1+2}\begin{vmatrix}-5 & 3 & -4\\ 2 & 1 & -1\\ 1 & 3 & -3\end{vmatrix}=-5$， $A_{22}=5$， $A_{32}=23$， $A_{42}=-6$.

2. $A_{11}=-8$， $A_{32}=-16$， $D=64$.

3. (1) -726；　(2) -100；　(3) $-abcd$.

4. (1) $[x+(n-1)a](x-a)^{n-1}$；　(2) $-2(n-2)!$；　(3) $b_1b_2\cdots b_n$；

   (4) $n!(n-1)!(n-2)!\cdots 3!2!1!$；　(5) $(-2)^{n-2}(n-1)$.

5. (1) 第 2 列提出 $-a_1$，第 3 列提出 $-a_2$，……，第 $n+1$ 列提出 $-a_n$，然后从第 2 列开始后面各列均加到第 1 列.

   (2) 第 i 列提出 $a_i(i=1,2,\cdots,n)$，然后从第 n 列开始后列加到前列.

习题 1.6

1. (1) $x_1=1$， $x_2=-1$， $x_3=-1$， $x_4=-1$；

   (2) $x_1=\dfrac{13}{4}$， $x_2=\dfrac{3}{4}$， $x_3=\dfrac{1}{4}$， $x_4=\dfrac{1}{4}$；

   (3) $x_1=k$， $x_2=x_3=\cdots=x_n=0$.

2. (1) $\lambda=3$ 或 $\lambda=1$；　(2) $\lambda\neq 3$ 且 $\lambda\neq 1$.

3. 系数行列式为非零的范德蒙德行列式，故线性方程组有唯一解.

第 1 章补充题

1. (1) $(-1)^{\frac{n(n+1)}{2}}\dfrac{(n-2)(n-1)}{2}n^{n-1}$；　(2) $\dfrac{y(x-z)^n-z\,(x-y)^n}{y-z}$；

   (3) $\left[(n+1)a\dfrac{n(n+1)}{2}h\right]a^n$.

2. 用第二归纳法，并按第 1 列展开.

3. 参见题后提示.

4. 参见题后提示.

5. (1) $a(a+b)(a+2b)\cdots(a+(n+1)b)$；　(2) $(n+1)a_1a_2\cdots a_n$；

   (3) $x^n+a_1x^{n-1}+\cdots+a_{n-1}x+a_n$.

第 2 章　线性方程组

习题 2.1

1. (1) $x_1=1$， $x_2=2$， $x_3=1$；　(2) 无解；

   (3) $\begin{cases}x_1=x_3-x_4-3,\\ x_2=x_3+x_4-4,\end{cases}$ 其中 x_3,x_4 是自由未知量；

   (4) $x_1=3x_2-2x_3-5x_4-1$，x_2,x_3,x_4 是自由未知量；

   (5) 无解.

2. (1) $\begin{cases} x_1 = -\dfrac{1}{3}x_4, \\ x_2 = -\dfrac{2}{3}x_4, \\ x_3 = -\dfrac{1}{3}x_4, \end{cases}$ x_4是自由未知量； (2) $\begin{cases} x_1 = \dfrac{55}{41}x_4, \\ x_2 = \dfrac{10}{41}x_4, \\ x_3 = -\dfrac{33}{41}x_4, \end{cases}$ x_4是自由未知量.

3. 当 $a=0$ 时,并且 $b=2$ 时有解；一般解为

$$\begin{cases} x_1 = x_3 + x_4 + 5x_5 - 2, \\ x_2 = -2x_3 - 2x_4 - 6x_5 + 3, \end{cases}$$ 其中 x_3, x_4 是自由未知量.

习题 2.2

1. (1) $(-7,24,21)$； (2) $(0,0,0)$.
2. $\boldsymbol{\gamma}=(-21,7,15,13)$.
3. $(19,1,0,10,11)$.
4. $\boldsymbol{\alpha}=(1,2,3,4)$.

习题 2.3

1. (1) $(0,0,0,0)$； (2) $(0,0,0,0)$；
   (3) $(x_1+4x_2-10x_3, -2x_1+7x_2-25x_3, 5x_1-2x_2+6x_3, 3x_1+6x_2-12x_3)$.
2. (1) $\boldsymbol{\beta}=2\boldsymbol{\alpha}_1-\boldsymbol{\alpha}_2-3\boldsymbol{\alpha}_3$,表示法唯一； (2) $\boldsymbol{\beta}$不能由$\boldsymbol{\alpha}_1,\boldsymbol{\alpha}_2,\boldsymbol{\alpha}_3$ 线性表出；
   (3) $\boldsymbol{\beta}=-\boldsymbol{\alpha}_1-5\boldsymbol{\alpha}_2$,有无穷多种表示法.
3. (1) 错； (2) 错； (3) 错； (4) 错； (5) 错.
4. (1) 线性无关； (2) 线性相关,$\boldsymbol{\alpha}_1=-\boldsymbol{\alpha}_2+\boldsymbol{\alpha}_4$； (3) 线性相关,$\boldsymbol{\alpha}_3=3\boldsymbol{\alpha}_1-\boldsymbol{\alpha}_2$； (4) 线性无关.
5. 按定义.
6. 按定义.
7. 化为线性方程组来讨论.
8. 用反证法.
9. (1) 当 $a=-10$ 时,$\boldsymbol{\alpha}_1,\boldsymbol{\alpha}_2,\boldsymbol{\alpha}_3$ 线性相关； (2) $a\neq-10$ 时,$\boldsymbol{\alpha}_1,\boldsymbol{\alpha}_2,\boldsymbol{\alpha}_3$ 线性无关.
10. 按定义.

习题 2.4

1. 提示：考虑$\boldsymbol{\varepsilon}_1,\boldsymbol{\varepsilon}_2,\cdots,\boldsymbol{\varepsilon}_n$与 $\boldsymbol{\alpha}_1,\boldsymbol{\alpha}_2,\cdots,\boldsymbol{\alpha}_n$ 的等价.
2. 提示：用极大无关组和秩的定义.
3. 提示：考虑一个公共的极大无关组.
4. 提示：用反证法.

习题 2.5

1. (1) 4； (2) 3； (3) 2； (4) 3； (5) 5.
2. (1) $\boldsymbol{\alpha}_1,\boldsymbol{\alpha}_2,\boldsymbol{\alpha}_3$ 是一个极大无关组,秩为 3； (2) $\boldsymbol{\alpha}_1,\boldsymbol{\alpha}_2,\boldsymbol{\alpha}_3$ 是一个极大无关组,秩为 3；
   (3) $\boldsymbol{\alpha}_1,\boldsymbol{\alpha}_2,\boldsymbol{\alpha}_5$ 是一个极大无关组,秩为 3； (4) $\boldsymbol{\alpha}_1,\boldsymbol{\alpha}_2$ 是一个极大无关组,秩为 2.
3. (1) $\boldsymbol{\alpha}_1,\boldsymbol{\alpha}_2,\boldsymbol{\alpha}_5$ 是一个极大无关组,$\boldsymbol{\alpha}_3=\boldsymbol{\alpha}_1-\boldsymbol{\alpha}_2$,$\boldsymbol{\alpha}_4=\boldsymbol{\alpha}_1-5\boldsymbol{\alpha}_2-3\boldsymbol{\alpha}_5$；
   (2) $\boldsymbol{\alpha}_1,\boldsymbol{\alpha}_2$ 是一个极大无关组,$\boldsymbol{\alpha}_3=\boldsymbol{\alpha}_4=\boldsymbol{\alpha}_1+\boldsymbol{\alpha}_2$；

(3) $\boldsymbol{\alpha}_1,\boldsymbol{\alpha}_2$ 是一个极大无关组，$\boldsymbol{\alpha}_3=2\boldsymbol{\alpha}_1-\boldsymbol{\alpha}_2,\boldsymbol{\alpha}_4=\boldsymbol{\alpha}_1+3\boldsymbol{\alpha}_2,\boldsymbol{\alpha}_5=-2\boldsymbol{\alpha}_1-\boldsymbol{\alpha}_2$.

4. 用行列式按一行(列)展开公式.

习题 2.6

1. $\lambda=5$ 时方程组有解.

2. (1) $a=3$ 且 $b=-1$ 时有解.

(2) 当 $a\neq 1$ 时 $b\neq 0$ 有唯一解；当 $b=0$ 时无解，当 $b\neq 0,a=0$ 时，有无穷多解.

3. $\lambda=1$ 时，一般解为 $\begin{cases} x_1=-2x_3, \\ x_2=0, \end{cases}$ 其中 x_3 是自由未知量.

$\lambda=3$ 时，一般解为 $\begin{cases} x_1=\dfrac{1}{2}x_3, \\ x_2=-\dfrac{1}{2}x_3, \end{cases}$ 其中 x_3 是自由未知量.

习题 2.7

1. (1) $\boldsymbol{\eta}_1=\begin{pmatrix}0\\2\\1\\0\end{pmatrix}$； (2) $\boldsymbol{\eta}_1=\begin{pmatrix}-\frac{1}{2}\\-\frac{1}{2}\\\frac{1}{2}\\0\\0\end{pmatrix}$， $\boldsymbol{\eta}_2=\begin{pmatrix}\frac{7}{8}\\\frac{5}{8}\\-\frac{5}{8}\\0\\1\end{pmatrix}$； (3) $\boldsymbol{\eta}_1=\begin{pmatrix}0\\0\\0\\1\\1\end{pmatrix}$.

2. 不能，去掉$\boldsymbol{\alpha}_3,\boldsymbol{\alpha}_4$，补充$\boldsymbol{\beta}=(5,-6,0,0,1)$.

3. (1) 无解；

(2) $\boldsymbol{\gamma}=\left(-\frac{2}{11},\frac{10}{11},0,0\right)+k_1(1,-5,11,0)+k_2(-9,1,0,11)$；

(3) $(4,0,0,0,0)+k_1(4,1,0,0,0)+k_2(-2,0,1,0,0)+k_3(3,0,0,1,0)+k_4(6,0,0,0,1)$.

4. $\lambda\neq 0$ 且 $\lambda\neq 1$ 时有唯一解；$\lambda=0$ 时，无解；$\lambda=1$ 时，有无穷多解.

5. 用线性方程组有解的判定定理. 一般解为

$$\begin{cases} x_1=a_1+a_2+a_3+a_4+x_5, \\ x_2=a_2+a_3+a_4+x_5, \\ x_3=a_3+a_4+x_5, \\ x_4=a_4+x_5, \end{cases}$$ 其中 x_5 是自由未知量.

第 2 章补充题

1. $\boldsymbol{\alpha}_1,\boldsymbol{\alpha}_2,\cdots,\boldsymbol{\alpha}_n$ 线性无关当且仅当 $x_1\boldsymbol{\alpha}_1+x_2\boldsymbol{\alpha}_2+\cdots+x_n\boldsymbol{\alpha}_n=\mathbf{0}$ 只有零解，当且仅当 $|a_{ij}|\neq 0$.

2. 先证明 $r=n$ 的情况，然后利用若一个向量组线性无关则接长向量组也无关.

3. 设$\boldsymbol{\beta}=k_1\boldsymbol{\alpha}_1+k_2\boldsymbol{\alpha}_2+\cdots+k_n\boldsymbol{\alpha}_n=l_1\boldsymbol{\alpha}_1+l_2\boldsymbol{\alpha}_2+\cdots+l_n\boldsymbol{\alpha}_n$. 则有 $(k_1-l_1)\boldsymbol{\alpha}_1+(k_2-l_2)\boldsymbol{\alpha}_2+\cdots+(k_n-l_n)\boldsymbol{\alpha}_n=0$，于是当$\boldsymbol{\alpha}_1,\boldsymbol{\alpha}_2,\cdots,\boldsymbol{\alpha}_n$ 线性无关时，$k_i=l_i\,(i=1,2,\cdots,n)$. 反之，若$\boldsymbol{\alpha}_1,\boldsymbol{\alpha}_2,\cdots,\boldsymbol{\alpha}_n$ 线性相关，则存在一组不全为零的数 $k_1,k_2,\cdots,k_n$ 使得 $k_1\boldsymbol{\alpha}_1+k_2\boldsymbol{\alpha}_2+\cdots+k_n\boldsymbol{\alpha}_n=\mathbf{0}$. 另一方面，$\boldsymbol{\beta}=l_1\boldsymbol{\alpha}_1+l_2\boldsymbol{\alpha}_2+\cdots+l_n\boldsymbol{\alpha}_n$，所以$\boldsymbol{\beta}=(k_1+l_1)\boldsymbol{\alpha}_1+(k_2+l_2)\boldsymbol{\alpha}_2+\cdots+(k_n+l_n)\boldsymbol{\alpha}_n$. 可见表示法不唯一.

4. 用基础解系的定义.

5. 令 $x_i=A_{ki}(i=1,2,\cdots,n)$，则每个方程成为恒等式. 由 $|\mathbf{A}|=0, A_{kl}\neq 0$ 知 $\mathbf{A}$ 的秩是 $n-1$，所以基础解系含一个解向量，而 $\boldsymbol{\eta}_1$ 满足要求.

6. $\lambda\neq 1$ 时有唯一解；$\lambda=1$ 但 $\mu\neq 1$ 时无解；$\lambda=\mu=1$ 时有无穷多组解. 全部解为

$$\boldsymbol{x}=\begin{pmatrix}1\\0\\0\\0\end{pmatrix}+k_1\begin{pmatrix}-1\\1\\0\\0\end{pmatrix}+k_2\begin{pmatrix}-1\\0\\1\\0\end{pmatrix}+k_3\begin{pmatrix}-1\\0\\0\\1\end{pmatrix},\quad k_1,k_2,k_3 \text{ 为任意实数.}$$

7. 只需证明秩$(\mathbf{A})\geqslant$秩$(\bar{\mathbf{A}})$. 由条件，秩$(\mathbf{A})=$秩$\begin{pmatrix}a_{11} & \cdots & a_{1n} & b_1\\ \vdots & & \vdots & \vdots\\ a_{n1} & \cdots & a_{nn} & b_n\\ b_1 & \cdots & b_n & 0\end{pmatrix}\geqslant$秩$(\bar{\mathbf{A}})$.

8. (1) 由 $\boldsymbol{\alpha}_1,\boldsymbol{\alpha}_2$ 不成比例即知； (2) $\boldsymbol{\alpha}_1,\boldsymbol{\alpha}_2,\boldsymbol{\alpha}_4$ 是一个极大无关组.

9. 因 $\boldsymbol{\eta}_1=\boldsymbol{\gamma}_2-\boldsymbol{\gamma}_1,\cdots,\boldsymbol{\eta}_t=\boldsymbol{\gamma}_{t+1}-\boldsymbol{\gamma}_1$，而 $\boldsymbol{\gamma}_1=\boldsymbol{\eta}_0$ 是特解，故 $\boldsymbol{\gamma}$ 等于 $\boldsymbol{\eta}_0$ 加上 $\boldsymbol{\eta}_1,\boldsymbol{\eta}_2,\cdots,\boldsymbol{\eta}_t$ 的线性组合，由此即得.

*10. 不妨设考虑的是列向量组. 于是 $(\boldsymbol{\beta}_1,\boldsymbol{\beta}_2,\cdots,\boldsymbol{\beta}_s)=(\boldsymbol{\alpha}_1,\boldsymbol{\alpha}_2,\cdots,\boldsymbol{\alpha}_s)(a_{ij})_{s\times s}$，由此知两个向量组等价，它们同时线性相关或线性无关.

*11. 设 $\boldsymbol{\alpha}_1,\boldsymbol{\alpha}_2,\cdots,\boldsymbol{\alpha}_s$ 和 $\boldsymbol{\beta}_1,\boldsymbol{\beta}_2,\cdots,\boldsymbol{\beta}_t$ 是两个秩为 r 的向量组且前者可由后者表示. 不妨设前者的一个极大无关组为 $\boldsymbol{\alpha}_1,\boldsymbol{\alpha}_2,\cdots,\boldsymbol{\alpha}_r$. 证明向量组 $\boldsymbol{\alpha}_1,\boldsymbol{\alpha}_2,\cdots,\boldsymbol{\alpha}_r,\boldsymbol{\beta}_1,\boldsymbol{\beta}_2,\cdots,\boldsymbol{\beta}_t$ 的一个极大无关组是 $\boldsymbol{\alpha}_1,\boldsymbol{\alpha}_2,\cdots,\boldsymbol{\alpha}_r$ 即可.

第3章 矩　阵

习题 3.1

1. 略.

2. $a=6,b=-8,c=2$.

习题 3.2

1. (1) $\begin{pmatrix}2 & 2 & -5 & -2\\ 4 & 1 & -2 & 0\\ 4 & -7 & 2 & 3\end{pmatrix}$； (2) $\begin{pmatrix}2 & -4 & 5 & -4\\ 2 & 9 & -6 & 2\\ -2 & 7 & 2 & -3\end{pmatrix}$；

(3) $\begin{pmatrix}-1 & -1 & 5 & -7\\ 23 & -3 & -9 & -13\\ -5 & -11 & 2 & 9\end{pmatrix}$； (4) $\begin{pmatrix}\frac{3}{2} & -2 & \frac{5}{2} & -4\\ 6 & 5 & -\frac{11}{2} & -1\\ -1 & \frac{1}{2} & 2 & \frac{1}{2}\end{pmatrix}$.

2. $\begin{pmatrix}1 & c & -3\\ 0 & 1 & b+2\\ 1 & -3 & 5c-3\end{pmatrix}$.

3. (1) $\begin{pmatrix}10 & 4 & -1\\ 4 & -3 & -1\end{pmatrix}$； (2) $\begin{bmatrix}0&0&0\\0&0&0\\0&0&0\end{bmatrix}$； (3) $\begin{bmatrix}1&2&3\\2&4&6\\3&6&9\end{bmatrix}$； (4) 14.

4. $\boldsymbol{AB}^{\mathrm{T}}=\begin{pmatrix}-19 & -9\\ -1 & -7\end{pmatrix}$； $\boldsymbol{B}^{\mathrm{T}}\boldsymbol{A}=\begin{bmatrix}-21&-2&-1\\10&-4&2\\3&4&-1\end{bmatrix}$； $\boldsymbol{A}^{\mathrm{T}}\boldsymbol{A}=\begin{bmatrix}34&2&2\\2&20&-6\\2&-6&2\end{bmatrix}$.

5. (1) $\begin{pmatrix}a&0\\b&a\end{pmatrix}$； (2) $\begin{bmatrix}a&b&c\\0&a&b\\0&0&a\end{bmatrix}$.

6. (1) $\begin{bmatrix}-9&0&6\\-6&0&0\\-6&0&9\end{bmatrix}$； (2) $\begin{bmatrix}0&0&6\\-3&0&0\\-6&0&0\end{bmatrix}$.

7. (1) $\begin{bmatrix}7&4&4\\9&4&3\\3&3&4\end{bmatrix}$； (2) $\begin{bmatrix}0&0&0\\0&0&0\\0&0&0\end{bmatrix}$； (3) $\begin{pmatrix}41&-38\\38&41\end{pmatrix}$； (4) $\begin{pmatrix}1&3n\\0&1\end{pmatrix}$；

(5) $\begin{pmatrix}2^{n-1}&2^{n-1}\\2^{n-1}&2^{n-1}\end{pmatrix}$； (6) $\begin{bmatrix}a^n&0&0\\0&b^n&0\\0&0&c^n\end{bmatrix}$； (7) $\begin{bmatrix}a^n&0&0\\0&b^n&0\\0&0&c^n\end{bmatrix}$.

8. (1) $\begin{bmatrix}4&4&4\\7&-3&-10\\-3&5&6\end{bmatrix}$； (2) $\begin{bmatrix}-1&2&-4\\2&-1&4\\-4&4&-7\end{bmatrix}$.

9. (1),(2)直接验证；

(3) 设$(\boldsymbol{AB})^2=\boldsymbol{E}$，则 $\boldsymbol{ABAB}=\boldsymbol{E}$，所以 $\boldsymbol{AABABB}=\boldsymbol{AEB}$，即有 $\boldsymbol{AB}=\boldsymbol{BA}$.

习题 3.3

1. (1) 可逆，其逆矩阵为$\begin{pmatrix}2/5&-1/5\\0&3/5\end{pmatrix}$； (2) 可逆，其逆矩阵为$\begin{bmatrix}1&0&0\\-1/2&1/2&0\\0&-1/3&1/3\end{bmatrix}$；

(3) 可逆，其逆矩阵为$\begin{bmatrix}1&-2&1&0\\0&1&-2&1\\0&0&1&-2\\0&0&0&1\end{bmatrix}$；

(4) 可逆，其逆矩阵为$\begin{bmatrix}0&2&-1\\-1&0&0\\0&-1&1\end{bmatrix}$.

2. $|\boldsymbol{E}+\boldsymbol{A}|=|\boldsymbol{AA}^{\mathrm{T}}+\boldsymbol{A}|=|\boldsymbol{A}|\,|\boldsymbol{A}^{\mathrm{T}}+\boldsymbol{E}|=-|(\boldsymbol{A}+\boldsymbol{E})^{\mathrm{T}}|=-|\boldsymbol{E}+\boldsymbol{A}|$.

3. 由 $\boldsymbol{AB}=\boldsymbol{BA}$ 得 $\boldsymbol{A}^{-1}\boldsymbol{ABB}^{-1}=\boldsymbol{A}^{-1}\boldsymbol{BAB}^{-1}$，即有 $\boldsymbol{A}^{-1}\boldsymbol{B}=\boldsymbol{BA}^{-1}$.

4. 验证$(\boldsymbol{E}-\boldsymbol{A})(\boldsymbol{E}+\boldsymbol{A}+\cdots+\boldsymbol{A}^{k-1})=\boldsymbol{E}$.

5. $\begin{pmatrix} \frac{1}{a} & -\frac{b}{a^2} & \frac{b^2}{a^3}-\frac{b}{a^2} \\ 0 & \frac{1}{a} & -\frac{b}{a^2} \\ 0 & 0 & \frac{1}{a} \end{pmatrix}$.

6. 先验证 $\boldsymbol{B}^2=\boldsymbol{C}^{-1}\boldsymbol{A}^2\boldsymbol{C}$,然后用归纳法.

习题 3.4

1. (1) $\begin{pmatrix} 3 & 6 & 0 & 0 \\ 0 & 3 & 0 & 0 \\ 4 & 4 & 2 & 0 \\ 11 & 18 & 0 & 3 \end{pmatrix}$; (2) $\begin{pmatrix} -1 \\ -1 \\ 1 \\ -2 \\ -4 \\ -1 \end{pmatrix}$.

2. (1) $\begin{pmatrix} 1 & -2 & 0 & 2 \\ 0 & 1 & -1 & -1 \\ 0 & 0 & -1 & 2 \\ 0 & 0 & 1 & -1 \end{pmatrix}$; (2) $\begin{pmatrix} \frac{1}{3} & 0 & 0 & 0 & 0 \\ 0 & \frac{1}{3} & 0 & 0 & 0 \\ 0 & 0 & \frac{1}{3} & 0 & 0 \\ 0 & 0 & 0 & 5 & -3 \\ 0 & 0 & 0 & 2 & -1 \end{pmatrix}$.

3. $|\boldsymbol{D}|=|\boldsymbol{D}^{\mathrm{T}}|=\begin{pmatrix} \boldsymbol{A}^{\mathrm{T}} & \boldsymbol{0} \\ \boldsymbol{C}^{\mathrm{T}} & \boldsymbol{B}^{\mathrm{T}} \end{pmatrix}=|\boldsymbol{A}^{\mathrm{T}}||\boldsymbol{B}^{\mathrm{T}}|=|\boldsymbol{A}||\boldsymbol{B}|\neq 0$,故 $\boldsymbol{D}$ 可逆.

4. 验证 $\begin{pmatrix} \boldsymbol{0} & \boldsymbol{A} \\ \boldsymbol{B} & \boldsymbol{0} \end{pmatrix}\begin{pmatrix} \boldsymbol{0} & \boldsymbol{B}^{-1} \\ \boldsymbol{A}^{-1} & \boldsymbol{0} \end{pmatrix}=\begin{pmatrix} \boldsymbol{E} & \boldsymbol{0} \\ \boldsymbol{0} & \boldsymbol{E} \end{pmatrix}$.

5. 若 $|\boldsymbol{A}|\neq 0$,则不等式显然成立.若 $|\boldsymbol{A}|=0$,则 $\boldsymbol{Ax}=\boldsymbol{0}$ 有基础解系 $\boldsymbol{\eta}_1,\boldsymbol{\eta}_2,\cdots,\boldsymbol{\eta}_{n-\mathrm{r}(\boldsymbol{A})}$. 由 $\boldsymbol{AB}=\boldsymbol{0}$ 知 $\boldsymbol{B}$ 的列向量组是 $\boldsymbol{Ax}=\boldsymbol{0}$ 的解向量组,所以 $\boldsymbol{B}$ 的列可由 $\boldsymbol{Ax}=\boldsymbol{0}$ 的基础解系线性表示,从而 $\mathrm{r}(\boldsymbol{B})\leqslant n-\mathrm{r}(\boldsymbol{A})$,即 $\mathrm{r}(\boldsymbol{A})+\mathrm{r}(\boldsymbol{B})\leqslant n$.

习题 3.5

1. (1) $\begin{pmatrix} 1 & 0 & 0 \\ 0 & 1 & 0 \\ 0 & 0 & 1 \end{pmatrix}$; (2) $\begin{pmatrix} 1 & 0 & 0 \\ 0 & 1 & 0 \\ 0 & 0 & 0 \end{pmatrix}$; (3) $\begin{pmatrix} 1 & 0 & 0 \\ 0 & 1 & 0 \end{pmatrix}$;

(4) $\begin{pmatrix} 1 & 0 \\ 0 & 1 \\ 0 & 0 \end{pmatrix}$; (5) $\begin{pmatrix} 1 & 0 & 0 & 0 & 0 \\ 0 & 1 & 0 & 0 & 0 \\ 0 & 0 & 1 & 0 & 0 \\ 0 & 0 & 0 & 1 & 0 \end{pmatrix}$.

2. (1) $\begin{pmatrix}-2&1&1\\-6&1&4\\5&-1&-3\end{pmatrix}$； (2) $\begin{pmatrix}1&-2&1&-6\\0&1&-1&1\\0&0&1&1\\0&0&0&1\end{pmatrix}$； (3) $\begin{pmatrix}\frac{3}{5}&-1&\frac{4}{5}\\\frac{2}{5}&-1&-\frac{1}{5}\\-\frac{1}{5}&1&\frac{3}{5}\end{pmatrix}$.

3. (1) $\begin{pmatrix}-7&-2&9\\5&1&-5\end{pmatrix}$； (2) $\begin{pmatrix}1&2\\3&4\end{pmatrix}$； (3) $\begin{pmatrix}0&1&0\\-1&2&-1\end{pmatrix}$； (4) $\begin{pmatrix}3&-1\\2&0\\1&-1\end{pmatrix}$.

4. 由条件得 $\boldsymbol{A}(\boldsymbol{A}-3\boldsymbol{E})=2\boldsymbol{E}$,所以 $\boldsymbol{A}[(1/2)(\boldsymbol{A}-3\boldsymbol{E})]=\boldsymbol{E}$.

习题 3.6

1. $\boldsymbol{AB}=\begin{pmatrix}a_1b_{11}&a_1b_{12}&\cdots&a_1b_{1n}\\a_2b_{21}&a_2b_{22}&\cdots&a_2b_{2n}\\\vdots&\vdots&&\vdots\\a_mb_{m1}&a_mb_{m2}&\cdots&a_mb_{mn}\end{pmatrix}$, $\boldsymbol{BC}=\begin{pmatrix}b_{11}c_1&b_{12}c_2&\cdots&b_{1n}c_n\\b_{21}c_1&b_{22}c_2&\cdots&b_{2n}c_n\\\vdots&\vdots&&\vdots\\b_{m1}c_1&b_{m2}c_2&\cdots&b_{mn}c_n\end{pmatrix}$.

2. 直接验证.

3. $(\boldsymbol{AA}^{\mathrm T})^{\mathrm T}=(\boldsymbol{A}^{\mathrm T})^{\mathrm T}\boldsymbol{A}^{\mathrm T}=\boldsymbol{AA}^{\mathrm T}$.

4. 直接验证.

5. 直接验证.

6. 设 $\boldsymbol{AB}$ 对称,则$(\boldsymbol{AB})^{\mathrm T}=\boldsymbol{AB}$. 另一方面,$(\boldsymbol{AB})^{\mathrm T}=\boldsymbol{B}^{\mathrm T}\boldsymbol{A}^{\mathrm T}=\boldsymbol{BA}$,故 $\boldsymbol{AB}=\boldsymbol{BA}$. 反之同理可证.

第 3 章补充题

1. 因 $\boldsymbol{A}^2=\boldsymbol{0}$,用 $\boldsymbol{A}$ 左乘以 $\boldsymbol{AB}+\boldsymbol{BA}=\boldsymbol{E}$ 两边得 $\boldsymbol{ABA}=\boldsymbol{A}$,再右乘以 $\boldsymbol{B}$ 即可.

2. 由 $\boldsymbol{C}+(\boldsymbol{AB}^{\mathrm T})\boldsymbol{XB}=\boldsymbol{D}$,得$(\boldsymbol{AB}^{\mathrm T})\boldsymbol{XB}=\boldsymbol{D}-\boldsymbol{C}$,于是 $\boldsymbol{X}=(\boldsymbol{AB}^{\mathrm T})^{-1}(\boldsymbol{D}-\boldsymbol{C})\boldsymbol{B}^{-1}=(\boldsymbol{B}^{-1})^{\mathrm T}\boldsymbol{A}^{-1}(\boldsymbol{D}-\boldsymbol{C})\boldsymbol{B}^{-1}$.

3. 直接验证.

4. 利用 $\boldsymbol{AA}^*=|\boldsymbol{A}|\boldsymbol{E}$. 当$|\boldsymbol{A}|\neq 0$ 时,两边取行列式即可推出结论. 当$|\boldsymbol{A}|=0$ 时,则一定有$|\boldsymbol{A}^*|=0$. 否则由 $\boldsymbol{AA}^*=|\boldsymbol{A}|\boldsymbol{E}=0$ 可推出 $\boldsymbol{A}=\boldsymbol{0}$,所以 $\boldsymbol{A}^*=\boldsymbol{0}$,矛盾.

5. 直接验证.

6. 令 $\boldsymbol{A}=(a_{ij})_{n\times n}$,考虑 $\boldsymbol{A}^2=\boldsymbol{0}$ 两边主对角线的元素即可看出.

7. $-\frac{16}{27}$. 提示：利用$|\boldsymbol{A}||(3\boldsymbol{A})^{-1}-2\boldsymbol{A}^*|=|3^{-1}\boldsymbol{A}^{-1}\boldsymbol{A}-2\boldsymbol{AA}^*|$.

8. (1) 由 $\boldsymbol{AA}^*=|\boldsymbol{A}|\boldsymbol{E}$,易得之； (2) 考虑 $\boldsymbol{AA}^{-1}(\boldsymbol{A}^{-1})^*\boldsymbol{A}^*=\boldsymbol{E}$ 即得之.

9. (1) 由 $\boldsymbol{AB}=\boldsymbol{0}$,秩$(\boldsymbol{B})=s$,可知线性方程组 $\boldsymbol{Ax}=\boldsymbol{0}$ 有 s 个线性无关的解向量,从而由基础解系的定理知 $s-\mathrm{r}(\boldsymbol{A})\geqslant s$,由此可见 $\boldsymbol{A}=\boldsymbol{0}$；

(2) 由(1)即得之.

10. $\boldsymbol{X}^{-1}=\begin{pmatrix}\boldsymbol{0}&\boldsymbol{P}\\\boldsymbol{Q}&\boldsymbol{0}\end{pmatrix}$,其中 $\boldsymbol{P}=(a_n^{-1})$,$\boldsymbol{Q}=\begin{pmatrix}a_1^{-1}&0&\cdots&0\\0&a_2^{-1}&\cdots&0\\\vdots&\vdots&&\vdots\\0&0&\cdots&a_{n-1}^{-1}\end{pmatrix}$.

11. 由$(\boldsymbol{E}+\boldsymbol{A})(\boldsymbol{E}-\boldsymbol{A})=\boldsymbol{0}$,知 $\mathrm{r}(\boldsymbol{E}+\boldsymbol{A})+\mathrm{r}(\boldsymbol{E}-\boldsymbol{A})\leqslant n$. 另一方面，$\mathrm{r}(\boldsymbol{E}+\boldsymbol{A})+\mathrm{r}(\boldsymbol{E}-\boldsymbol{A})\geqslant\mathrm{r}(\boldsymbol{E}+\boldsymbol{A}+\boldsymbol{E}-\boldsymbol{A})=\mathrm{r}(2\boldsymbol{E})=n$.

12. 由条件可得$(\boldsymbol{A}-\boldsymbol{E})(\boldsymbol{B}-\boldsymbol{E})=\boldsymbol{E}$. 这说明$(\boldsymbol{A}-\boldsymbol{E})^{-1}=\boldsymbol{B}-\boldsymbol{E}$.

第4章 向量空间

习题 4.1

1. 只有 $2\boldsymbol{A}-\boldsymbol{B}$ 的列向量组是$\mathbb{R}^3$ 的基底.

2. 扩充后的基底为$\begin{pmatrix}1\\2\\0\\1\end{pmatrix},\begin{pmatrix}-1\\1\\1\\1\end{pmatrix},\begin{pmatrix}0\\0\\1\\0\end{pmatrix},\begin{pmatrix}0\\0\\0\\1\end{pmatrix}$.

3. (1) $\left(1,\frac{1}{2},-\frac{1}{2}\right)$； (2) $(20,-59,32)$.

4. (1) $\boldsymbol{A}=\begin{pmatrix}2&0&5&6\\1&3&3&6\\-1&1&2&1\\1&0&1&3\end{pmatrix}$,坐标为$(y_1,y_2,y_3,y_4)$,其中

$$y_1=\frac{4}{9}x_1+\frac{1}{3}x_2-x_3-\frac{11}{9}x_4,\quad y_2=\frac{1}{27}x_1+\frac{4}{9}x_2-\frac{1}{3}x_3-\frac{23}{27}x_4,$$
$$y_3=\frac{1}{3}x_1-\frac{2}{3}x_4,\quad y_4=\frac{-7}{27}x_1-\frac{2}{9}x_2+\frac{1}{3}x_3+\frac{26}{27}x_4;$$

(2) $\boldsymbol{A}=\begin{pmatrix}\frac{3}{4}&\frac{7}{4}&\frac{1}{2}&-\frac{1}{4}\\\frac{1}{4}&-\frac{1}{4}&\frac{1}{2}&\frac{3}{4}\\-\frac{1}{4}&\frac{3}{4}&0&-\frac{1}{4}\\\frac{1}{4}&-\frac{1}{4}&0&-\frac{1}{4}\end{pmatrix}$, $\left(-2,-\frac{1}{2},4,-\frac{3}{2}\right)$.

习题 4.2

1. 答案不唯一.

(1) 添加$(2,2,1,0),(5,-2,-6,-1)$； (2) 添加$(1,-2,1,0),(25,4,-17,-6)$.

2. $(2,1,3,-1),(3,2,-3,-1),(1,-1,0,1)$.

3. $\sqrt{6}$；$\sqrt{14}$.

4. 利用$(\boldsymbol{\alpha},\boldsymbol{\alpha})=0$.

5. 利用$|k\boldsymbol{\alpha}|=|k||\boldsymbol{\alpha}|$.

习题 4.3

1. (1) 是； (2) 不是.

2. (1) 验证$(\boldsymbol{A}_1\boldsymbol{A}_2\cdots\boldsymbol{A}_m)^{\mathrm{T}}(\boldsymbol{A}_1\boldsymbol{A}_2\cdots\boldsymbol{A}_m)=\boldsymbol{E}$； (2) 利用定义.

3. 利用 $U^{-1}AU=U^{T}AU$.

4. 利用 $A^{-1}=A^{T}$,并利用可逆上三角矩阵的性质.

第 4 章补充题

1. (1) 当$\beta=0$时,不等式显然成立. 当$\beta\neq 0$时,设 t 为实变量,考虑 $f(t)=(t\beta+\alpha,t\beta+\alpha)=(\beta,\beta)t^2+2(\alpha,\beta)t+(\alpha,\alpha)\geqslant 0$,所以根的判别式 $\Delta\leqslant 0$,由此即得不等式. 若α,β线性相关,易证等式成立,若α,β线性无关,则对任何 t,$f(t)>0$,故 $\Delta<0$,即等式不成立;

   (2) 利用(1)的结论.

2. 设$\alpha_1,\alpha_2,\cdots,\alpha_n$ 和$\beta_1,\beta_2,\cdots,\beta_n$ 是$\mathbb{R}^n$ 的两个基底,而 A 是过渡矩阵. 那么

$$(\beta_1,\beta_2,\cdots,\beta_n)=(\alpha_1,\alpha_2,\cdots,\alpha_n)A.$$

利用矩阵乘法的秩不等式,秩$(A)\geqslant n$,所以 A 可逆.

3. 因为 $A^TA=E,A^*A=|A|E=E$,所以 $A^T=A^*$. 最后注意到 A 是对称矩阵,即可得 $A^*=A$.

4. 因为$|E+A|=|A^TA+A|=|A^T+E|\,|A|=-|(E+A)^T|=-|E+A|$,从而得$|E+A|=0$.

5. 仿上题做法.

6. 由于 $A^TA=E$,故$|A|=\pm 1$. 再由 $A^*A=|A|E$ 可得 $A^*=\pm A^T$. 故 A^* 是正交矩阵.

第 5 章 矩阵的特征值和特征向量

习题 5.1

1. (1) $\lambda_1=\lambda_2=\lambda_3=2,\lambda_4=-2$,相应的特征向量为 $k_1(1,1,0,0)+k_2(1,0,1,0)+k_3(1,0,0,1)$,$k_i(i=1,2,3)$不全为零,$k_4(-1,1,1,1)$,$k_4\neq 0$;

   (2) 特征值为 $2,1+\sqrt{3},1-\sqrt{3}$,相应的特征向量为 $k_1(-2,1,0)$,$k_2(-1,1,\sqrt{3}-2)$,$k_3(-3,1,-(\sqrt{3}+2))$,$k_i\neq 0(i=1,2,3)$;

   (3) 特征值为 $1,1,-1$,特征向量为 $k_1(0,1,0)+k_2(1,0,1)$,k_1,k_2 不全为零,及 $k_3(-1,0,1)$,$k_3\neq 0$;

   (4) 特征值为 $0,\sqrt{14}\mathrm{i},-\sqrt{14}\mathrm{i}$,相应的特征向量为 $k_1(-3,1,-2)$,$k_2(3+2\sqrt{14}\mathrm{i},13,2-3\sqrt{14}\mathrm{i})$,$k_3(3-2\sqrt{14}\mathrm{i},13,2+\sqrt{14}\mathrm{i})$,$k_i(i=1,2,3)$为非零数.

2. A 看成实数域上的矩阵,没有特征值;看成复数域上的矩阵,特征值为 $1+\sqrt{3}\mathrm{i}$ 与 $1-\sqrt{3}\mathrm{i}$,相应的特征向量为 $k(\mathrm{i},1)$,$k\neq 0$;$l(-\mathrm{i},1)$,$l\neq 0$.

3. 由 $A\alpha=\lambda\alpha$,$\alpha\neq 0$,得 $A^2\alpha=\lambda^2\alpha$. 由 $A^2=A$,知 $\lambda\alpha=\lambda^2\alpha$,所以 $\lambda=0,1$.

4. 由 $A\alpha=\lambda\alpha$,$\alpha\neq 0$,得 $A^{-1}A\alpha=\lambda A^{-1}\alpha$,所以 $\lambda\neq 0$,且 $A^{-1}\alpha=\dfrac{1}{\lambda}\alpha$.

5. 直接验证.

6. $\mathrm{tr}\begin{pmatrix}1&0\\0&0\end{pmatrix}\begin{pmatrix}0&0\\0&1\end{pmatrix}=0$,但 $\mathrm{tr}\begin{pmatrix}1&0\\0&0\end{pmatrix}\mathrm{tr}\begin{pmatrix}0&0\\0&1\end{pmatrix}=1$.

习题 5.2

1. $BA=A^{-1}(AB)A$.

2. (1) 可以; (2) 可以; (3) 可以; (4) 可以.

3. $\begin{pmatrix}-2&5&3\\1&1&0\\-2&0&1\end{pmatrix}\begin{pmatrix}1&0&0\\0&2^{10}&0\\0&0&2^{10}\end{pmatrix}\begin{pmatrix}-2&5&3\\1&1&0\\-2&0&1\end{pmatrix}^{-1}$.

4. $\lambda_1=a_{11}$，$\lambda_2=a_{22}$，$\lambda_3=a_{33}$，$\lambda_4=a_{44}$互不相同，所以 A 可以对角化.

习题 5.3

1. (1) $\boldsymbol{T}=\begin{pmatrix} \frac{2}{5}\sqrt{5} & \frac{2}{15}\sqrt{5} & \frac{1}{3} \\ -\frac{1}{5}\sqrt{5} & \frac{4}{15}\sqrt{5} & \frac{2}{3} \\ 0 & \frac{1}{3}\sqrt{5} & -\frac{2}{3} \end{pmatrix}$，$\boldsymbol{T}^{-1}\boldsymbol{AT}=\begin{pmatrix} 1 & 0 & 0 \\ 0 & 1 & 0 \\ 0 & 0 & -8 \end{pmatrix}$；

(2) $\boldsymbol{T}=\begin{pmatrix} 1\sqrt{5} & \frac{4}{15}\sqrt{5} & \frac{2}{3} \\ -\frac{2}{5}\sqrt{5} & \frac{2}{15}\sqrt{5} & \frac{1}{3} \\ 0 & -\frac{1}{3}\sqrt{5} & \frac{2}{3} \end{pmatrix}$，$\boldsymbol{T}^{-1}\boldsymbol{AT}=\begin{pmatrix} -3 & 0 & 0 \\ 0 & -3 & 0 \\ 0 & 0 & 6 \end{pmatrix}$；

(3) $\boldsymbol{T}=\begin{pmatrix} \frac{1}{2}\sqrt{2} & 0 & \frac{1}{2} & \frac{1}{2} \\ 0 & \frac{1}{2}\sqrt{2} & -\frac{1}{2} & \frac{1}{2} \\ \frac{1}{2}\sqrt{2} & 0 & -\frac{1}{2} & -\frac{1}{2} \\ 0 & \frac{1}{2}\sqrt{2} & \frac{1}{2} & -\frac{1}{2} \end{pmatrix}$，$\boldsymbol{T}^{-1}\boldsymbol{AT}=\begin{pmatrix} 4 & 0 & 0 & 0 \\ 0 & 4 & 0 & 0 \\ 0 & 0 & 2 & 0 \\ 0 & 0 & 0 & 6 \end{pmatrix}$；

(4) $\boldsymbol{T}=\begin{pmatrix} \frac{2}{3} & \frac{2}{3} & \frac{1}{3} \\ \frac{1}{3} & -\frac{2}{3} & \frac{2}{3} \\ -\frac{2}{3} & \frac{1}{3} & \frac{2}{3} \end{pmatrix}$，$\boldsymbol{T}^{-1}\boldsymbol{AT}=\begin{pmatrix} 2 & 0 & 0 \\ 0 & 5 & 0 \\ 0 & 0 & -1 \end{pmatrix}$.

2. 由 $\boldsymbol{A}^2=\boldsymbol{A}$，可知 $\boldsymbol{A}$ 的特征值为 0 或 1. 又因为 $\boldsymbol{A}$ 是实对称矩阵，故存在正交矩阵 $\boldsymbol{T}_1$ 使得 $\boldsymbol{T}_1^{-1}\boldsymbol{AT}_1=(\lambda_i)_{n\times n}$. 适当调整 $\boldsymbol{T}_1$ 的列向量，则可得到所需的正交矩阵 $\boldsymbol{T}$.

3. 仿照书上实对称矩阵的特征值为实数的证明即可.

4. 由于 $\boldsymbol{A},\boldsymbol{B}$ 的特征多项式相同，所以特征值相同. 与第 2 题类似，存在正交矩阵 $\boldsymbol{P}$ 和 $\boldsymbol{Q}$，使得 $\boldsymbol{P}^{-1}\boldsymbol{AP}=\boldsymbol{Q}^{-1}\boldsymbol{BQ}=(\lambda_i)_{n\times n}$. 由相似的传递性即知 $\boldsymbol{A}$ 相似于 $\boldsymbol{B}$.

第 5 章补充题

1. (1) 设 $\boldsymbol{A\alpha}=\lambda\boldsymbol{\alpha}$，$\boldsymbol{\alpha}\neq\boldsymbol{0}$ 是 $\boldsymbol{A}$ 的属于实特征值的实特征向量. 则由 $\boldsymbol{A}$ 可逆知 $\lambda\neq 0$. 于是 $\boldsymbol{\alpha}^{\mathrm{T}}\boldsymbol{A}^{\mathrm{T}}=\lambda\boldsymbol{\alpha}^{\mathrm{T}}$，即是 $\boldsymbol{\alpha}^{\mathrm{T}}\boldsymbol{A}^{-1}=\lambda\boldsymbol{\alpha}^{\mathrm{T}}$，由此 $\boldsymbol{\alpha}^{\mathrm{T}}\boldsymbol{A}^{-1}\boldsymbol{\alpha}=\lambda\boldsymbol{\alpha}^{\mathrm{T}}\boldsymbol{\alpha}$，注意到 $\boldsymbol{A}$ 的逆矩阵的特征值是 $\boldsymbol{A}$ 的特征值的倒数，$\frac{1}{\lambda}\boldsymbol{\alpha}^{\mathrm{T}}\boldsymbol{\alpha}=\lambda\boldsymbol{\alpha}^{\mathrm{T}}\boldsymbol{\alpha}$，再由 $\boldsymbol{\alpha}^{\mathrm{T}}\boldsymbol{\alpha}\neq 0$ 知 $\lambda=\frac{1}{\lambda}$，故 $\lambda=1,-1$.

(2)，(3) 利用 $\boldsymbol{A}$ 的行列式的值等于全体特征值的乘积，并利用(1)的结论.

2. 由题设 $\boldsymbol{A\alpha}=\lambda_1\boldsymbol{\alpha}$，$\boldsymbol{A\beta}=\lambda_2\boldsymbol{\beta}$，$\lambda_1\neq\lambda_2$，$\boldsymbol{\alpha}\neq\boldsymbol{0}$，$\boldsymbol{\beta}\neq\boldsymbol{0}$. 若 $\boldsymbol{\alpha}+\boldsymbol{\beta}$ 是 $\boldsymbol{A}$ 的特征向量，则存在数 λ 使得 $\boldsymbol{A}(\boldsymbol{\alpha}+\boldsymbol{\beta})=\lambda(\boldsymbol{\alpha}+\boldsymbol{\beta})$. 由此可推出 $\lambda=\lambda_1=\lambda_2$，矛盾.

3. 易证 $\boldsymbol{A}$ 的特征值为 1 或 -1，由 $\boldsymbol{A}$ 是实对称矩阵知，存在正交矩阵 $\boldsymbol{T}_1$ 使得 $\boldsymbol{T}_1^{-1}\boldsymbol{A}\boldsymbol{T}_1=(\lambda_i)_{n\times n}$，适当调整 $\boldsymbol{T}_1$ 的列，则可得所需的正交矩阵 $\boldsymbol{T}$.
4. 由第 2 题结论即得之.
5. $\boldsymbol{A}^2=\begin{pmatrix}\boldsymbol{0} & \boldsymbol{E}_{n-3}\\ \boldsymbol{E}_3 & \boldsymbol{0}\end{pmatrix}$，$\boldsymbol{A}^{n-1}=\begin{pmatrix}\boldsymbol{0} & \boldsymbol{1}\\ \boldsymbol{E}_{n-1} & \boldsymbol{0}\end{pmatrix}$. 特征值为 $\omega_1,\omega_2,\cdots,\omega_n$（全部 n 次单位根）.
6. 由题设知，存在可逆矩阵 $\boldsymbol{P}$ 和 $\boldsymbol{Q}$ 使得 $\boldsymbol{B}=\boldsymbol{P}^{-1}\boldsymbol{A}\boldsymbol{P}$，$\boldsymbol{D}=\boldsymbol{Q}^{-1}\boldsymbol{C}\boldsymbol{Q}$. 令 $\boldsymbol{U}=\begin{pmatrix}\boldsymbol{P} & \boldsymbol{0}\\ \boldsymbol{0} & \boldsymbol{Q}\end{pmatrix}$，则 $\boldsymbol{U}$ 可逆且 $\boldsymbol{U}^{-1}=\begin{pmatrix}\boldsymbol{P}^{-1} & \boldsymbol{0}\\ \boldsymbol{0} & \boldsymbol{Q}^{-1}\end{pmatrix}$满足 $\boldsymbol{U}^{-1}\begin{pmatrix}\boldsymbol{A} & \boldsymbol{0}\\ \boldsymbol{0} & \boldsymbol{C}\end{pmatrix}\boldsymbol{U}=\begin{pmatrix}\boldsymbol{B} & \boldsymbol{0}\\ \boldsymbol{0} & \boldsymbol{D}\end{pmatrix}$.
7. 题设条件等价于 $\boldsymbol{A}\begin{pmatrix}1\\1\\ \vdots\\1\end{pmatrix}=a\begin{pmatrix}1\\1\\ \vdots\\1\end{pmatrix}$.
8. (1) 反证法. 若 $|\boldsymbol{A}|=0$，则存在非零实向量 $\boldsymbol{x}=(x_1,x_2,\cdots,x_n)^{\mathrm{T}}$ 使得 $\boldsymbol{A}\boldsymbol{x}=\boldsymbol{0}$. 设 $|x_k|=\max|x_i|\,(i=1,2,\cdots,n)$. $\boldsymbol{A}\boldsymbol{x}=\boldsymbol{0}$ 的第 k 个分量为 $x_k=x_1a_{k1}+x_2a_{k2}+\cdots+x_na_{kn}$，所以 $a_{kk}=\sum\limits_{j\neq k}\dfrac{x_j}{x_k}a_{kj}$. 由此，$|a_{kk}|\leqslant\sum\limits_{j\neq k}|a_{kj}|$，矛盾.

   (2) 将 $\boldsymbol{A}$ 用第三种初等变换化为如下 $\boldsymbol{A}_1$ 的形式：

$$\boldsymbol{A}_1=\begin{pmatrix}a_{11} & a_{12} & \cdots & a_{1n}\\ 0 & b_{22} & \cdots & b_{2n}\\ \vdots & \vdots & & \vdots\\ 0 & 0 & \cdots & b_{nn}\end{pmatrix}$$，其中 $b_{ij}=a_{ij}-\dfrac{a_{i1}}{a_{11}}a_{1j}$. 先证明 $(b_{ij})_{(n-1)\times(n-1)}$ 也满足题设的条件.

   注意到 $|\boldsymbol{A}|=|\boldsymbol{A}_1|$，用归纳法即得.

第 6 章　二　次　型

习题 6.1

1. (1) $\boldsymbol{A}=\begin{pmatrix}1 & -1 & \frac{3}{2}\\ -1 & -2 & 4\\ \frac{3}{2} & 4 & 3\end{pmatrix}$；　(2) $\boldsymbol{A}=\begin{pmatrix}0 & \frac{1}{2} & -\frac{1}{2} & 0\\ \frac{1}{2} & 0 & 1 & 0\\ -\frac{1}{2} & 1 & 0 & 1\end{pmatrix}$.
2. (1) $f(x_1,x_2,x_3,x_4)=x_1^2-2x_1x_2-6x_1x_3+2x_1x_4-4x_2x_3+x_2x_4+\frac{1}{3}x_3^2-3x_3x_4$；

   (2) $f(x_1,x_2,x_3,x_4)=2x_1x_2+x_1x_3-3x_1x_4-2x_2x_3-2x_2x_4+6x_3x_4$.
3. (1) $\begin{pmatrix}1 & -1 & \frac{3}{2}\\ -1 & -2 & 4\\ \frac{3}{2} & 4 & 3\end{pmatrix}$；　(2) $\begin{pmatrix}0 & \frac{1}{2} & -\frac{1}{2} & 0\\ \frac{1}{2} & 0 & 1 & 0\\ -\frac{1}{2} & 1 & 0 & 0\\ 0 & 0 & 0 & 1\end{pmatrix}$.

习题 6.2

1. (1) $\begin{cases} x_1 = y_1 - \frac{1}{2}y_2 + \frac{5}{6}y_3, \\ x_2 = \frac{1}{2}y_2 - \frac{1}{6}y_3, \\ x_3 = \frac{1}{3}y_3, \end{cases}$ $y_1^2 + y_2^2 - y_3^2$;　(2) $\begin{cases} x_1 = y_1 - \frac{3}{\sqrt{6}}y_2 - y_3, \\ x_2 = y_1 - \frac{2}{\sqrt{6}}y_2 - y_3, \\ x_3 = \frac{5}{\sqrt{6}}y_2 + y_3, \end{cases}$ $y_1^2 + y_2^2 - y_3^2$.

2. (1) $\begin{pmatrix} 1 & -2 & 0 \\ 0 & 1 & 0 \\ 0 & -\frac{1}{3} & 1 \end{pmatrix}$;　(2) $\begin{pmatrix} 1 & -\frac{1}{2} & 1 \\ 1 & \frac{1}{2} & 2 \\ 0 & 0 & 1 \end{pmatrix}$.

3. $\boldsymbol{P} = \begin{pmatrix} \frac{1}{2} & -\frac{1}{2} & -\frac{1}{2} & \frac{1}{2} \\ \frac{1}{2} & -\frac{1}{2} & \frac{1}{2} & -\frac{1}{2} \\ \frac{1}{2} & \frac{1}{2} & -\frac{1}{2} & -\frac{1}{2} \\ \frac{1}{2} & \frac{1}{2} & \frac{1}{2} & \frac{1}{2} \end{pmatrix}$, $\boldsymbol{P}^{-1}\boldsymbol{AP} = \begin{pmatrix} 1 & 0 & 0 & 0 \\ 0 & -1 & 0 & 0 \\ 0 & 0 & -1 & 0 \\ 0 & 0 & 0 & -3 \end{pmatrix}$.

4. 令 $\boldsymbol{x} = \boldsymbol{Ty}$, $\boldsymbol{T} = \frac{1}{\sqrt{2}}\begin{pmatrix} 1 & 0 & 1 & 0 \\ 1 & 0 & -1 & 0 \\ 0 & 1 & 0 & 1 \\ 0 & 1 & 0 & -1 \end{pmatrix}$, $\boldsymbol{x}^{\mathrm{T}}\boldsymbol{Ax} = y_1^2 + y_2^2 - y_3^2 - y_4^2$.

习题 6.3

1. (1) $-0.8 < a < 0$;　(2) $a > 2$.
2. 用定义证明.
3. $\boldsymbol{A}^* = |\boldsymbol{A}|\boldsymbol{A}^{-1}$, $\boldsymbol{A}$ 正定当且仅当 $\boldsymbol{A}$ 的特征值大于零且 $\boldsymbol{A}$ 的行列式大于零，用定义证明 $\boldsymbol{A}^{-1}$ 的特征值是 $\frac{1}{\lambda}$, $\boldsymbol{A}^*$ 的特征值为 $\frac{|\boldsymbol{A}|}{\lambda}$，其中 λ 为 $\boldsymbol{A}$ 的特征值.

第 6 章补充题

1. $\boldsymbol{A}$ 正定，$\boldsymbol{A}$ 合同于单位矩阵 $\boldsymbol{E}$，存在可逆实矩阵 $\boldsymbol{C}$ 使得 $\boldsymbol{C}^{\mathrm{T}}\boldsymbol{AC} = \boldsymbol{E}$. $\boldsymbol{B}$ 实对称，$\boldsymbol{C}^{\mathrm{T}}\boldsymbol{BC}$ 也是实对称矩阵，存在正交矩阵 $\boldsymbol{P}$ 使得 $\boldsymbol{P}^{\mathrm{T}}\boldsymbol{BP}$ 为对角矩阵. 取 $\boldsymbol{U} = \boldsymbol{CP}$ 即可.
2. 由题意知实二次型是不定的，存在非退化实的线性替换 $\boldsymbol{x} = \boldsymbol{Cy}$ 使得 $f(x_1, x_2, \cdots, x_n) = y_1^2 + \cdots + y_p^2 - y_{p+1}^2 - \cdots - y_r^2$, $0 < p < r$. 令 $y_0 = (k_1, k_2, \cdots, k_n)$，其中 $k_1 = k_r = 1$，其余 $k_i = 0$. 那么 $\boldsymbol{x}_0 = \boldsymbol{Cy}_0 \neq \boldsymbol{0}$ 使得 $\boldsymbol{x}_0^{\mathrm{T}}\boldsymbol{Ax}_0 = \boldsymbol{0}$ 成立.
3. 因 $\boldsymbol{A}$ 是实对称矩阵，它的特征值均为实数. 而 $\boldsymbol{A}^{-1}$ 的特征值为 $t + \lambda$，其中 λ 为 $\boldsymbol{A}$ 的特征值. 可选 t 充分大使得 $t + \lambda > 0$，此时 $t\boldsymbol{E} + \boldsymbol{A}$ 的特征值均为正数，所以矩阵正定.
4. 实二次型 $f(x_1, x_2, \cdots, x_n)$ 可经正交线性替换 $\boldsymbol{x} = \boldsymbol{Cy}$ 化成 $f(x_1, x_2, \cdots, x_n) = \lambda_1 y_1^2 + \lambda_2 y_2^2 + \cdots + \lambda_n y_n^2$ 而不改变其正定及半正定性，其中 $\lambda_i (i = 1, 2, \cdots, n)$ 为它的矩阵 $\boldsymbol{A}$ 的特征值，由此可推出所

需结论.

5. 用反证法. 若对所有非零实向量 $\boldsymbol{x}$ 均有 $\boldsymbol{x}^{\mathrm{T}}\boldsymbol{A}\boldsymbol{x}\geqslant 0$,则 $\boldsymbol{A}$ 是半正定的,从而 $|\boldsymbol{A}|\geqslant\boldsymbol{0}$,与题设矛盾.

6. 利用不等式 $(\boldsymbol{\alpha},\boldsymbol{\beta})^2\leqslant(\boldsymbol{\alpha},\boldsymbol{\alpha})(\boldsymbol{\beta},\boldsymbol{\beta})$. 取 $\boldsymbol{\alpha}=(x_1,x_2,\cdots,x_n)$, $\boldsymbol{\beta}=(1,1,\cdots,1)$ 即有所需等式.

7. 令 $f(x_1,x_2,\cdots,x_n)=\boldsymbol{x}^{\mathrm{T}}\boldsymbol{A}\boldsymbol{x}$,则它为实二次型. 存在正交线性替换 $\boldsymbol{x}=\boldsymbol{C}\boldsymbol{y}$ 使得 $f(x_1,x_2,\cdots,x_n)=\boldsymbol{x}^{\mathrm{T}}\boldsymbol{A}\boldsymbol{x}=\lambda_1 y_1^2+\lambda_2 y_2^2+\cdots+\lambda_n y_n^2$,显然可取到正实数 c,使得 $f(x_1,x_2,\cdots,x_n)=\boldsymbol{x}^{\mathrm{T}}\boldsymbol{A}\boldsymbol{x}\leqslant c\boldsymbol{y}^{\mathrm{T}}\boldsymbol{y}$. 因 $\boldsymbol{C}$ 为正交矩阵,所以有 $\boldsymbol{x}^{\mathrm{T}}\boldsymbol{x}=\boldsymbol{y}^{\mathrm{T}}\boldsymbol{C}^{\mathrm{T}}\boldsymbol{C}\boldsymbol{y}=\boldsymbol{y}^{\mathrm{T}}\boldsymbol{y}$.

8. (1) $f(y_1,y_2,\cdots,y_n)=\begin{vmatrix}\boldsymbol{A} & \boldsymbol{Y}\\ \boldsymbol{Y}^{\mathrm{T}} & \boldsymbol{0}\end{vmatrix}$, 由

$$\begin{pmatrix}\boldsymbol{E}_n & \boldsymbol{0}\\ -\boldsymbol{Y}^{\mathrm{T}}\boldsymbol{A}^{-1} & 1\end{pmatrix}\begin{pmatrix}\boldsymbol{A} & \boldsymbol{Y}\\ \boldsymbol{Y}^{\mathrm{T}} & 0\end{pmatrix}=\begin{pmatrix}\boldsymbol{A} & \boldsymbol{Y}\\ \boldsymbol{0} & -\boldsymbol{Y}^{\mathrm{T}}\boldsymbol{A}^{-1}\boldsymbol{Y}\end{pmatrix},\quad f(y_1,y_2,\cdots,y_n)=-\boldsymbol{Y}^{\mathrm{T}}\boldsymbol{A}^{-1}\boldsymbol{Y}\,|\boldsymbol{A}|,$$

注意到 $\boldsymbol{A}$ 正定时 $\boldsymbol{A}$ 的逆矩阵也正定,且 $\boldsymbol{A}$ 的行列式大于零,$\boldsymbol{A}$ 的顺序主子阵也正定,故(1)中结论成立.

(2) 将 $\boldsymbol{A}$ 分块如下:$\boldsymbol{A}=\begin{pmatrix}\boldsymbol{A}_{n-1} & \boldsymbol{\alpha}\\ \boldsymbol{\alpha}^{\mathrm{T}} & a_{nn}\end{pmatrix}$.

$$\begin{pmatrix}\boldsymbol{E}_{n-1} & \boldsymbol{0}\\ -\boldsymbol{\alpha}^{\mathrm{T}}\boldsymbol{A}_{n-1} & 1\end{pmatrix}\begin{pmatrix}\boldsymbol{A}_{n-1} & \boldsymbol{\alpha}\\ \boldsymbol{\alpha}^{\mathrm{T}} & a_{nn}\end{pmatrix}=\begin{pmatrix}\boldsymbol{A}_{n-1} & \boldsymbol{\alpha}\\ \boldsymbol{0} & a_{nn}-\boldsymbol{\alpha}^{\mathrm{T}}\boldsymbol{A}_{n-1}^{-1}\boldsymbol{\alpha}\end{pmatrix},$$

有 $|\boldsymbol{A}|=|\boldsymbol{A}_{n-1}|(a_{nn}-\boldsymbol{\alpha}^{\mathrm{T}}\boldsymbol{A}_{n-1}^{-1}\boldsymbol{\alpha})\leqslant a_{nn}D_{n-1}$.

(3) 用数学归纳法可证 $|\boldsymbol{A}|\leqslant a_{11}a_{22}\cdots a_{nn}$.

(4) 因 $\boldsymbol{T}$ 为可逆实矩阵, $\boldsymbol{T}^{\mathrm{T}}\boldsymbol{T}$ 为正定矩阵,由(3)可得(4)中结论.